식 품 분 석

최병범 김관우 조효현 이재학 공저

Food Analysis

도서출판 진로

머 리 말

생활수준의 향상과 식품 산업의 발전으로 식품의 성분, 품질, 영양에 대한 의식이 커짐에 따라 식품 성분 분석 방법의 안정성과 정밀성이 절실히 요구되고 있다.

이 책은 식품영양관련학과 대학생들의 식품분석 교재로서 식품 분석 실험에 필요한 기초 지식과 기구 사용법, 용량과 기기 분석의 원리와 방법, 식품의 영양소 성분인 단백질, 탄수화물, 지질, 무기질, 비타민 등의 분석 방법 그리고 특수 성분의 분석 방법 등 필수적인 식품 분석 실험의 원리와 방법을 이해시키고 그 실험을 수행할 수 있도록 가급적 간결하게 편집하였다.

이 책은 총 4편 19장으로 구성되어 있으며 1편은 식품분석의 기본 조작과 이론을, 2편은 식품성분의 분석을, 3편은 식품재료의 실험을, 4편은 식품의 부패시험법 등을 수록하였다.

특히 저자는 학생들이 이 책을 통하여 식품분석을 이론으로만 머물지 말고 실제 실험을 수행하여 스스로 분석방법 활용과 문제해결 능력을 갖출 수 있기를 진심으로 바라는 바 이다.

끝으로 저자의 부족한 탓에 미비 한 점이 많아 앞으로 여러분들의 많은 조언과 지도편달을 기대하며, 이 책이 출판되기까지 온갖 정성을 다하신 도서출판 진로연구사 임종철 사장님께 감사를 드린다.

2006. 8 호원동에서 저자

목 차

제 1 편 식품분석의 기본조작과 이론

부 록

제 1 편

식품분석의 기본조작과 이론

제 1 장　실험을 위한 기초 사항
제 2 장　일반 조작
제 3 장　용량 분석
제 4 장　기기 분석법
제 5 장　시료의 채취와 조제

제 1 장
실험을 위한 기초 사항

1.1 서론-식품분석

1. 식품(Food)

식품 (Food)은 모든 음식물로, 다양한 화학성분으로 구성된 복합체이다. 식품의 화학성분은 식품의 영양적, 기호적 품질을 좌우하며 식품의 가공 및 저장과 밀접하다. 식품의 화학성분은 크게 수분과 고형물로 나눌 수 있으며 (식품 = 수분 + 고형물 = 100%) 고형물은 탄수화물, 단백질, 지방질 등의 유기물과 회분 등의 무기물 (무기질)로 구분된다.

- 식품
  - 수 분
  - 고형물
    - 유기물
      - 탄수화물
      - 단백질
      - 지방질
    - 무기물(무기질) - 회분

2. 식품성분 (Food composition)

식품성분은 크게 일반성분과 특수성분으로 나누는 데 일반성분은 수분, 탄수화물, 단백질, 지방질, 무기질 등의 양이 많은 주성분이며 특수성븐은 비타민, 유기산, 아미노산, 지방산, 콜레스테롤, 알코올, 색소, 카페인, 탄닌, 펙틴 등의 양이 적은 미량 성분이다. 또한 특수성분에는 비타민, 카로틴, 토코페롤, 플라보노이드, EPA, DHA, 올리고당 등 인체내의 생리적인 기능성분인 생리활성물질이 있으며 이러한 생리활성물질이 들어 있는 식품이 기능성 식품이다.

3. 식품분석 (Food analysis)

식품분석은 식품을 시료로 하여 분석을 하는 것이며 화학적 분석에는 정성분석과 정량분석이 있다. 정성분석은 주로 색 (color)으로 식품에 함유된 화학성분의 종류 (what)를 알아내는 것이며 정량분석은 식품에 함유된 화학성분의 존재량 (amount)을 측정하는 것으로 정량분석은 중량 (g)을 측정하는 중량분석과 부피 (ml)를 측정하는 용량분석 등이 있다.

1.2 실험실에서의 일반 유의 사항

1. 실험 내용을 잘 알고 있어야 한다.

실험을 하기 전에 실험서와 참고 도서를 이용하여 실시하려는 실험에 대한 지식을 지니고, 실험의 목적, 원리, 방법 등을 충분히 알아야 한다. 만일, 이해가 되지 않는 부분이 있을 때에는 언제든지 지도 교수에게 문의하라.

2. 실험실과 실험대와 기구는 항상 청결하고 정리 정돈이 잘 되어 있어야 한다.

실험복을 꼭 입고 실험실과 실험대 위를 청결하게 한다. 사용할 실험 기구는 깨끗하게 닦아야 하고, 필요하지 않은 기구는 안전한 장소로 옮겨야 한다. 시약은 흘리지 않도록 조심하여야 하며, 특히 독극물은 사용에 특별한 주의를 해야 한다.

3. 지도 교수의 지도를 적극 따라야 한다.

지도 교수의 지시가 없는 한 약품을 직접 접촉하는 일이 있어서는 안 된다. 만일 냄새를 맡아야 할 경우에는 약병 위를 손으로 부채질하여 소량의 기체로 냄새를 맡는다.

4. 안전에 유의해야 한다.

실험실 안에서는 뛰어다니거나 떠들지 말아야 한다. 가열한 기구는 충분히 식혀서 사용하고 위험한 약품을 사용할 경우에는 보호 안경을 사용한다. 지시가 있을 때에는 반드시 후드를 이용하여야 한다. 독성이 강하고 증발하기 쉬운 약품의 경우에는 고무구를 사용해야 된다.

5. 실험 시에는 침착하고 정숙한 태도로 임한다.

실험실에서는 항상 정숙해야 하고, 일어나는 모든 변화를 노트에 기록하는 습관을 길러야 한다. 이것은 보고서 작성 시 실험 순서, 장치, 색의 변화, 기체의 발생, 등을 상세히 기록하는데 참고가 된다.

6. 약품은 다시 확인하고 오염되지 않도록 주의해야 한다.

약품을 약병에서 꺼내기 전에 약품명을 확인하여야 하며, 사용하던 약품을 다시 약병에 넣어서는 안 된다.

7. 실험서에 따라 실험을 행하여야 한다.

약품의 분량과 용도를 반드시 실험서의 지시에 따라 사용해야 하며, 실험 순서에 따라 올바르게 실험을 행하여 추정한 결과를 얻도록 한다. 이를 어기게 되면, 실험 결과가 부정확해지거나 잘못될 수 있다.

8. 위험물에 주의하여야 한다.

인화성이 있거나, 폭발성이 있는 재료를 다룰 때는 사전에 만약의 경우를 대비하여야 한다. 즉, 필요한 소방 기구를 준비하고 주위의 사람들에게 주의를 주어야 한다. 화재가 났을 경우, 물보다는 모래나 소화기를 사용해야 한다.

9. 실험 후, 정리하는 습관을 갖는다.

실험이 끝나면 사용한 기구는 깨끗이 세척하여 약병과 함께 제자리에 정돈한다. 특수 기구는 지정된 장소에 보관한다. 실험 결과물을 지도 교수의 지도 아래 폐기하고, 실험실을 나올 때, 사용하던 전기나 가스 그리고 수도 등을 잘 확인하여야 한다.

1.3 사고 방지에 대한 유의 사항

1. 가연성 약품

화재의 위험성이 있으므로 각별히 화재예방에 주의해야 한다.

2. 인화성이 강한 용매를 가열하는 경우

반드시 둥근 바닥 플라스크를 사용해야 한다. 가열은 환류 냉각기를 부착한 물중탕 내에서만 행할 것이며, 직접 가열해서는 안 된다.

3. 증류, 농축, 가열 등의 경우

처음부터 비등석을 넣고 조작해야 한다. 다공질의 물질을 가열할 때에도 범핑이 일어나므로 동일한 주의가 필요하다.

4. 인화성이 강한 용매가 묻어있는 재료를 직접 가열하는 경우

화재나 폭발의 위험성이 있으므로 주의해야 한다. 비어있는 인화성 약병을 직접 가열하면 폭발의 위험성이 더 크다.

5. 나트륨, 황인, 칼륨 등을 사용하는 경우

자연 발화할 뿐만 아니라, 대량으로 사용할 때에는 폭발할 위험성이 크므로 지시에 따라 주의해서 사용해야 한다.

6. 나트륨, 칼륨을 사용하는 경우

지방족 화합물과는 맹렬히 반응하여 폭발하므로 특히 주의하여야 한다. 할로겐 화합물의 건조제로서 나트륨이나 칼륨을 사용해서는 안 된다.

7. 회전 진공 증류의 경우

높은 진공에 의해 용기가 파손되는 경우가 있으므로 반드시 경질 플라스크를 사용해야 하며, 장치의 설치 시에 세심한 주의를 기울여야 한다.

8. 미지시료를 가열할 경우

폭발성이 있는지의 여부를 확인한 다음에 실시한다. 특히 분해하면서 기체를 대량으로 생성하는 경우에는 폭발할 가능성이 있으므로 주의해야 한다.

9. 밀봉한 용기의 뚜껑을 열 때

냉각시킨 뒤에 젖은 헝겊으로 써서 열어야 한다. 어떤 물질은 실온에서 개봉하면 폭발하는 경우가 있기 때문이다. 폭발을 예방하기 위해 충분히 냉각시킨 후에 젖은 헝겊으로 잘 싸고 손도 젖은 헝겊으로 감고 개봉해야 한다.

10. 산화 반응의 경우

급격하게 반응하지 않도록 주의해야 한다. 급격한 반응은 폭발의 위험성이 있기 때문이다.

11. 물과 격렬하게 반응하는 화학약품을 사용할 경우

나트륨이나 칼륨은 물과 작용시켜서는 안 된다. 카아바이트, 무수염화알미늄, 염화칼슘 등을 다량으로 사용할 때에 특히 주의하여야 한다. 진한 황산을 희석시킬 때에는 많은 열이 발생하여 초자 기구가 파손되는 경우가 있으므로 서서히 희석하여야 한다.

12. 수소, 에틸렌과 같은 혼합기체를 사용할 경우

폭발하므로 주의하여야 한다.

1.4 실험실에서의 응급 처치법

1. 약품에 화재가 났을 경우

우선 불의 근원을 제거하고, 인화성 약품을 가능한 한 신속히 들어낸 후에 모래나 모포로 덮어 소화시킨다. 소화기를 사용하는 것도 좋은 방법이다.

2. 의복에 불이 붙었을 때

옷에 불이 붙는 경우에 당황하여 사람이 뛰게 된다. 이 때 불이 더 잘 붙게 되므로, 뛰지 못하게 붙들고 모포나 실험복으로 싸서 불을 끄든지 소화기나 샤워로 불을 끈다.

3. 작은 화상

물에 담그지 않도록 한다. 즉시 아연화 연고나 탄닌산 용액을 바른다. 최후에 와세린을 발라 공기를 차단한다.

4. 큰 화상

즉시 의사를 부르고 환자를 따뜻하게 하며 물을 마시게 하여 쇼크를 될 수 있는대로 줄인다. 화상을 입은 부분을 외기에 노출시키고 의복의 탄 부분을 절단해 낸다. 벗겨서는 안 된다.

1.5 약품에 의한 사고 대처

1. 진한 황산과 같은 약품이 피부에 묻었을 경우

즉시 다량의 물로 씻은 후에 중탄산나트륨 용액으로 씻는다. 다시 물로 씻은 후에 건조시켜 아연화 연고를 바른다. 진한 염기의 약품이 묻었을 때에는 다량의 물로 씻은 후에 묽은 초산 용액으로 씻는다. 다시 물로 씻고 건조시킨 후에 아연화 연고를 바른다.

2. 브롬이 피부에 묻었을 경우

글리세린을 다량 바르고 문질러서 반응이 일어나게 한 뒤에 닦아내고 아연화 연고를 바른다.

3. 약품이 눈에 들어갔을 경우

즉시 손으로 물을 떠서 충분히 눈을 씻거나 고무관을 이용하여 수돗물을 충분히 흘러내려 씻는다. 산에는 묽은 중탄산나트륨으로, 염기에는 묽은 붕산으로 씻는다.

4. 유리 조각이 눈에 들어갔을 경우

절대로 문질러서는 안 된다. 수돗물을 고무관으로 흘려 씻어 내리거나, 그렇게 해서도 제거되지 않으면 의사에게 보여 치료를 받도록 한다.

5. 절상이 발생하는 경우

에탄올로 소독하고 항생물질 연고를 바른 후 붕대로 감는다.

1.6 보고서 작성 요령

보고서의 형식은 일반적으로 실험의 제목, 목적, 사용되는 기구와 재료, 방법, 결과와 고찰을 순서대로 작성한다. 보고서는 실험한 내용을 타인에게 알리는 수단이므로 개관적인 표현이나 이해가 용이한 문장이나 단어를 사용하지 않으면 안 된다. 또한 결과를 간단하고 명확하게 써서 보고하는 것이 가장 이상적이다.

피해야 할 일은 실험 결과를 그대로 보고하는 경우이다. 이런 보고는 아무 의미가 없으므로 결과를 정리하고 분석해서 어떤 예측한 결과와 비교 검토하는 고찰이라는 단계를 꼭 거치도록 해야 한다.

모든 측정에 쓰이는 단위는 하나의 단위로 통일해서 사용하는 것이 바람직하며, 특히 계산을 하는 경우에 정확한 결과를 얻는데 도움이 된다.

또한 관찰한 내용을 근거로 의문이 나는 점이나 건의하고 싶은 내용을 간단하게 적는 것도 실험을 개선하는데 도움이 될 것이다.

보고서 작성은

1. Title (제목)
2. Date (날짜)
3. Name (조, 이름)
4. Principle (원리)

5. Materials & Reagents (재료 및 시약)
6. Methods (방법)
7. Results (결과)
8. Discussion (고찰)
9. References (참고문헌)

순으로 작성하며 결과와 고찰은 하나로 묶어 Results and Discussion(결과 및 고찰)로 작성할 수 있다.

1.7 실험실에서 흔히 사용하는 기구들

1. 일반 기구 : 일반적으로 식품화학 실험에 많이 사용하는 기구를 그림 1-1에 표시하였다.

2. 일반 기기 : 일반적으로 식품화학 실험에 사용빈도가 많은 기기의 사용법은 미리 잘 알고 있어야 한다.

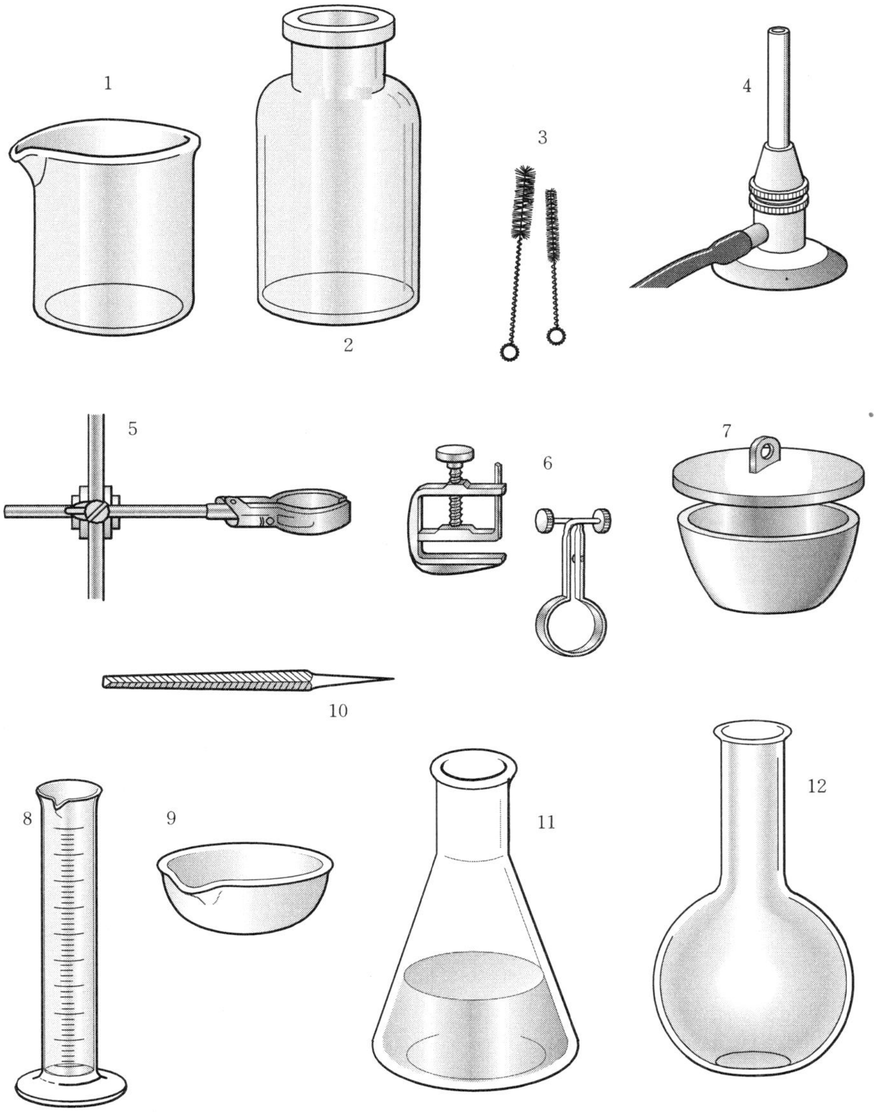

1. 비이커 (beaker)
2. 기체를 모으는 병 (gas collecting bottle)
3. 시험관 브러시 (test tube brush)
4. 버어너 (burner)
5. 잡이 (clamp)
6. 클램프 (piech clamp)
7. 도가니 및 뚜껑 (crucible and cover)
8. 눈금 실린더 (graduated cylinder)
9. 증발접시 (erraporating dish)
10. 삼각줄 (triangular file)
11. 삼각플라스크 (erlenmeyer flask)
12. 넓적바닥 플라스크 (florence flask)

그림 1-1 실험 기구

그림 1-1 (계속)

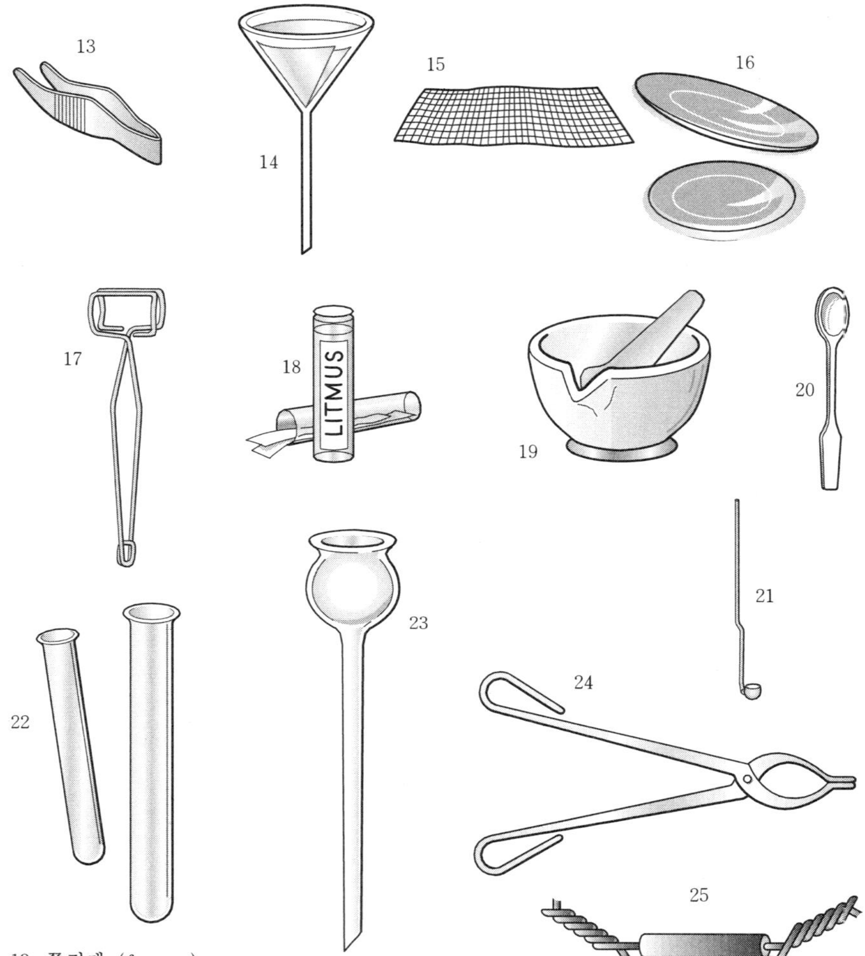

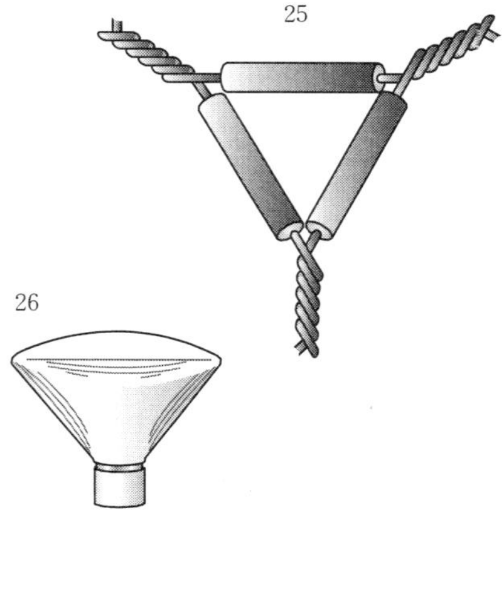

13. 쪽집게 (forceps)
14. 깔때기 (funnel)
15. 쇠그물 (wire ganze)
16. 시계접시 (watch glan)
17. 시험관집게 (test tube holder)
18. 리트머스종이 (litmus paper)
19. 막자사발 및 막자 (mortar and pestle)
20. 약주걱 (spatula)
21. 연소용숟갈 (deflagrating spoon)
22. 시험관 (test tube)
23. 시약을 넣는 관
24. 도가니 집게 (crucible tong)
25. 삼각석쇠 (triangle)
26. 불꽃펴기 (wing top)

그림 1-1 (계속)

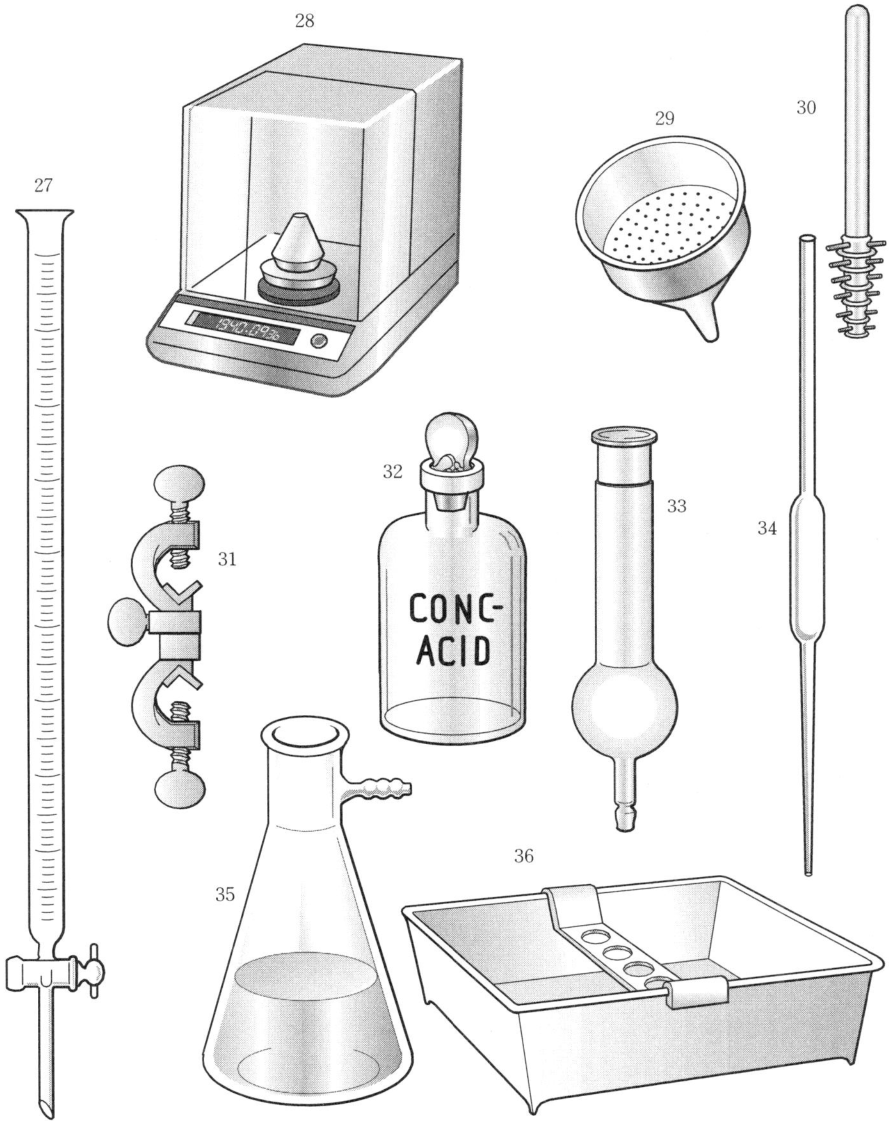

27. 뷰렛 (buret)
28. 화학저울 (chemical balance)
29. Büchner 깔때기 (Büchner funnel)
30. 구멍뚫이 (cork borer)
31. 잡이 (clamp)
32. 시약병 (reagemt bottle)
33. 건조판 (drying tube)
34. 피펫 (pipet)
35. 거압거름 플라스크 (vacuum filter flask)
36. 물통 (water trough)

1.8 기구의 세척과 건조

실험 기구를 세척하는 경우에 오염된 물질의 성질에 따라 세척 방법이 달라지게 된다. 무기물 또는 수용성 유기물은 물로 세척해도 되지만, 비누액 또는 중성세제액을 사용하면 더 깨끗하게 세척할 수 있다. 기름 성분이 묻어 있을 때에는 반드시 비누액 또는 중성 세제액을 사용해야 한다. 물리적으로 솔, 수세미, 스폰지 등을 사용하면 더 효과적이다. 또한 가루 비누와 비누액을 혼용하여 세척하기도 한다.

일반적으로 유기물이 묻어 있을 때에는 중크롬산 칼륨(약 40g/100mL) 용액과 진한 황산(35~40 mL)의 혼합액인 cleaning 용액에 담근 후에 브러쉬로 닦아내는데, cleaning액에 1~2시간 동안 담가두면 대개는 제거된다. Cleaning 용액은 등갈색을 띄나 시간이 지남에 따라 녹색으로 변한다. 녹색을 띄게 되면 산화제로서의 세척 효과가 없어지므로 다시 만들어 사용해야 하며, 흡습성이 강하기 때문에 공기 중에 오랫동안 방치하는 일이 있어서는 안 된다.

이외에도 가성소다의 분말을 사용하거나 진한 질산이나 왕수를 가하여 가열하면, 닦여지지 않는 오염물도 잘 제거된다.

잘 씻은 유리 기구는 세척병의 증류수로 헹구어 건조대에 자연 건조시키거나 가열 건조나 용제 건조 등의 방법으로 건조시킨다. 계량용 유리 기구는 가열 건조시키지 아니한다. 이유는 가열 냉각에 따른 팽창 응축에 의해 용량이 달라지고 원상회복이 되지 않기 때문이다.

용제 건조는 소량의 아세톤이나 에탄올, 에텔의 순서로 유리 기구를 닦아내면 쉽게 건조의 목적을 달성할 수 있다.

제 2 장
일반 조작

2.1 저울의 조작법

식품화학 실험에서 무게 계량은 보통 화학저울(chemical balance)을 사용한다. 무게를 달 수 있는 최대량은 100～200g이고, 무게를 달 수 있는 최소 한계량(sensibility in practice)인 실감량은 0.1mg이다.

최근에 생산되는 디지털저울(그림 2-1 디지털 저울)은 감도가 예민하고 사용이 용이한 까닭에 여러 분야에서 다양하게 사용되고 있다. 디지털저울은 몸체에 두 개의 조절 나사식 발에 의해 바쳐진다. 몸체에 부착된 수준기를 보면서 조절 나사를 돌려 수평을 조절한다. 전선을 연결하고 ON/OFF 스위치를 켜면 숫자창에 888888....의 표시가 나타난다. Tare스위치를 누르고 잠시 기다리면 숫자창에 0.0000의 표시가 있게 된다. 바로 이 순간이 영점(zero point) 조정이 되는 순간이다. 용기(비이커나 유산지, 등)를 가볍게 올려놓고 숫자창의 숫자가 고정될 때까지 기다린다. 이 숫자는 용기의 무게다. 다시 tare 스위치를 눌러 숫자창에 0.0000이 되도록 잠시 기다린다. 사용할 시약을 목표 무게의 수치가 나타날 때까지 가하면 원하는 무게가 된다.

디지털저울은 정밀도가 대단히 높으므로 취급하는데 각별한 주의가 필요하다. 우선 저울의 한계 이상의 무게를 측정해서는 안 된다. 그리고 용기나 물체를 올려

놓을 때는 가볍게 천천히 올려놓도록 해야 한다. 또한 단계마다 표시가 제대로 되는지를 확인한 다음에 순서대로 저울질을 해야 한다. 그렇지 않으면 저울을 구성하는 각종 센서와 마이크로칩에 고장이 일어날 수 있기 때문이다. 청결한 유리 기구나 녹슬지 않는 금속 등은 저울 접시에 그대로 둔다 해도 지장은 없지만, 그 외의 물질은 용기에 담아서 저울질하는 것이 저울의 수명을 연장하는 좋은 방법이다.

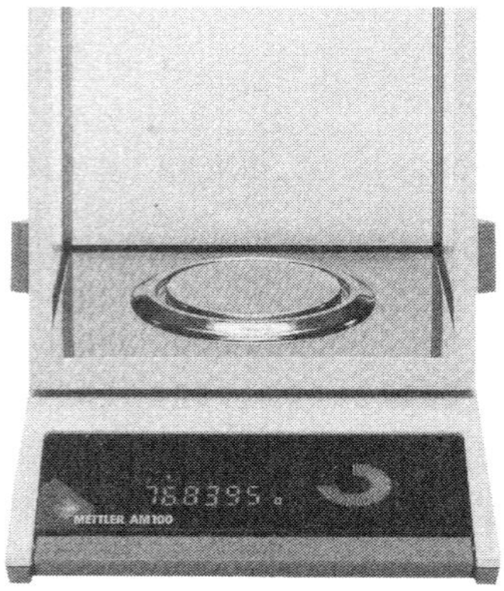

그림 2-1 디지털 저울

2.2 부피의 측정과 기구

정량분석실험 시 일정량의 용액이나 시료를 채취하거나 조제할 경우가 있다. 이때액체의 부피를 측정할 필요가 있다. 사용되는 기구들은 메스플라스크(measuring flask), 메스실린더(measuring cylinder), 피펫(pipette), 뷰렛(buret) 등이 있다. 이 기구들은 규격이 있으므로 부피를 측정하고자 하는 액체의 분량과 측정 목적에 따라 측정할 기구를 선택하여야 한다. 또한 이들 기구들은 유리 제품이므로 온도가 변화함에 따라 그 측정 결과도 달라진다. 우리나라의 경우에는 20℃를 표준온도로 정하고 있으므로 20℃, 1기압 하에서 순수한 물의 부피를 측정하는 것이 가장 올바른 결과라고 말할 수 있을 것이다.

일반적으로 식품화학 실험에서는 온도에 대해 고려하지는 않지만, 정밀을 요구하는 실험일 경우에는 온도에 대한 보정을 해야 한다.

2.2.1 기구의 사용법

1. 메스플라스크(measuring flask)

메스플라스크(그림 2-2)는 20℃에서 액체를 눈금까지 채웠을 때에 표시된 부피를 나타낸다. 보통 일정한 부피를 정밀하게 측정할 때 사용되는데, 표준용액을 조제할 때에는 일정량의 시약을 저울로 정확히 달아 메스플라스크에 옮긴 후, 소량의 물로 용해시키고 세척병의 증류수로 표선까지 조심하여 채운다.

다른 방법으로는 시약을 일정량 평량하여 비이커에 담고 소량의 증류수로 용해시킨 다음 메스플라스크에 옮긴다. 증류수로 비이커를 여러 차례 세척하여 메스플라스크에 담는다. 시약이 완전히 용해된 다음에 표선까지 증류수로 채운다.

발열성 시약이나 가열처리를 해야 할 때는 우선적으로 다른 용기에서 희석시키거나 가열한 뒤에 메스플라스크에 넣는다. 분해되기 쉬운 시약인 경우에는 갈색 메스플라스크를 사용해야 된다.

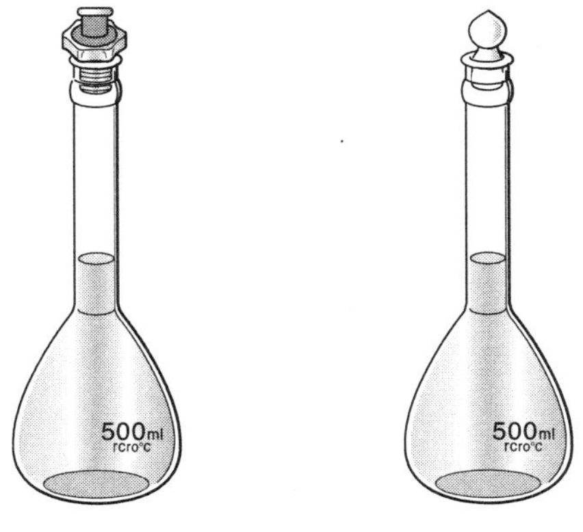

그림 2-2 메스플라스크

2. 메스실린더(graduated cylinder)

메스실린더(그림 2-3)도 메스플라스크와 동일한 목적으로 사용되며,0.5% 이내의 오차가 허용되는 측정 실험에서 많이 사용하며, 측정하고자 하는 부피에 알맞는 규격의 메스실린더를 써야 한다.

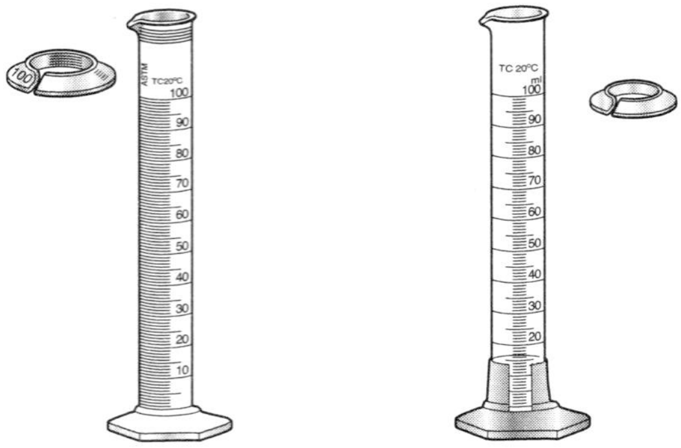

그림 2-3 메스실린더

3. 피펫(pipette)

피펫(그림 2-4)은 일정 소량의 액체를 정확하게 취하거나 가할 때 사용된다. 피펫의 전량에 대해 피펫 상단에 한 개의 표선을 표시한 홀피펫(hole pipette)과 일정량씩 눈금을 표시한 메스피펫(measuring pipette)이 있다.

피펫으로 일정량의 액체를 취할 때에는 피펫의 하단을 용액에 깊이 넣고 표선보다 높게 용액을 빨아올린 뒤에, 둘째 손가락으로 상단 입구를 막고 용액으로부터 꺼내 표선(일정량)까지 손가락의 힘을 늦추어 액면이 내려가게 한다. 하단에 방울이 맺히게 되면 수기 내벽에 대어 떨어뜨리게 하든가 아니면 여과지로 살짝 눌러 닦아낸다. 이때 표선의 액면은 수평이 아니라 오목하게 들어간 모양을 이루는데, 이를 meniscus라 하며, 용액의 부피는 meniscus의 최하단을 기준으로 하고 있다.

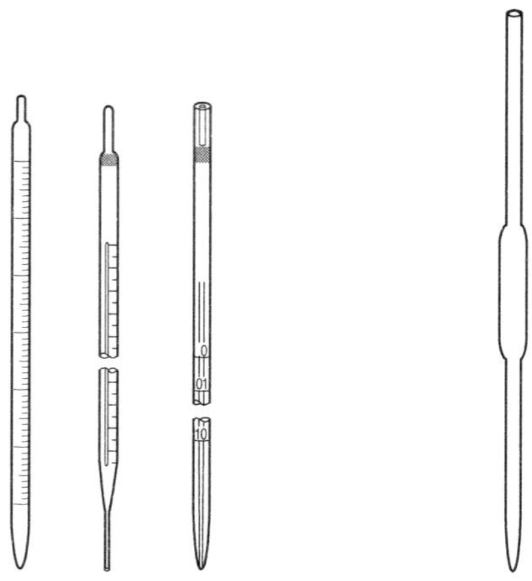

그림 2-4 피 펫

다음 수기의 내벽에 피펫의 끝을 대고 흘려내려 보낸다. 자연유출 후에도 페펫 내벽에 용액이 남아 있으므로 10~20초간 방치하면 충분히 유출된다.

4. 뷰렛(buret)

뷰렛(그림 2-5)은 액체의 정밀 측정에 특히 목적량의 액체를 취하거나 반응기에 들어가는 액체의 양을 측정할 때 매우 편리한 기구이다. 뷰렛은 코크와 용액을 취하는 법에 따라 여러 종류가 있으나 여기서는 Geisler형 뷰렛에 대해 설명하기로 한다.

무색 투명한 것과 갈색인 뷰렛을 사용한다. 용량은 보통 50 mL이고 한 눈금이 0.1 mL이다. 코크는 유리나 테플론(합성수지)로 만들며 회전이 쉽도록 와세린을 바르는 것이 보통이나 될 수 있는 대로 바르지 않는 것이 좋다.

뷰렛을 수직으로 고정시키고 용액을 상단의 0 mL 선 보다 높게 용액을 채우고, 코크를 돌려 용액을 흘려내려 액면을 0 mL 선에 일치하게 한다. 뷰렛 하단에 용액 방울이 있으면 여과지로 닦아낸다.

적정을 할 경우에는 코크를 돌려 용액을 유출시켜 중화점(end point)에 거의 도달하게 되면, 코크를 조절하여 용액이 한 방울씩 떨어지게 한다. 종말점에 이르면 유출을 중지시키고 액면의 눈금을 정확하게 읽는다. 일반적으로 0.1 mL의 눈금이 표시되어 있으나 그 이하는 눈대중으로 10등분하여 0.01 mL까지 정확하게 측정할 수 있다.

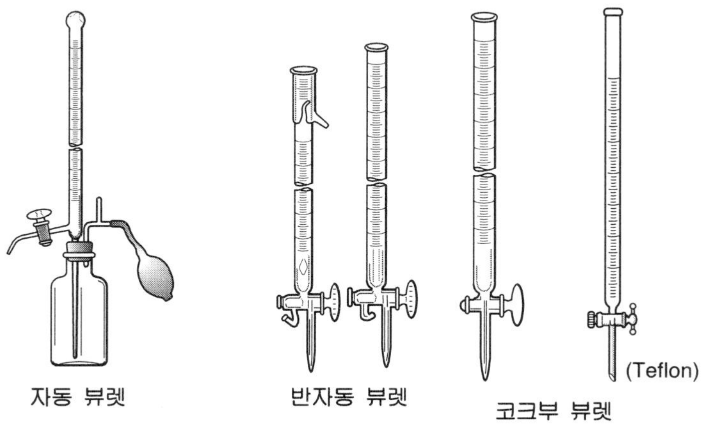

그림 2-5 뷰렛

코크를 돌릴 때에는 그림 2-6과 같이 코크와 몸체를 거머쥐고 엄지와 검지로 회전시키는 것이 좋다. 그렇지 않으면, 코크 부위에 파손이 일어날 가능성이 많기 때문이다.

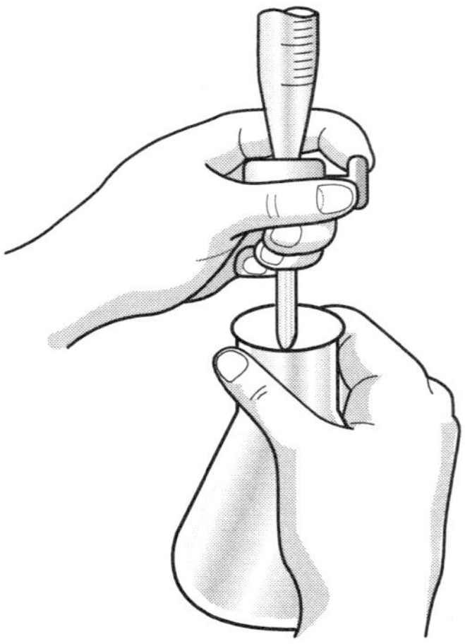

그림 2-6 뷰렛을 이용한 적정 예

2.3 가열과 건조

식품화학 실험에서 여러 형태의 가열법을 사용하고 있다. 가열 정도에 따라 강열, 중가열, 건조가열 등으로 나눌 수 있겠다.

2.3.1 물체의 강열과 회화

강한 가열을 해야 하는 경우에는 가스버너(그림 2-7)를 사용하는 것이 효과적이라고 할 수 있다. 버너에는 Teclu, Bunsen, Meker형이 있으며, 이중 Teclu나 Bunsen버너가 많이 사용된다. 버너를 사용하는 경우에는 코크와 공기 조절반을 조절하여 가스와 공기의 혼합을 잘 조절하여 엷은 청색의 불꽃인 산화 불꽃으로 하여 사용한다. 공기의 공급이 불완전하면 붉은색의 불꽃이 되고 온도도 떨어진다. 그러므로 불꽃의 크기나 부분에 따른 온도가 달라질 수 있다.

가열건조장치로 흔히 사용되는 것은 그림 2-8의 항온 전기건조기(dry oven)가 있다. 온도 조절기로 온도를 조절하고 자동 스위치를 켜두면, 일정한 온도를 유지한다. 온도를 정확히 측정하기 위해 건조기 상단의 온도계 설치부에 온도계를 꽂아 사용한다. 급격한 온도 변화를 막기 위해 공기 구멍의 크기를 조절한다. 물기가 많을 경우에는 물기를 어느 정도 제거한 후에 사용한다.

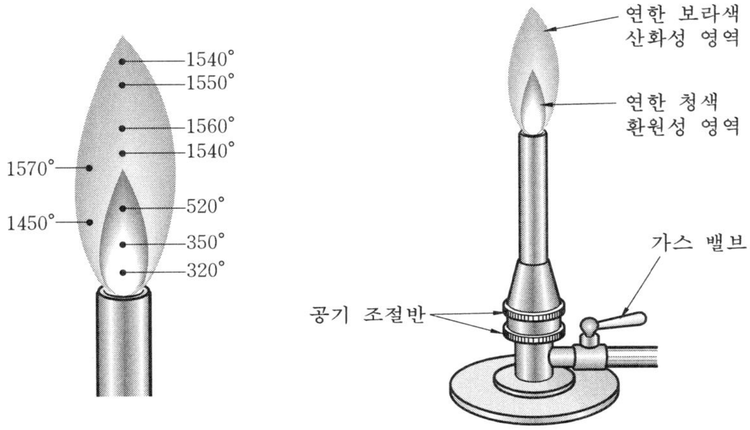

그림 2-7 가스 버너와 불꽃의 온도

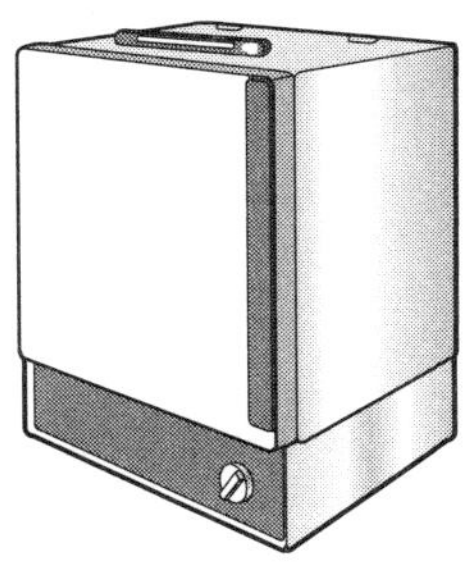

그림 2-8 항온 전기건조기

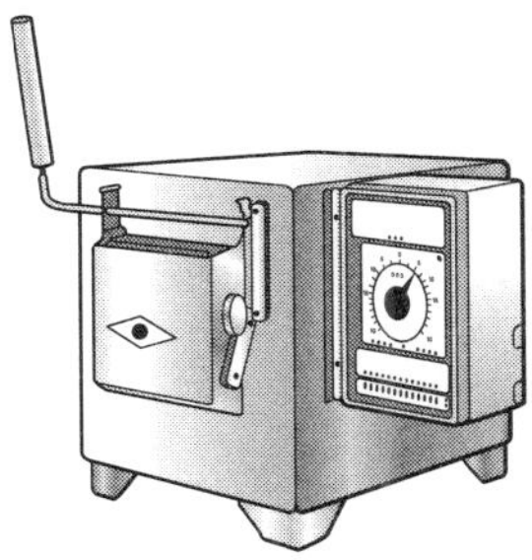

그림 2-9 전기회화로

이밖에 전기회화로(muffle furnace, 그림 2-9)는 도가니나 작은 증발접시를 일정한 고온으로 가열시킬 때 사용된다. 식품화학 실험에서 회분, 섬유소, 무기질 등의 분석에 필수적인 기구이다. 두꺼운 내화벽돌로 충분히 열을 유지토록 설치되고 전열선으로 가열하며 온도조절이 가능하다. 온도를 과도하게 올리면 수명이 단축되므로 1,000℃ 이상은 올리지 않는 것이 좋으며, 전기로 내부의 온도 분포도 고르지 않은 점에 유의하여야 한다.

이 때 사용되는 도가니는 사기 도가니와 백금 도가니가 있는데, 사기 제품은 1,000℃ 이하에서, 백금 도가니는 1,000℃ 이상에서 사용하는 것이 좋다.

2.3.2 액체의 가열과 증발

액체의 반응 촉진, 침전 형성의 가속화, 농축 등의 여러 목적으로 액체를 가열한다.

① 비점까지 가열하지 않는 경우에는 주로 water bath상에서 가열한다. Water bath는 그림 2-10과 같이 스텐레스로 만든 뚜껑이 여러 장으로 구성되어 있어 증발 용기의 크기에 따라 중앙의 구멍 크기를 조절할 수 있다. 요즘은 다수 개의 구멍이 있고 온도 조절과 자동 교반 장치가 부착된 용량이 큰 water bath가 생산되고 있다.

② 비점 이상으로 가열하는 경우에는 시계접시나 작은 깔때기를 뚜껑으로 살짝 덮고 비등석을 가한 뒤에 가열한다.

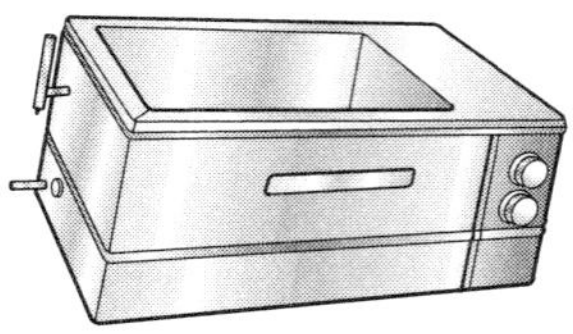

그림 2-10 항온수조

2.4 시료의 제습과 건조

시료를 실온에서 흡습을 방지하면서 건조시킬 때는 건조제를 넣은 데시케이터(desicator 그림 2-11)를 사용한다. 사용되는 건조제로는 흔히 염화칼슘이나 실리카겔이 사용된다. 실리카겔은 원래 무색이나 건조한 상태에서는 짙은 푸른색을 띠고 흡습에 따라 점차 붉은 색을 띠므로 흡습 정도를 쉽게 알 수 있다. 붉은 색 실리카겔을 120～140℃로 가열하면 짙은 푸른색을 지닌 건조한 실리카겔을 얻게 되므로 재사용이 가능하다.

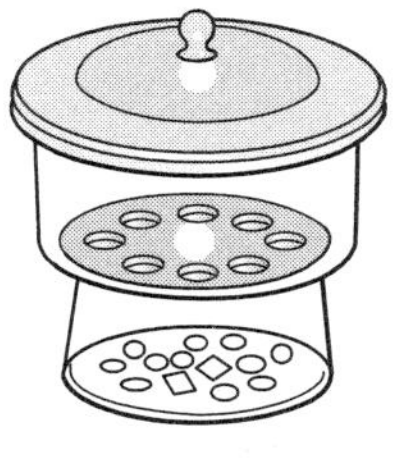

그림 2-11 데시케이터

2.5 여 과

2.5.1 여 과

고체와 액체를 분리하기 위하여 여과(fileration)라는 조작이 흔히 사용되고 있다. 실험에서 많이 사용되는 여과법은 여과지와 깔대기를 사용하는 법, 석면(asbestos)과 유리섬유(glass wool)를 사용하는 법, 유리 여과관(glass filter)을 사용하는 법 등이 있다.

여과지는 동양여지나 Wahttman 여지를 많이 사용하고 있으며, 목적에 따라 정성용, 정량용이 있으며, 정량용은 일반용, 신속용, 미세 침전용, 표준용 등이 있고, 크기가 여러 가지므로 잘 선택해서 사용해야 한다.

1. 여과 조작

1) 자연 여과

① 여지를 깔대기에 부착하는 법 : 여지를 그림 2-12와 같이 접어 깔대기 내면에 완전히 부착되게 한다. 접은 여지의 직경이 깔대기의 직경보다 약간 작으면 좋다. 여기에 여과시키려는 용액과 같은 용매로 적셔서 깔때기의 벽에 기포가 없게끔 하면서 고착되게 한다. 여과 속도를 높이기 위해서는 그림 2-13의 주름진 여지를 사용한다.

② 침전의 여과와 세척 : 여지가 있는 깔때기를 Funnel stand에 고정시키고 수기의 내벽에 깔때기의 끝 부분을 가볍게 닿게 한다. 유리 봉을 여지에 대고 용액의 용기를 기울여 여지 높이의 약 80%량을 흘려내려 보낸다. 용액이 거의 여과되

면 이 조작을 반복한다.

여과가 끝나면 세척을 행하게 되는데, 침전물을 제거하거나 용해시키는 경우와 침전물만을 완전하게 모으는 경우에 세척 법이 달라진다. 침전물을 제거하거나 완전히 모으는 경우에는 될 수 있는 대로 소량의 세척 액으로 여지와 침전을 씻어낸다. 이 작업을 4,5회 수행하면, 침전물만 남게 된다. 용해시켜야 할 경우에는 여기에 용매를 3,4회 가해 완전히 용해되게 한다.

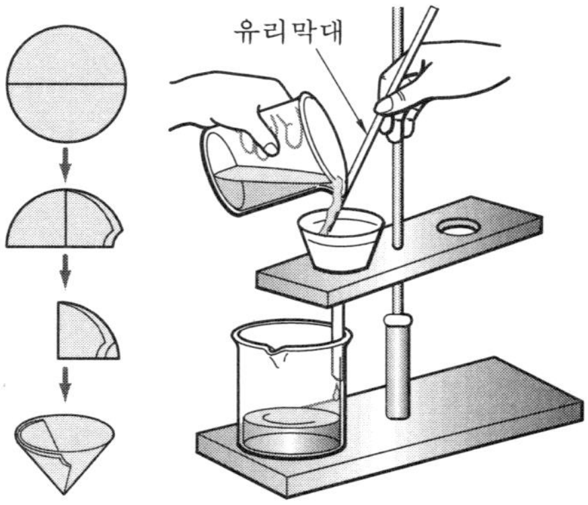

그림 2-12 여과지 접는 법

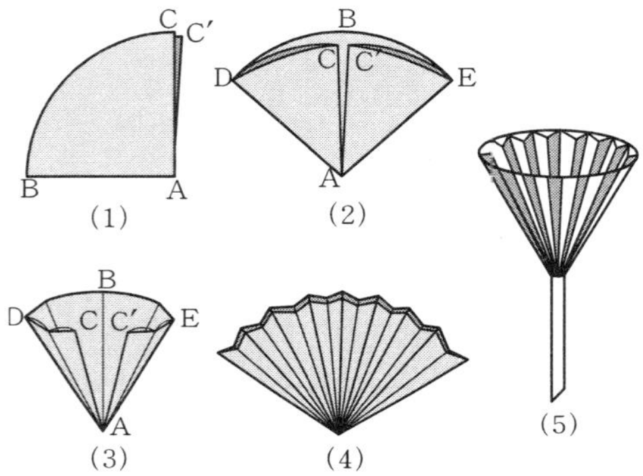

그림 2-13 주름진 여지 접는 법

2) 흡인 여과

감압(흡인) 여과는 여액을 받는 수기의 내부의 압력을 감압시키므로 여과시간이 단축되고 여과가 어려운 경우에 이용된다.

사용되는 여과기구로는 glass filter, Gooch 도가니, Buchner 깔때기 등이 사용되고 있다. 흡인여과 장치로는 그림 2-14의 여과장치가 이용된다. 수류펌프 또는 진공펌프를 사용하며, 역류를 방지하기 위해 안전병을 장치하기도 한다. glass filter를 사용한 후에는 침전을 적당한 용매로 용해한 다음 흡인과 세척을 여러 번 하여 오염되지 않게 하여야 한다.

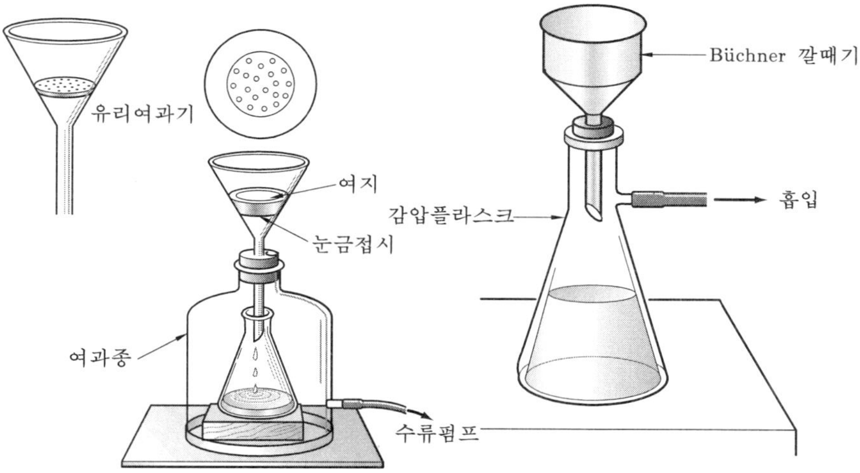

그림 2-14 흡인여과장치

2.6 증 류

액체를 끓여 기체가 되면 이것을 냉각하여 다시 액체로 만드는 조작을 증류(distrillation)라 한다. 액체는 끓는점이 다르기 때문에 이를 이용하여 비교적 순수한 용액을 얻을 수 있다. 여러 차례 반복해서 증류하면 순수한 물질의 액체를 얻게 된다. 이를 분별증류라 한다. 증류는 상압에서 행할 수도 있고, 비등점이 높거나 물질이 열에 불안정한 경우에 감압으로 증류하기도 하며, 수증기증류를 행하기도 한다.

증류를 행할 때, 어떤 물질은 폭발적으로 끓는 경우가 있으므로, 이를 방지하기 위해 유리공, 모세관과 같은 비등석을 넣는다.

2.6.1 상압증류

비등점이 100℃ 이하인 액체를 증류할 때 이용한다. 그림 2-15와 같은 장치로 시료를 둥근 플라스크의 1/2～2/3량 넣고, 수은 온도계의 수은구가 가지관보다 좀 내려가는 중심부분에 위치하도록 설치한다. 냉각관, 아답터를 연결한다. 가열

방법은 액체의 비등점이 80℃ 이하인 액체를 증류할 때에는 물중탕(water bath)으로, 100℃ 이상의 경우에는 석면망위에서 직접 불꽃으로, 200℃ 이상인 경우에는 metal bath를 사용한다. 가열용 맨들(mamtle)은 150℃ 정도로 증류할 때, 이용한다.

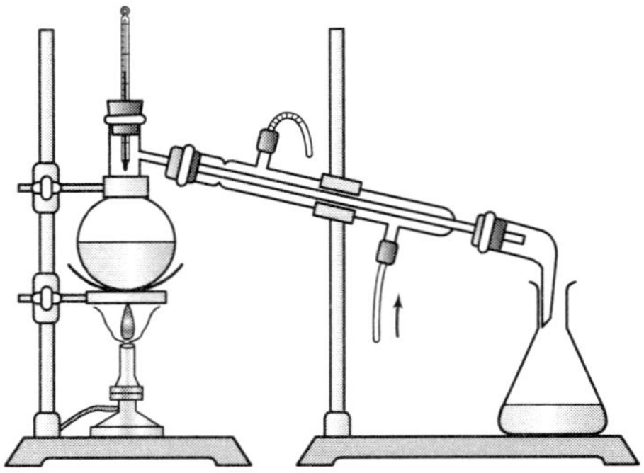

그림 2-15 상압증류장치

2.6.2 감압증류

비등점은 그 용액의 표면의 증기압이 낮을 때 낮아지므로 용액의 표면의 압력을 감소시키면 잘 끓게 된다. 증류 시간을 단축하고 낮은 온도에서 증류시키고자 할 때 이용되며 여러 가지 증류기가 시판되고 있다(그림 2-16).

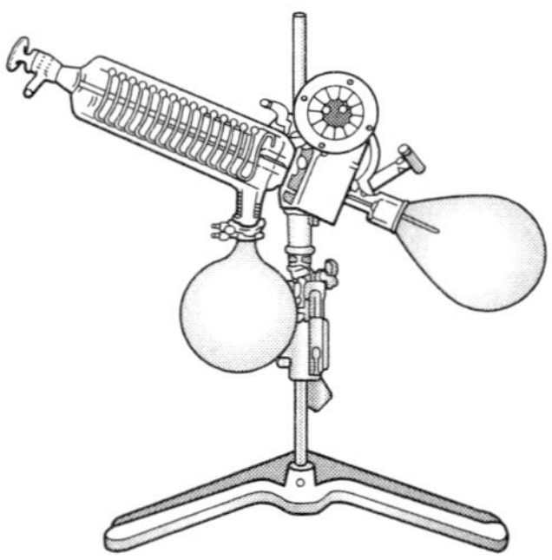

그림 2-16 rotary vaccum evaporater

2.7 추 출

추출은 반응 혼합용액으로부터 생성물을 어떤 용매로 녹이거나 고형물로부터 어떤 용매에 가용성인 부분을 녹여내는 일과 같이 액상·액상, 고상·액상간의 분배를 이용한 분리정제법의 하나이다. 즉 시료에 함유된 특수성분을 가용성 용매로 분리해 내는 조작을 말한다. 이 때 해당 용매에 대한 시료의 용해도와 용매의 휘발을 막기 위한 장치를 고려해야 된다. 대표적인 추출 장치로는 속실렛 추출장치(그림 2-17, Soxhlet extracter)가 있다.

조작은 시료를 충분히 곱게 마쇄하여 원통여지에 넣고 유기 용매의 응축액이 그 위에 떨어지게 고안되었다. 추출 용매는 시료 용액과 잘 혼합되는 용매를 쓰면 곤란하다. 일반적으로 에탄올, 에테르, 클로로포름 등과 같은 용매가 사용된다.

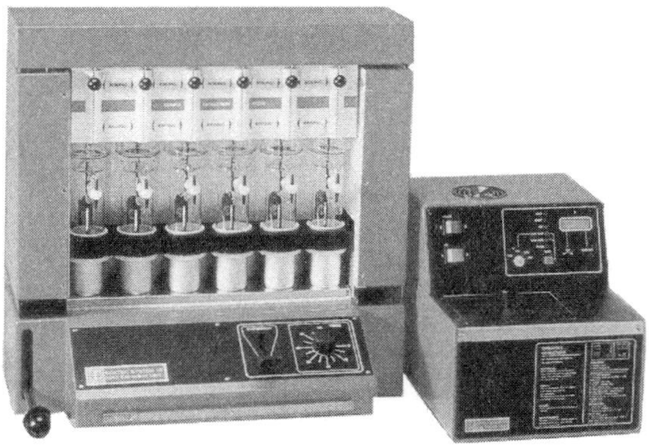

그림 2-17 속실렛 추출장치

제 3 장 용량 분석

용량분석은 부피를 측정하는 분석으로 부피분석 또는 적정분석이라고도 한다.

농도를 알지 못하는 시료 용액에 농도를 이미 알고 있는 시약을 정량적으로 반응시켜 반응의 당량점, 즉 반응이 종점(end point)에 도달하였을 때, 소비된 시약의 양으로부터 시료중의 성분 함량을 산출하는 법을 용량분석(volumetric analysis)이라 하며, 식품분석에 많이 이용된다. 흔히 사용되는 방법에는 적정분석법(titrating anlysis)이 있다. 용량분석법에는 반응 종류에 따라 중화적정법, 산화환원적정법, 침전적정법, 착염생성법 등이 있다. 이때 이미 농도를 알고 있는 용액을 표준용액(standard solution)이라 하고, 조작법을 적정(titration)이라 한다.

3.1 용액의 농도

용액은 용매와 용질로 구성된 균일 혼합물이다. 용매는 녹이는 물질로 주성분이며, 용질은 녹는 물질로 소량성분이다. 따라서 용액의 성분이 많은 쪽이 항상 용매가 된다. 공기, 음료수, 합금은 각각 기체, 액체, 고체용액이다.

용액을 조제할 때에는 목적하는 양에 해당하는 시료를 평량하여 비이커에 넣고 소량의 용매로 용해시킨다. 완전히 용해되면 매스플라스크에 옮기고, 나머지 용매로 여러 차례 비이커를 씻어 매스플라스크에 넣고 일정 용량이 되게 한다.

용액의 농도를 표시하는 여러 가지 방법이 있으나, 여기에서는 자주 사용하는 몇 가지 농도법을 설명하기로 한다.

3.1.1 농도의 종류

1. 몰농도 (M, molarity)

M은 용액 1L 중의 용질 몰 (mol) 수이다.

$$M = \frac{\text{용질 몰(mol)}}{\text{용액 L}}$$

1몰은 분자량의 중량으로 모두 아보가드로수인 6 x 10^{23}개의 입자를 가지고 있다.

2. 노르말농도 (N, normalrity)

N은 용액 1L 중의 용질 당량 (equivalent) 수이다.

$$N = \frac{\text{용질 당량(equivalent)}}{\text{용액 L}}$$

당량은 화학반응에 필요한 최소단위로 산-염기 반응에서 1당량은 1 mol의 양성자이고 , 산화-환원 반응에서 1당량은 1 mol의 전자이다.

3. 질량퍼센트 (w/v, percent)

w/v는 용액 100 mL 중의 용질 g 수이다.

$$w/v(\%) = \frac{\text{용질 g}}{\text{용액 100mL}} \times 100$$

4. ppm (parts per million)과 ppb (parts per billion)

ppm은 백만분의 일로서 용액 1L (kg)에 용질 1mL (g)이 포함된 단위 (mg/L, mg/kg, μg/g)이다.

$$\text{ppm} = \frac{\text{용질}}{\text{용액}} \times 10^6$$

ppb는 십억분의 일의 단위이다.

$$\text{ppb} = \frac{\text{용질}}{\text{용액}} \times 10^9$$

3.1.2 용액의 농도 변경

농도가 다른 두 용액을 혼합하여 중간농도의 용액을 만들 때에는 각 용액의 농도와 필요한 용액의 농도의 차이에 반비례하게 혼합하면 된다. 예를 들어 a%(또는 N) 용액과 b%(또는 N) 용액을 혼합하여 c%(또는 N) 용액 Dg(또는 mL)를 조제한다면, 다음과 같은 식이 성립된다.

a ＼ ／ $c - b = A$

c

b ／ ＼ $a - c = B$

변화해야 할 총 농도 : $A + B$

a% 용액의 필요량 : $(A/A+B) \times D$

b% 용액의 필요량 : $(B/A+B) \times D$

예제 1

95%의 H_2SO_4를 증류수로 희석시켜 50%의 H_2SO_4 용액을 만들려고 한다. 각각 어느 정도 필요한가?

H_2SO_4 95% ＼ ／ 50-0 = 50 : 필요한 황산의 양

50%

증류수 0% ／ ＼ 98-50 = 48 : 필요한 물의 양

따라서 황산과 증류수를 50 : 48의 비율로 혼합하면 된다.

예제 2

38%의 포도당 용액과 10%의 포도당 용액을 혼합하여 20%의 포도당 용액 120g을 제조하고자 한다. 각각 어느 정도 혼합해야 하는가?

$$\begin{array}{ccc} 38 & & 20-10=10 : \{10/(10+18)\}\times 120=42.9 \\ & 20 & \\ 10 & & 38-20=18 : \{18/(10+18)\}\times 120=77.1 \end{array}$$

따라서 38%의 포도당 42.9g과 10%의 포도당 77.1g을 혼합하면 20%의 포도당 용액 120g을 만들게 된다.

3.2 역 가

임의의 농도의 용액을 만들 때, 이론 치와 실제 치에는 차이가 있게 마련이다. 용량분석 실험을 할 때에는 실제의 농도가 실험 결과에 크게 영향을 미치기 때문에 실제 정확한 농도를 알지 않으면 안 된다. 이 때 용액이 얼마나 정확하게 만들어졌는지를 확인하는 작업을 역가(factor)를 구한다고 하며 100% 정확하게 만들어진 경우의 용액의 역가를 1이라 한다. 다시 말해서 용액의 농도의 이론 치와 실제 치의 비를 역가라고 말할 수 있다. 따라서 목표 농도와 역가를 곱해주면 실제 용액의 농도가 된다.

3.3 중화적정

산과 염기가 반응하게 되면 정량적으로 중화하여 물과 염이 생성한다. 이 때 산이나 염기의 농도와 반웅한 부피를 알면 상대 염기나 산의 농도를 구할 수 있다. 중화반응이 종결되는 종점(end point)을 지시약(Indicator)으로 알아내어 화학량론적 중화점인 당량점을 구한다.

분석법에는 산 정량과 알칼리 정량이 있는데, 산 정량은 미지농도의 산 용액을 농도를 알고 있는 알칼리 용액으로 적정 중화하여 산을 정량하는 방법이고, 알칼리 정량은 그 반대의 방법이다. 중화적정법에 사용하는 지시약으로는 methyl red, phenolphthalein, mehtyl orange 등이 있다.

3.3.1 산, 염기의 표준액 조제와 적정

1. 0.1-HCl(염산)표준액 조제

시약용 염산 8.8~8.9 mL를 피펫으로 1,000 mL 용 mess flask에 취하여 증류수를 가해 1,000 mL로 하면 0.1 N의 염산 용액이 된다. 역가를 측정하기 위해 탄산나트륨 또는 $KHCO_3$ 용액을 조제한다. 여기서는 탄산나트륨으로 적정하는 법을 설명하기로 한다.

Na_2CO_3 5.2997 g을 평량하고 증류수로 용해시킨다. 이를 1,000 mL 용 메스플라스크에 넣는다. 여분의 증류수로 비이커를 세척하여 메스플라스크에 넣는다. 이 조작을 여러 차례 행하여 전량을 1,000 mL가 되게 한다. 이때 탄산나트륨을 5.3058 g을 취하였다고 하면 탄산나트륨 용액의 농도는

$$\frac{1}{10} \times \frac{5.3058}{5.2997} = 0.10141(\mathrm{N})$$

따라서 역가는 1.0141이 된다.

적정하기 위해서 0.1 N 염산 20 mL를 피펫으로 정확히 취해 비이커에 옮기고 methyl orange 지시약 2, 3방울을 가한다. 0.1 N 탄산나트륨 용액을 뷰렛에 넣어 적정한다. 이 때의 소비량으로 0.1 N 염산 용액의 역가를 산출하게 된다.

계 산

0.1 N 염산 용액 20 mL를 중화시키는데 0.1 N 탄산나트륨 용액 19.8 mL이 소비되었다고 하면 0.1 N 염산 용액의 역가는 다음 식에 의해 구할 수 있다.

$$\frac{1.0141}{10} \times 19.8 = \frac{f}{10} \times 20$$

$$\therefore\ f = 1.00895$$

즉 염산의 역가는 1.00895이고, 실질 농도는 0.100895 N이다.

2. 0.1N N (a수산화나트륨)표준액의 조제

시약용 수산화나트륨 45 g을 비이커에 넣어 정확히 평량한 뒤에 증류수로 용해하여 1,000 mL 용 메스플라스크에 넣는다. 여분의 증류수로 비이커를 세척하여 메스플라스크에 넣는다. 이 조작을 여러 차례 행하여 전량을 1,000 mL가 되게 한다. 조제용액을 밀봉하여 탄산가스를 차단시켜 보존한다.

역가를 구하기 위하여 염산이나 수산을 사용할 수 있다. 여기에서는 수산을 사용하여 역가를 구하는 법을 설명하기로 한다. 시약용 수산(oxalic acid, 분자량 126.068) 6.3034 g을 비이커에 넣어 정확히 평량한 뒤에 증류수로 용해하여 1,000 mL 용 메스플라스크에 넣는다. 여분의 증류수로 비이커를 세척하여 메스플라스크에 넣는다. 이 조작을 여러 차례 행하여 전량을 1,000 mL가 되게 하면 0.1 N 수산 용액이 된다. 만일 6.3005 g의 수산을 평량하였다면, 수산의 역가는

$$\frac{1}{10} \times \frac{6.3005}{6.3034} = 0.09996(\mathrm{N})$$

따라서 역가는 0.9996이다.

0.1 N 수산화나트륨 용액 20 mL를 피펫으로 비이커에 취하고 페놀프탈렌 2, 3 방울을 가한 뒤에 수산액을 뷰렛에 담아 미홍색이 될 때까지 적정한다. 실험치로부터 수산화나트륨 용액의 역가를 아래 식으로 구한다.

계 산

수산화나트륨 용액 20 mL를 중화하는데 수산이 20.12 mL가 소비되었으면 아래와 같이 구한다.

$$\frac{0.9996}{10} \times 20.12 = \frac{f}{10} \times 20$$

$$\therefore\ f = 1.0001$$

따라서 수산화나트륨 용액의 농도는 0.10001 N이다.

3. 0.1N 황산 표준액의 조제

시약용 황산 2.8～3.0 mL를 피펫으로 1,000 mL 용 메스플라스크에 옮기고 증

류수를 가하여 전량을 1,000 mL가 되게 한다. 역가는 염산의 방법과 같이 수행하여 구한다.

3.4 산화환원 적정

산화제 또는 환원제의 표준용액으로 피검 물질을 적정하는 방법으로, 표준용액으로 많이 사용하는 산화제는 과망간산칼륨, 중크롬산칼륨, 요오드, 브롬 등이 있으며, 환원제로는 치오황산나트륨, 수산 등이 있다.

3.4.1 0.1N $KMnO_4$(과망간산칼륨) 표준용액의 조제

시약용 과망간산칼륨 약 3.3 g을 평량하여 증류수로 용해시켜 1,000 mL용 메스플라스크에 넣는다. 여분의 증류수로 비이커를 세척하여 메스플라스크에 넣는다. 이 조작을 여러 차례 행하여 전량을 1,000 mL가 되게 한다. 갈색 시약병에 넣어 약 1주일간 방치한 뒤에 유리 여과기로 여과하여 갈색 시약병에 보관한다.

역가를 구하기 위해서 시약용 수산나트륨($Na_2C_2O_4$) 6.7002 g을 정확히 평량하여 증류수로 용해시켜 1,000 mL 용 메스플라스크에 넣는다. 여분의 증류수로 비이커를 세척하여 메스플라스크에 넣는다. 이 조작을 여러 차례 행하여 전량을 1,000 mL가 되게 한다.

수산나트륨을 6.7012 g을 취하였다면 역가(f) $= \frac{6.7012}{6.7002} =$ 1.0001이 된다. 0.1 N 수산나트륨 용액 20 mL를 피펫으로 비이커에 옮기고 25 %의 황산 용액 20 mL와 물 80 mL를 가한 뒤에 75℃ 내외의 탕욕 상에서 가열하면서 과망간산칼륨 용액으로 미홍색이 되는 순간까지 적정한다. 과망간산칼륨 용액의 역가를 아래와 같이 구할 수 있다.

계 산

위 실험에서 과망간산칼륨 용액의 소비량이 19.94 mL였다면,

$$\frac{1.0001}{10} \times 20 = \frac{f}{10} \times 19.94$$

$\therefore f = 1.0046$

$2KMnO_4 + 5Na_2C_2O_4 + 8H_2SO_4 \rightarrow 2MnSO_4 + K_2SO_4 + 5Na_2SO_4 + 10CO_2 + 8H_2O$ 산화환원 적정법의 응용예로서 과산화수소의 정량, 칼슘의 정량법 등이 있다.

3.5 요오드 적정법

요오드 적정법은 일종의 산화환원 적정법이나 응용범위가 넓으므로, 여기서는 구별하여 설명하고자 한다.

요오드는 그 자신보다 산화환원 전위가 낮은 물질에 대해서는 산화제로 작용하므로 직접 요오드 표준용액으로 직접 적정할 수 있고, 반대로 산화환원 전위가 높은 물질에 대해서는 환원제로 작용하므로 요오드 화합물로부터 유리된 요오드를 치오황산나트륨 표준용액으로 적정하여 간접적으로 최초의 물질의 양을 구할 수 있다. 앞의 경우를 요오드법(iodimetry)이라 하고 후자의 경우를 요오드화법(iodometry)이라 한다.

3.5.1 0.1N $Na_2S_2O_3$(치오황산나트륨) 표준용액의 조제

시약용 치오황상나트륨 24.821 g과 안정제인 무수 탄산나트륨 0.2 g을 정확히 평량하여 증류수로 용해시켜 1,000 mL 용 메스플라스크에 넣는다. 여분의 증류수로 비이커를 세척하여 메스플라스크에 넣는다. 이 조작을 여러 차례 행하여 전량을 1,000 mL가 되게 한다.

역가를 측정하기 위해서 시약용 중크롬산칼륨 4.9036 g을 정확히 평량하여 증류수로 용해시켜 1,000 mL 용 메스플라스크에 넣는다. 여분의 증류수로 비이커를 세척하여 메스플라스크에 넣는다. 이 조작을 여러 차례 행하여 전량을 1,000 mL가 되게 한다. 이 때 평량한 중크롬산칼륨이 4.9250 g이었다면 역가는

$$f = \frac{4.9250}{4.9036} = 1.004$$ 이다.

치오황산나트륨 용액의 역가를 구하기 위해서 0.1 N 중크롬산칼륨 용액 30 mL를 비이커에 취하고 KI 2 g과 진한 염산 5 mL, 증류수 50 mL를 가하여 마개를 한 다음 방치하면 요오드가 유리되어 용액은 진한 갈색이 된다. 이때 화학 반응식은 다음과 같다.

$$K_2Cr_2O_7 + 14HCl + 6KI \leftrightarrow 3I_2 + 8KCl + 2CrCl_3 + 7H_2O$$

여기에 치오황산나트륨 용액으로 적정하면

$I_2 + 2Na_2S_2O_3 \rightarrow 2NaI + Na_2S_2O_4$으로 반응한다.

종점이 다가오면 진한 갈색에서 담황색으로 변화하며, 여기에 0.5%의 전분액을 가하면 청록색으로 변한 뒤에 담록색으로 된다. 이 때를 종점으로 한다.

계 산

소비된 0.1 N 치오황산나트륨 용액이 30.36 mL였다면

$$\frac{1.004}{10} \times 30 = \frac{f}{10} \times 30.36$$

$\therefore f = 0.9921$이 된다.

※전분용액의 제조 : 가용성 전분 1 g을 200 mL의 물과 혼화하면서 가열한다. 1, 2분간 끓이면 용액은 대체로 투명해진다. 상등액을 사용하면 되며, 장기간 사용하려면 부패를 방지하기 위해서 toluol 1, 2방울을 가하면 된다.

3.6 침전적정

시료에 표준액을 가해 정량적으로 용해도가 작은 물질을 생성시키는 침전반응을 이용한 적정법을 침전적정법(precipitimetry)이라 한다. 식품분석에 흔히 사용되는 침전 적정법은 질산은 표준액을 사용하는 식염 정량법이다. 이 방법은 식품 중에 염소이온 함량을 정량하는 것으로 Mohr법과 Volhard법 및 Gay-Lussac법 등이 있다. 여기서는 일반적으로 이용되는 Mohr법에 대해서 설명하기로 한다.

Mohr법은 할로겐 이온을 함유한 중성 용액에 크롬산칼륨을 지시약으로 하여 질

산은 표준용액으로 적정하면 당량점에서 다갈색(살색, 살구색)의 침전이 생성되는 점을 종말점으로 한다.

3.6.1 $\frac{1}{50}$ N $AgNO_3$(질산은) 용액의 조제

$AgNO_3$ 결정 3.3978을 증류수에 용해시켜 전량을 1,000 mL로 한 뒤, 갈색 병에 넣어 보존 한다. 역가는 $\frac{N}{50}$ NaCl 표준액으로 측정 한다. $\frac{N}{50}$ NaCl 표준액은 다음과 같이 만든다.

특급 시약품 염화 나트륨을 1.1691 g 평량하여 증류수에 용해시켜 전량을 1,000 mL로 한다. 이 때 염화나트륨을 1.1702 g을 평취 하였다면, 염화나트륨용액의 역가는 $\frac{1.1702}{1.1691} = 1.001$이 된다.

질산은용액의 역가를 구하기 위해 염화나트륨 기준액 20 mL를 비커에 넣고 증류수 100 mL로 희석하고 10 %의 크롬산칼륨(K_2CrO_4) 1 mL를 가한다. 여기에 질산은용액으로 적정하여 엷은 적갈색이 나타나는 점을 종말점으로 한다. 적정치가 20.06 mL였다면, 역가를 아래 식으로 구할 수 있다.

$$\frac{1.001}{50} \times 20 = \frac{f}{50} \times 20.06$$

$\therefore f = 0.9980$ 이다.

3.6.2 식품 중의 NaCl(소금)함량 측정

1. 시료의 조제

시료를 취할 때, 액체시료인 경우에는 그대로 pipette으로 취하고, 고체 시료의 경우에는 물을 가해 가열 추출한 뒤, 여과한 여액을 적절하게 희석하여(보통 500 배) 사용한다.

2. 정 량

시료용액 20 mL를 비이커에 취한 후에 10 %의 크롬산칼륨 1 mL를 가하고, $\frac{N}{50}$ 질산은용액으로 미갈색이 될 때가지 적정한다.

$$식품\ 중의\ 소금의\ 양(\%) = \frac{0.0017 \times a \times f \times D}{S} \times 100$$

a : $\frac{N}{50}$ 질산은용액의 적정치(mL)

D : 희석배수

f : $\frac{N}{50}$ 질산은용액의 역가

S : 시료의 채취량(g)

0.0017 : $\frac{N}{50}$ 질산은용액 1 mL와 반응하는 염화나트륨의 량

제 4 장
기기 분석법

식품분석은 최근 용량분석이나 중량분석을 대신하여 기기 분석법이 많이 이용되고 있는데, 그 이유는 기기 분석이 신속하고 미량으로도 정확한 결과를 얻을 수 있기 때문이다. 기기 분석은 시료와 전자파와의 상호작용, 시료의 정기화학적 특성, 그리고 시료의 서로 다른 상(相, phase) 간의 상호작용 등을 이용한 분석법이라고 말할 수 있겠다.

4.1 비색

기기 분석법 중에 흔히 사용되는 분석법은 비색분석법인데, 원리는 시료를 적절한 시약과 반응하여 발색시켜서 그 용액의 색깔의 강도에 따라 표준액의 색깔과 비교한 분석법이다.

4.1.1 원 리

착색된 용액에 빛을 통과시키면 색과 관련된 특정한 파장의 빛만 흡수하는데, 이 때 흡수한 정도를, 다시 말해서 용액을 투과한 빛의 양을 전류의 강약으로 바꾸어 측정하는 것이다. 용액에 입사하는 빛의 세기(I_0)와 투과 광선의 세기(I)와의 비는 착색의 정도와 액층의 두께에 비례한다(Lambert-Beer의 법칙).

$$\frac{I}{I_0} = T \quad \cdots\cdots\cdots\cdots\cdots\cdots\cdots\cdots\cdots\cdots \quad (1)$$

이 때 T를 투과율(transmittane)이라 하며, (1)식으로부터

$$\log\left(\frac{I_0}{I}\right) = -\log T = kcd = E \quad \cdots\cdots\cdots \quad (2)$$가 유도된다.

여기서 d는 액층의 두께, k는 비흡광계수(specitic extinction)라고 부르는 용액 고유의 정수이다. 또한 E는 흡광도(absorbance) 또는 광학밀도(optical density)라 한다. c는 용액의 농도이다. 따라서 $-\log T$를 흡광도라고 말할 수 있겠다.

실제로 d를 일정하게 하여 $-\log T$를 읽으므로 c를 구할 수 있다. 예로서, 시료와 동일한 표준물질을 여러 농도의 용액을 만들어(3, 5개의 농도로) $-\log T$를 측정한다. 농도와 $-\log T$에 관한 표준곡선을 만들어 k를 구하는 것이 광전비색계의 원리이다. 농도(C_1, C_2)와 액층의 두께(L_1, L_2)가 다를 경우, 투과율(T_1, T_2)이 같으면 (3)식이 성립된다.

$$C_1L_1 = C_2L_2 \quad \cdots\cdots\cdots\cdots\cdots\cdots\cdots\cdots\cdots\cdots \quad (3)$$

따라서 C_1과 L_1을 일정하게 하고 L_2를 여러 가지로 변화시켜 투과율이 동일하게 되는 액층의 두께를 알면, 미지의 농도 C_2를 알 수 있다.

4.1.2 광전비색계

흡광도를 측정하는 장치는 광전비색계, 분광광도계 등이 있다. 차이점은 단색광을 얻는데 비색계는 filter를 사용하고 광도계는 프리즘이나 회절격자를 사용하고 투과광선을 받는 수광 부분이 비색계는 광전지이고 광도계는 광전관이다.

광원에서 나온 빛은 집광렌즈에 의해 모여지고 색 filter를 지나면서 단색광이 된다. 단색광은 시료 액층을 통과하여 광전지에 도달하여 적절하게 증폭되면서 투과율과 흡광도를 읽게 된다. 액층 용기는 2개가 있어 blank용과 시료용액의 것이 있다.

흡광도를 측정하기 위해서는 우선, 3~5분간 warming up을 하여 회로를 안정시킨 뒤, 맹검액 또는 증류수를 광로에 들어가게 하여 투과눈금이 100% 또는 흡광도가 0이 되도록 조절한다. 정량하려는 시료의 표준물질의 농도와 흡광도의 관계직선을 그린다(그림 4-1).

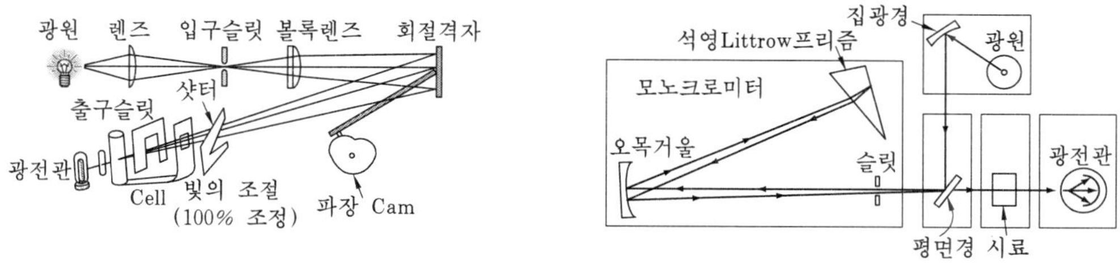

그림 4-1 분광분도계의 구조

4.2 pH의 측정

4.2.1 수소이온농도와 pH

수용액의 산성, 알칼리성의 강약은 수소이온 농도의 대소를 의미하며, 이를 표시하기 위해 pH라는 단위를 사용한다. 순수한 물은 매우 적은 량의 수소이온과 수산이온이 존재하며 이는 물의 이온화에 의한 것이다.

$$H_2O \longleftrightarrow H^+ + OH^- \quad \cdots\cdots\cdots\cdots (1)$$

수용액에서의 수소이온과 수산이온 농도의 곱은 일정 온도에서 항상 일정한 값을 지니고 있다. $[H^+]$와 $[OH^-]$를 두 이온의 mole 농도라 하면 22℃에서 순수한 물은 $[H^+] \times [OH^-] = 10^{-14}$ 이다.

수소이온과 수산이온 농도가 같을 때, 즉 $[H^+] = [OH^-] = 10^{-7}$이 될 때, 이 용액은 중성이고 $[H^+] > [OH^-]$일 때는 산성, $[H^+] < [OH^-]$인 경우에는 알칼리성을 나타낸다.

이처럼 액성을 나타낼 때, $[H^+]$ 또는 $[OH^-]$의 농도로 표시할 수 있으나 대체적으로 $[H^+]$의 농도로 표시한다. 하지만 수소이온 농도의 수치가 너무 작아서 취급상 곤란하므로 수소이온 농도지수(hydrogen ion exponent)인 pH로 나타낸다. pH는 $[H^+]$의 역수의 대수 즉

$$pH = \log \frac{1}{[H^+]} = -\log [H^+]$$ 라는 의미이다.

따라서 $\log [H^+] \times [OH^-] = \log 10^{-14}$

$$\log[H^+] + \log[OH^-] = -14$$

$$pH + pOH = 14$$ 가 된다.

용액이 중성일 때는 pH = 7이 된다. pH < 7일 때는 산성, pH > 7인 경우는 알칼리성이 된다.

4.2.2 pH의 측정

실제로 식품 분석시에 pH의 측정은 지시약이나 pH meter를 이용하여 측정한다. 지시약은 용액의 pH가 변화함에 따라 자신의 색깔이 변화하기 때문에 이를 이용할 수 있다. 지시약의 종류는 표 4-1과 같으며, 지시약의 변색 범위가 좁으므로 목적에 맞게 여러 종류의 지시약을 혼합한 혼합 지시약을 사용하면 좋다. pH paper는 지시약을 여과지에 흡수 건조시킨 것으로, 표준 변색표와 비교하여 간단하게 pH를 측정할 수 있다. 그러나 지시약으로는 정확하게 측정할 수 없는 단점이 있다.

표 4-1 산-염기 지시약

지 시 약	pH 범위	색 산-염기	만드는 법	
			%	용 매
Methyl orange	3.1~4.4	적색~황색	0.1	물
Bromocresol green	3.8~5.4	황색~청색	0.1	90% 알코올
Methyl red	4.2~6.2	적색~황색	0.2	90% 알코올
Bromothymol blue	6.0~7.6	황색~청색	0.1	20% 알코올
Phenolphthalein	8.3~10.0	무색~적색	0.1	70% 알코올
Neutral red	6.8~8.0	적색~황색	0.1	70% 알코올
Thymol blue	1.2~2.4	적색~황색	0.1	20% 알코올
Thymolphthalein	9.3~10.6	무색~청색	0.1	90% 알코올

중화를 시키면 수소이온의 농도의 변화가 일어나는데, 특히 중화점 부근에서 상당한 변화가 일어난다. 따라서 사용할 지시약도 이에 따라 적절한 지시약을 사용해야 한다. 강산과 강염기의 중화반응인 경우, pH 4.2~10.0 범위에서 변색하는 지시약을 사용하면 된다. 예를 들면, methyl red나 phenolphthalein을 사용한다. 강산과 약알칼리의 중화에는 강산의 지시약을, 약산과 약알칼리의 중화에는 약산의 지시약을 그리고 약산과 약알칼리의 중화에는 거의 모든 지시약을 사용해도 무방하

다.

pH meter(그림 4-2)를 사용하는 경우, pH meter는 용액 중의 수소이온 농도가 지니는 전기량을 측정하면 정확하게 알 수가 있다. 일반적으로 한 개의 표준 전극과 측정전극과의 사이에 발생하는 전위차를 전위차계로 측정하는 원리로 되었으며, 유리전극을 사용한다. pH meter는 정밀한 기기이므로 온도 보정을 해야하며 사용한 후에는 증류수로 유리전극을 깨끗이 세척하고 건조한 상태가 되지 않도록 완충용액에 담가 두어야 한다.

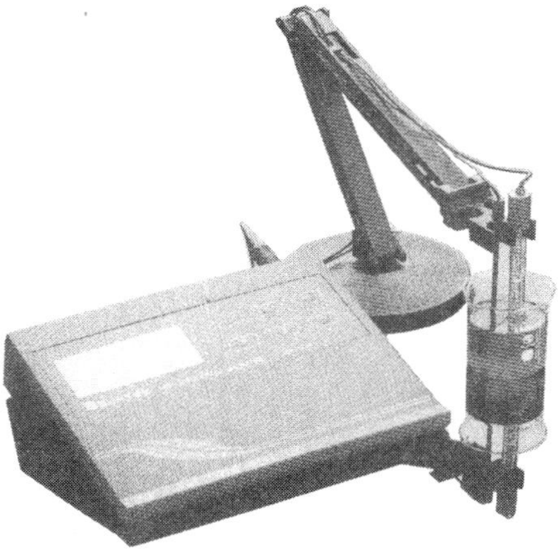

그림 4-2 pH-metrer

4.3 크로마토그래피

Chromatography란 chroma(색깔)와 graphos(기록)의 그리스어의 합성어로 색깔을 기록한다는 말이다. 크로마토그래피의 원리는 적절한 흡착제에 분리하려는 성분의 혼합물을 흡착시켜 이동하는 정도에 따라 각각의 성분을 분리 검출하는 방법이다. 크로마토그래피의 분리 원리에는 여러 가지 방법이 있으나 모두 상분포(phase distribution)의 일반원리에 바탕을 두고 있다.

예로써, 혼합시료를 탄산칼슘과 같은 고정상(stationary phase)에 에테르와 같은 이동상(mobile phase)으로 흘려보내면, 고정상과 친화력이 강한 성분은 느리게, 약한 성분은 빠르게 흘러 내려서 혼합물이 각 성분으로 분리된다.

크로마토그래피는 고정상과 이동상에 따라 분류한다. 예로, 액체-액체 크로마토그래피, 액체-고체 크로마토그래피, 기체-액체 크로마토그래피, 기체-고체 크로마토그래피 등으로 나누고, 이동상에 용해되어 있는 용질이 고정상에 반응하는 정도에 따라 흡착 크로마토그래피, 분배 크로마토그래피, 이온교환 크로마토그래피, 얇은 막 크로마토그래피 등이 있다.

1. Paper chromatography

종이 크로마토그래피는 실험방법이나 장치가 간단하고 시료가 소량 사용되므로 여러 방면에서의 실험에 널리 응용하고 있는 실정이다.

Paper chromatography는 밀폐 용기 안에서 전개 용매를 여지에 침투시키는 방법에 따라 상승법(acsending method)과 하강법(descending method)로 나눈다. 상승법은 용매를 여지의 하단으로부터 침투되게 하는 방법이며, 하강법은 용매 용기를 상단에 두고 위에서 하단으로 침투되게 하는 방법이다. 상승법은 조작이 간단하나 침투속도가 느리므로, 침투 거리를 길게 할 때에는 하강법을 이용하여야 한다.

또한 paper chromatography는 한 종류의 용매를 한 방향으로만 전개시키는 1차원법(one demesional method)과 sheet형 여지를 사용하여 1차적으로 한 종류의 용매로 한 방향으로 전개시킨 후, 직각 방향으로 제2의 용매로 전개시키는 2차원법(two demensional method)이 있다. 2차원법은 1차원법에 비해 분리도가 크므로 여러 성분의 물질들이 혼합되어 있을 경우에 유효하다.

여과지는 지질이 균일하고 물이나 유기 용매에 용해되는 불순물이 있어서는 안되며, 침투속도가 적당한 여지를 선택하여야 한다.

시료 중에 전개를 방해하는 물질이 있으면 미리 제거하기 위해 탈염, 가수분해, 분해 약제의 제거, pH의 조절, 목적 성분의 농도 조정 등의 전처리 작업을 행한다.

전처리가 끝나면 그림 4-3과 같이 연필로 선을 긋고 선의 중앙에 원점을 정한다(대개 ×로 표시함). 여기에 모세관이나 마이크로 피펫으로 시료를 찍는다. 시료의 반점을 spot라고 하는데, spot의 크기는 직경 3~ 5 mm 정도, 시료를 spot하는 위치는 하단의 4~5 cm 가량이 적절하다.

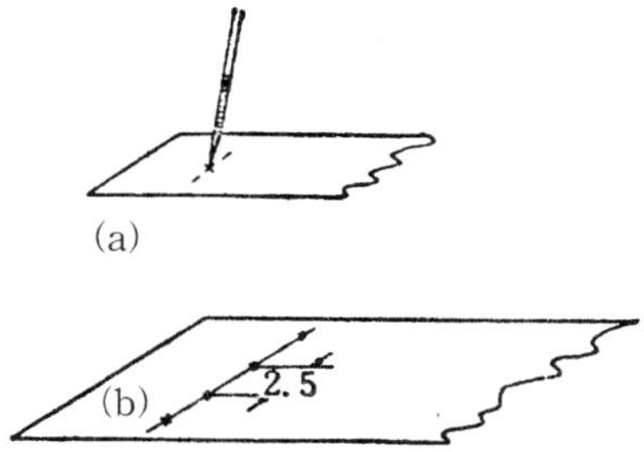

2. Thin layer chromatography(얇은 막 크로마토그래피)

얇은 막 크로마토그래피(thin-layer chromatography, TLC)는 흡착 크로마토그래피의 한 형태로 유리관이나 플라스틱에 실리카 겔이나 알루미나의 얇은 막을 형성시켜 사용한다.

전개하는 방법은 종이 크로마토그래피의 방법과 유사하다.

이동률(R_f)은 원래의 반점(spot)으로부터 용매가 침투된 선(solvent front)까지의 거리와 각 성분들이 나타낸 반점들까지의 거리를 측정한다. 이동률이란 용매가 침투된 거리에 대한 각 성분이 이동한 거리의 비를 말하며, 이 값은 성분의 성질은 물론이고 용매의 종류와 온도에 따라 다르지만, 용매와 흡착제, 온도 등이 주어졌을 때는 같은 값을 나타낸다.

$$\text{이동률}(R_f) = \frac{\text{성분이 이동한 거리}}{\text{용매가 이동한 거리}}$$

얇은 막 크로마토그래피법은 소량의 시료라도 분석이 가능하다. 색깔이 있는 시료의 경우에는 chromatogram상의 반점을 알아보기 쉽지만, 그렇지 않은 경우에는 발색제를 분사하거나 자외선을 조사하여야 한다.

3. HPLC (High Performance Liquid Chromatography)

HPLC는 고속액체크로마토그래피로서 고정상(stationary phase)과 이동상(mobile phase)이 서로 평형상태를 이루면 시료가 이안에서 상호작용에 의하여 분포하여 분리의 장을 형성, 시료를 분리하는 크로마토그래피이다.

HPLC의 구성장치는 크게 5가지로 나누는 데 펌프(pump), 시료주입구(injector), 분리관(칼럼, column), 검출계(detector), 기록계(recorder) 등이다.

Pump → Injector → Column → Detector → Recorder

분리관은 원통형태로 고정상인 충진제를 관에 충진된 것으로 관의 종류로는 유리, 금속, 테프론, 폴리에틸렌 등이 있다. 고정상은 지시제에 다른 화학물질을 화학적으로 결합시킨 충진제이며 이동상은 분리의 장을 형성하기 위하여 고정상위를 이동하여 시료를 이동하게 하며, 시료는 반드시 이동상에 용해되어야 한다.

여기서 분배(partition) HPLC에 대하여 설명하면, 분배 HPLC는 순상(normal phase)과 역상(reverse phase) 2가지로 나누며 순상 분배는 극성의 고정상과 비극성의 이동상, 역상 분배는 비극성의 고정상과 극성의 이동상으로 구성되어 있다.

용출 순서에 따른 성분 분석을 살펴보면, 친화도가 낮은 성분은 칼럼을 먼저 빠져 나오고 친화도가 높은 성분은 칼럼에서 나중에 빠져 나온다.

1) 순상분배

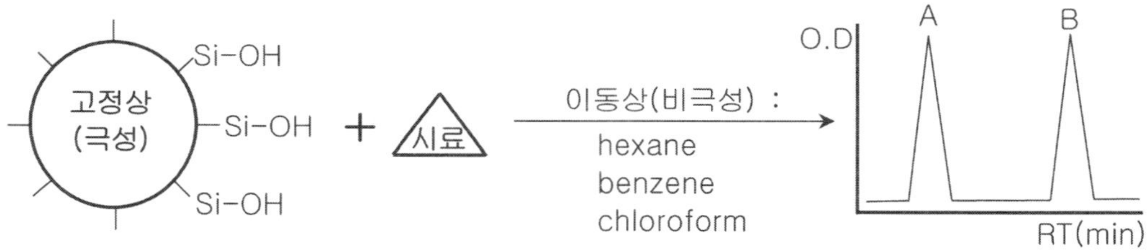

2) 역상분배

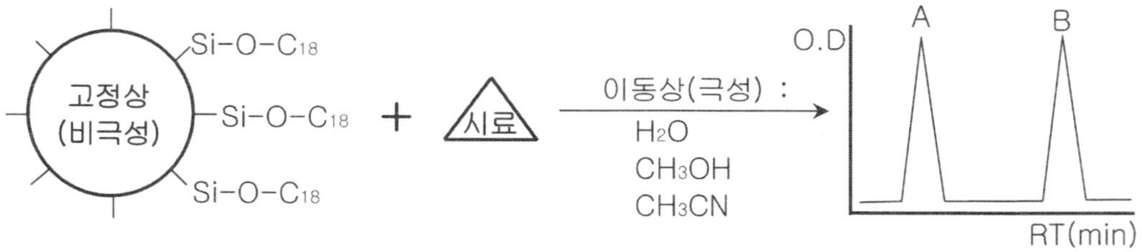

4. GC (Gas Chromatography)

GC는 이동상이 기체인 기체 크로마토그래피로 GC의 구성 장치는 크게 5가지로 구분하는 데 이동상인 운반기체(gas), 시료를 주입하는 시료주입구(injector), 분리가 일어나는 칼럼(column), 분리된 성분을 검출하는 검출계(detector), 검출을 전자적 신호로 바꾸어 기록하는 기록계(recorder) 등이다.

Gas → Injector → Column → Detector → Recorder

GC의 원리는 GC에서 분리할 성분들은 주입구를 통해 주입된 후 운반기체에 의해 충진제로 충진된 칼럼을 통과하여 시료성분들은 운반기체와 칼럼내의 고정상사이에 분배가 된다. 용출된 시료성분은 운반기체에 의해 순서대로 검출계를 통과하며 통과된 성분들은 기록계에 의해 시간의 함수로 표현된다.

운반기체는 불활성이고 건조하며 순수한 것으로 He, H_2, N_2, Ar 등이 사용되며 시료주입구는 주입구의 온도가 250~280℃로 기체상태가 아닌 시료를 기화시킨다. 칼럼은 지지체를 담을 수 있는 관으로 관은 구리, 스테인리스, 스틸, 알루미늄 등을 사용하며 지지체는 활성이 없고 넓은 표면적을 제공하는 규조토로 만들어진 chromosorb p와 w를 보편적으로 사용한다. 검출계는 TCD와 FID의 2가지 종류가 있는 데 TCD는 농도의존형 열전도도검출계이고 FID는 유량의존형 불꽃이온화검출계이다. 기록계는 RT(retention time, min)로 표시하는 데 RT는 시료주입점부터 피크(peak)의 정점까지이다. RT가 짧으면 시료의 분자량이 작고, RT가 길면 시료의 분자량이 크며 피크면적이 좁으면 시료의 농도가 낮고 크면 농도가 크다.

여기서, GC와 LC의 특징을 서로 비교해 보면 GC와 LC는 각각 이동상, 시료성질, 분자량(크기), 열안정성, 분리작용에 따라 큰 차이점이 있다.

표 4-2 GC와 LC의 특징비교

	G C	L C
이 동 상	기 체	액 체
시료 성질	휘 발 성	용 해 성
분 자 량	500 이하	무 한
열 안정성	상 관	무 관
분리 작용	시료와 고정상의 화학적 친화력, 비등점(b.p) 차이	시료와 고정상, 이동상의 화학적 친화력

제 5 장
시료의 채취와 조제

실험에 사용하는 시료는 식품 전체를 대신하는 것이므로, 소량의 분석용 시료가 식품 전체를 대표할 수 있도록 평균 조성을 갖도록 하는 것이 중요하다. 그 이유는 개체에 따라 성분의 차이도 있겠으나 같은 개체에서도 부분적으로 성분의 차이가 심하기 때문이다. 이 차이를 극복하기 위해서는 가능한 한 여러 부분에서 소량의 시료를 채취하여 잘 혼합해야 한다. 자연 식품의 성분조성은 품종이나 성숙기의 기후, 토양, 일조량, 풍토 혹은 저장 조건 등에 따라 크게 달라진다. 어패류의 경우에는 어획시기와 어획 구역에 따라서도 성분이 차이가 난다.

따라서 실험에 사용되는 시료는 다음과 같은 적당한 방법으로 채취, 조제하여야 한다.

5.1 시료의 채취

5.1.1 둥근 식품의 경우

포장된 상자에서 시료를 대표할 과일 몇 개를 sampling한다면, 우선 고려되어야 할 것은 시료 개개의 조성의 차이, 분석의 정밀도에 따라 통계학적으로 시료의 개체 수를 정하는 것이다. 상자에서 과일 시료를 취할 때도 역시 상자의 균일한 공간에서 sampling한다. 시료가 너무 많을 때에는 과일 1개체 중 일부분을 사용해도 된다. 한 개의 과일에서는 그림 5-1과 같이 서로 엇갈리게 나누어 취하면 편차를 줄일 수 있다.

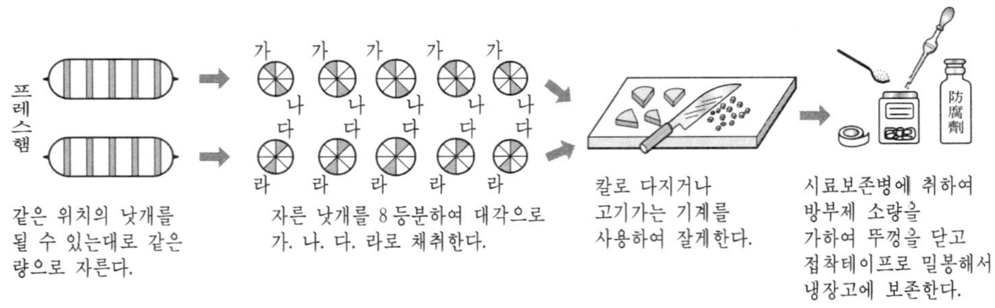

그림 5-1 시료의 채취, 조제

5.1.2 원통형의 식품의 경우

근채류나 오이와 같은 경우에는 위의 방법으로 상자에서 개체를 채취한 뒤에 1 개체에서 그림 5-2와 같이 일정한 간격으로 절단하여 적절한 간격의 시료를 취하면 된다.

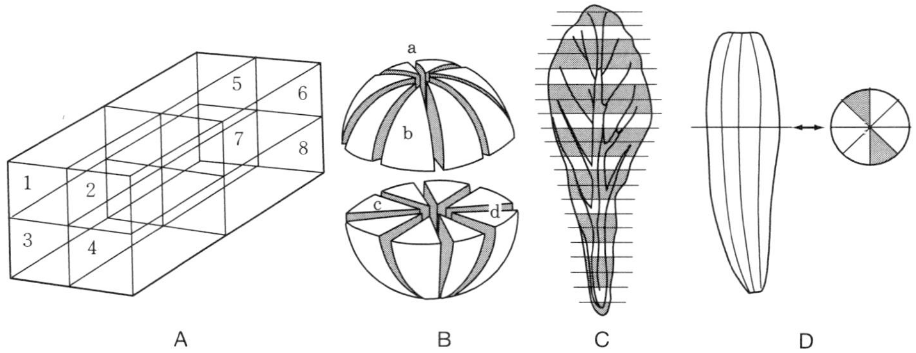

그림 5-2 시료의 채취

5.1.3 입자가 작은 식품의 경우

곡류와 같이 입자가 작고 그 크기가 같지 않은 식품을 채취할 경우에는 간단한 원뿔사분법 또는 교번 shovel법을 이용한다.

원뿔사분법은 먼저 시료를 그림 5-3의 1과 같이 원추형으로 쌓은 다음 2처럼 상단 부분을 평평하게 하고, 다시 3과 같이 4등분하고 서로 엇갈리게 취하면 된다. 시료의 양이 너무 많으면 2~3회 반복하면서 양을 줄이면 된다.

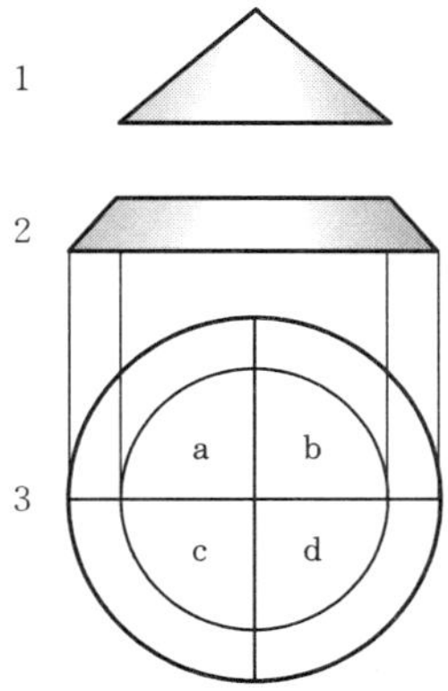

그림 5-3 원뿔사분법

5.2 시료의 조제

채취한 시료는 전 시료를 대표하여야 하므로, 평균적인 성분 조성이 되도록 시료를 조정하고 균질화시키고 실험이 쉽게 이루어지게 조절할 필요가 있다. 액체상태의 식품이나 고운 가루상태의 식품은 적당하게 혼합하면 균일하게 되지만, 고체시료의 경우에는 그렇지 않기 때문에 시료를 분쇄하거나 마쇄시킬 필요가 있다.

분쇄하는 경우에는 원칙적으로 시료에 존재하는 최대입자의 평균 조성이 액화되지 않을 때까지 미립화하는 것이다. 일반적으로 수분함량이 큰 시료는 자제절구, 초퍼, 균질기 또는 믹서 등을 사용하며, 건조한 시료는 분쇄기, 볼밀 또는 믹서로 분쇄한다.

아래에 여러 식품군을 시료로 사용하는 경우, 분쇄 또는 마쇄 방법을 설명하기로 한다.

5.2.1 곡 류

1. 수분함량이 많은 식품

가급적 잘게 절단한 뒤, 건조시켜 분쇄하여야 한다. 실온에서 건조시키기 어려운 것이나 변질되기 쉬운 시료는 55～75℃의 열풍 건조기에서 건조시킨 후에 1, 2일간 실온에 방치하여 평형습도를 이룬 뒤에 평량, 분쇄, 사별한다.

2. 수분함량이 적은 식품

협잡물을 제거하여 분쇄한 뒤, 적절한 체로 사별하여 시료병에 넣어두고 사용한다.

5.2.2 채소, 과일류

이 군의 식품은 동일 개체라 하여도 부위에 따라 성분의 차이가 크므로 수분 증발에 유의하면서 자제 절구나 믹서로 펄프 상태로 갈아 병에 담아 냉장 보관하면서 시료로 사용한다.

5.2.3 과자류

수분이 적은 식품(예 : 비스킷)은 자제사발로 분쇄하고 적절하게 혼합하여 시료로 사용한다. 수분이 많은 식품(예 : 양갱)은 잘게 절단한 뒤에 건조, 분쇄하여 위 방법대로 처리한 뒤에 사용한다.

5.2.4 어류와 육류

비가식 부분을 제거하고 초퍼로 3, 4회 갈아 혼합하여 사용한다. 소금에 절인 것은 포화 식염수로 결정염을 닦아내고 마쇄 혼합하여 사용한다. 냉동 어류의 경우에는 해동한 뒤에 위의 방법대로 처리하여 사용한다.

5.2.5 유지류

동일 개체의 여러 부분에서 소량씩 채취하여 평량병에 넣고 40℃ 내외의 탕욕상에서 병을 흔들어 35℃까지 가열한다. 연화되면 병을 심하게 흔들어 혼합하여 즉시 시료로 사용한다.

5.2.6 우유류

우유는 사용하기 전에 교반기 등을 이용하여 혼합하여 사용해야 한다. 만일

cream 층이 있는 경우에는 40~45℃로 가열하여 지방을 용해시켜 잘 혼합하여 실온까지 방냉한 뒤에 사용한다. 우유는 변질되기 쉬우므로 될 수 있는 대로 빨리 사용해야 한다.

5.3 시료의 보존

조제한 시료를 적절한 방법으로 보조하지 않으면 성분 변화가 일어나기 쉬우므로 시료를 밀폐된 용기에 넣어 보존한다. 수분 증발이나 흡습, 수분 외에 휘발 성분의 증발과 공기 중의 산소에 의한 산화를 예방하기 위해서는 밀폐 용기 내에 있는 공기를 제거하여야 한다.

효소나 미생물에 의한 작용으로 인한 변화를 방지하려면 시료의 성상, 미생물의 생육에 영향을 미치는 조건 등을 고려하여 냉동, 건조, 방부제 첨가 등의 방법으로 보존한다.

제 2 편

식품 성분의 분석

제 6 장
수분 정량

현재 이용되고 있는 수분 정량법에는 1. 시료를 가열, 감압, 건조제 등을 사용하여 수분을 증발시키는 건조법과 2. 물과 혼합되지 않는 유기 용매로 증류하는 증류법 3. 물과 화학적으로 반응하는 시약을 사용하는 소위 Karl Fisher법 4. 물의 전기 전도도나 투전율에 의한 전기적인 측정법 5. 용액의 밀도, 굴절률 등으로 고형분을 측정하는 방법 등이 있다.

이 중에서 흔히 사용되고 있는 방법은 1, 2, 3이다. 이들 방법 중에 어느 방법으로 수분함량을 측정할 것인가는 수분의 존재상태, 분석 시료의 특성, 수분함량, 정량의 신속성, 요구되는 정확도, 시설의 가격과 유용성 등을 고려하여 선택하여야 한다.

여기서는 상압 가열 건조법, 감압 건조법, 증류법 및 Karl Fisher법에 대해 설명한다.

6.1 상압가열건조법

시약과 기구

1. 항온건조기
2. 칭량병
3. 데시케이터
4. 저울

방 법

미리 건조시켜 칭량병의 무게의 항량을 측정한다. 여기에 5～10 g의 시료를 정확히 칭량하여 넣고 105～110℃의 항온건조기 내에서 뚜껑을 열어 건조시킨다. 뚜껑을 닫아 데시케이터에 넣어 실온이 될 때까지 방랭하여 칭량한다. 위의 조작을 수차례 반복하여 항량을 구하고 건조 전후의 중량 차이로 수분 함량을 구한다.

계 산

$$수분(\%) = \frac{W_1 - W_2}{W_1 - W_0} \times 100$$

W_0 : 칭량병의 무게(g)

W_1 : 시료와 칭량병의 무게(g)

W_2 : 항량이 되었을 때의 무게(g)

6.2 감압가열건조법

원 리

감압 아래에서 시료를 가열하여 건조를 촉진시키는 방법으로 수분증발 속도가 빠르고 산화와 같은 변화의 가능성이 적어 수분 정량에 적절한 방법으로 비교적 낮은 온도에서 시행할 수 있다.

시약과 기구

1. 진공항온건조기(그림 6-1)
2. 건조용 실리카겔관
3. 진공펌프
4. 저울

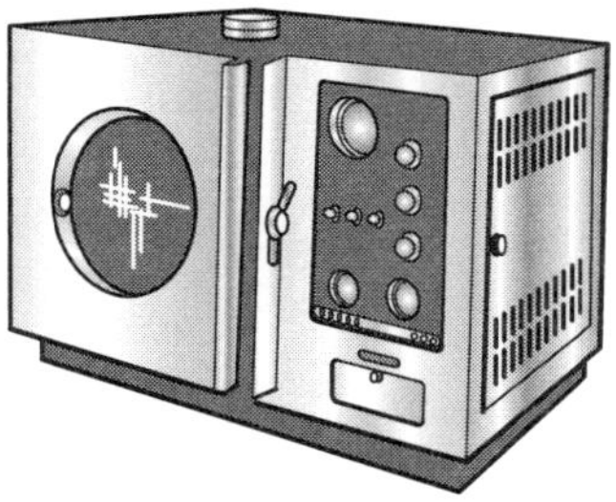

그림 6-1 진공항온건조기

방 법

시료 적량을 항량을 이룬 칭량병에 취하여 무게를 달고 시료를 될 수 있는 대로 얇게 편다. 온도를 조절한 감압 건조기에 넣은 뒤, 문을 닫고 100 mm Hg 이하로 조절하기 위해 흡인하면서 또 다른 한쪽으로는 진한 황산을 통과한 건조한 공기를 2방울/초의 속도로 보내면서 6~20시간 건조시킨다. 펌핑을 중단하고 데시케이터로 옮겨 실온까지 방냉한 뒤, 칭량한다. 이 조작을 2, 3회 반복하여 조작하여 항량을 구한다.

6.3 증류법

원 리

시료를 물과 혼합되지 않는 유기용매 중에서 가열하면 시료 중의 수분은 용매와 함께 증발하는데, 기화된 증기를 냉각하여 눈금있는 관에 모아 부피를 측정한다.

시약과 기구

1. 증류식 수분정량장치(그림 6-2)
2. 톨루엔

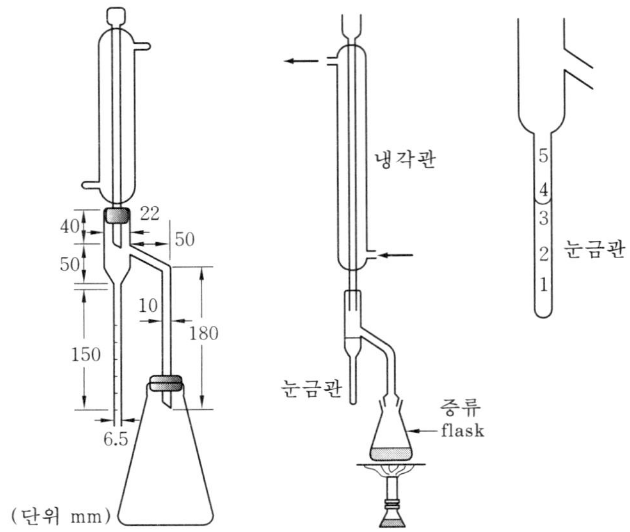

그림 6-2 증류법에 의한 수분측정장치

방 법

증류플라스크에 2～5 mL 정도의 시료를 정확히 칭량하여 넣고 톨루엔을 시료가 완전히 잠길 정도로 넣고 환류냉각관과 수분측정관을 연결한다. 냉각관 상단으로부터 톨루엔을 주입하여 수분측정관을 완전히 채우고 증류플라스크를 가열한다. 증류가 끝나면 수분측정관의 온도가 실온이 되도록 방랭한 뒤, 수분의 양을 정확히 측정한다. 유출된 수분의 양을 a라 하고 시료의 무게를 b라고 한다면, 수분량은 수분(%) $= \frac{a}{b} \times 100$이 된다.

제 7 장 단백질 분석

7.1 조단백질 정량

단백질은 여러 종류의 아미노산으로 구성된 거대분자이며, 분자 중에 질소를 함유하고 있는 것이 특징이다. 단백질에 함유된 질소량은 거의 일정하므로, 질소량을 정량하여 이를 단백질 총량으로 환산하여 시료 중에 들어있는 단백질 량을 평가할 수 있다.

그러나 단백질 이외에 아미드, 알칼로이드, 암모니아, 아미노산, 핵산, 요소 등도 질소를 포함하고 있기 때문에 전 질소량에 질소계수를 곱한 것이 순수한 단백질의 양을 나타내는 것이라고는 말할 수 없다. 그래서 이를 조단백질이라 한다.

질소계수란 거의 대부분의 단백질에는 평균 16%의 질소를 함유하고 있으므로 단백질량을 구하기 위해 질소량을 측정하여 100/16 = 6.25를 곱하면 된다. 여기서 6.25를 질소계수라고 한다.

7.1.1 Kjeldahl 법

시료에 진한 황산과 산화제를 가하여 가열분해 시킨다. 생성된 황산암모늄 [$(NH_4)_2SO_4$]에 과잉의 알칼리를 가해 암모니아를 발생시키고, 이를 가열 증류하여 일정량의 산 표준액에 흡수시킨다. 산은 흡수된 암모니아와 중화하므로 잔여 산을 알칼리로 역적정하여 전 질소량을 구한다.

Kjeldahl법에는 macro법, semimicro법, micro법이 있는데, 이들은 시료의 채

취량과 증류법이 다르다. 흔히 사용되는 방법은 semimicro법으로 시료가 비교적 적게 들고 측정의 정확성이 있다.

Kjeldahl법은 아래의 네 단계를 거치게 된다.

1) 분해반응 : 시료 등의 질소가 유리되어 황산과 반응한다. 즉,

$$(N)+H_2SO_4 \rightarrow (NH_4)_2SO_4+SO_2+CO_2+CO+H_2O$$

2) 증류반응 : $(NH_4)_2SO_4+2NaOH \rightarrow 2NH_3+Na_2SO_4+2H_2O$

3) 중화반응 : $2NH_3+H_2SO_4 \rightarrow (NH_4)_2SO_4$

4) 적정반응 : $H_2SO_4+2NaOH \rightarrow Na_2SO_4+2H_2O$

시약과 기구

질소분해장치(그림 7-1), 질소증류장치(그림 7-2), 적정용 기구, 진한황산, 30% 수산화나트륨, 분해촉진제, 0.1 N 황산용액, 0.1 N 수산화나트륨 용액, 혼합 지시약, 200 mL 용 kjeldahl flask

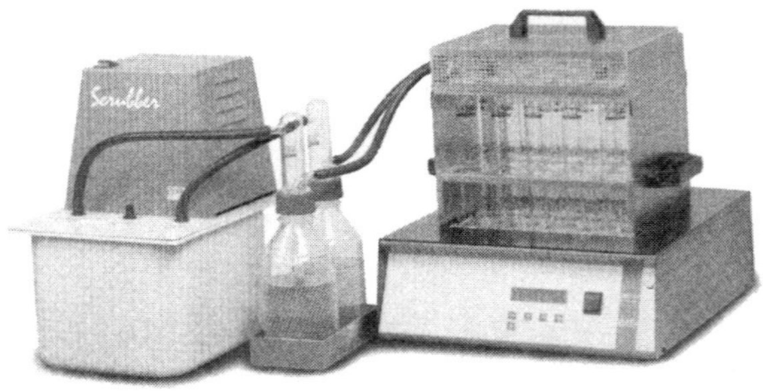

그림 7-1 질소분해 장치

방 법

1. 분 해

적당량의 시료를 정확히 칭량하여 분해 플라스크에 넣는다. 2~5 g의 산화제와 진한 황산 20 mL를 가하고 분해 플라스크를 잘 흔들어 혼합시킨 뒤, 처음에는 약한 불로 가열하여 거품이 없어지고, 검은색의 점액상이 되면 강한 불로 끓인다.

분해액이 흑갈색, 다갈색, 녹갈색을 거쳐 연한 황녹색의 투명한 용액이 되면 약

20분간 더 가열하여 분해를 완결시킨다. 충분히 냉각한 뒤에 분해액을 저어주면서 황산의 2, 3배 되는 증류수를 서서히 가하여 방냉한다. 냉각한 분해액 중 일정량을 100~150 mL의 메스플라스크에 옮기고 표선까지 증류수를 가하여 혼합한다. 동시에 플라스크에 시료를 넣지 않고 진한 황산과 촉매만을 넣어 blank test를 행한다.

2. 증 류

그림 7-2의 증류 장치의 증류 플라스크(A)에 미산성으로 된 증류수를 넣고 미리 가열하여 비등점까지 온도를 높인다. 수기(E)에 황산 표준액 20~25 mL와 지시약 1, 2방울을 넣은 다음, 냉각관의 끝부분이 수기의 용액에 잠기도록 설치한다.

희석한 분해액 10~15 mL를 피펫으로 정확히 취하고 (F)의 깔대기를 통해 증류 플라스크(C)에 넣는다. 깔대기에 묻어 있는 분해액을 위해 소량의 물로 완전히 씻어 넣는다. 동일 깔대기에 적정량의 30% NaOH를 서서히 가해 알칼리성으로 한다.

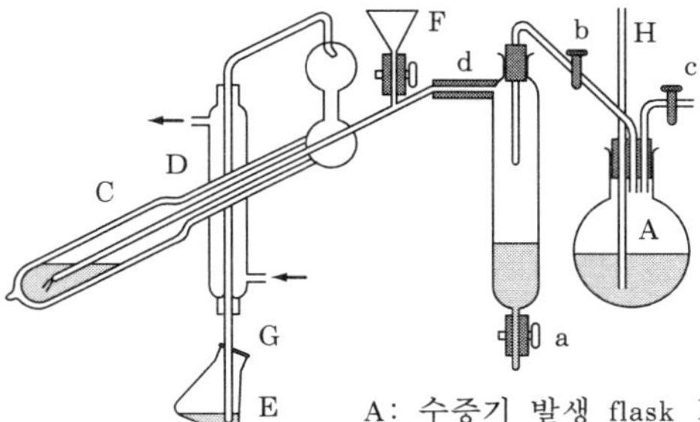

A: 수증기 발생 flask
B: 역류병
C: 증류 flask
D: 냉각관
E: 수기 (삼각 flask)
F: 깔대기
G: 냉각관의 선단
H: 모세관
a, b, c, d: cock

그림 7-2 증류장치

수증기를 통과시켜 30~40분간 증류한 뒤에, 수기(E)를 떼어내어 냉각관의 끝부분을 용액에서 약간 떨어지게 하면서 약 2분간 증류를 계속한다.

후에 냉각관의 끝을 세척병으로 깨끗하게 닦아 수기에 넣는다. 증류 플라스크의 가열을 중지하면, (A)와 (B)가 진공이 되므로 (C)의 액은 전부 (B)로 옮겨진다. 이 액은 밑의 코크를 열어 배출한다.

3. 적 정

수기의 황산 표준액은 유출된 암모니아와 중화되고 남은 과잉의 황산을 0.1N-NaOH 표준액으로 적정한다. 적정의 종점(End Point)은 무색 또는 연회색을 띄는 점이다.

계 산

$$조단백질(\%) = \frac{(b-a) \times F \times 0.0014 \times V \times 6.25}{S} \times 100$$

a : 본시험에서 0.1N-NaOH 용액의 적정치(mL)
b : 공시험에서 0.1N-NaOH 용액의 적정치(mL)
S : 시료의 평취량(g)
F : 0.1N-NaOH의 역가
V : 희석배수
0.0014 : 0.1N-NaOH 용액 1mL에 상당하는 질소량(g)

7.2 단백질과 아미노산의 정성분석

7.2.1 정색반응

단백질이나 아미노산 용액은 진한 산류와 가열하면서 페놀을 가하면 여러 가지 색을 생성한다. 이를 정색반응이라 한다.

1. 뷰렛(biuret)반응

peptide결합이 2개 이상 있는 단백질 또는 단백질 분해물에서 나타나는 반응으로 분자량이 크면 청자색을, 작으면 적자색을 띈다.

난백 용액 3mL를 시험관에 취하고 10%의 NaOH 3mL를 가한 다음, 1%의 $CuSO_4$ 1, 2방울을 가해 잘 혼합하면 적색이 되었다가 $CuSO_4$를 더 가하면 청자색이 되고 나중에는 자색이 된다.

2. 닌하이드린(ninhydrin)반응

α-아미노산, peptide, 단백질은 산성 내지 중성에서 100℃ 이상으로 가열하면서 ninhydrin과 반응시키면 황색 또는 청자색으로 정색반응을 일으킨다.

난백 3 mL를 시험관에 취하고 1%의 ninhydrin용액 1 mL를 가하여 2, 3분간 끓인 후에 방냉하면 청자색을 나타낸다. β, γ-아미노산들은 이 반응이 일어나지 않는다.

3. 밀론(Millon)반응

페놀성 수산기를 지닌 방향족 화합물에서 공통적으로 일어나는 반응으로 tyrosin이 반응을 나타낸다.

시료용액 3 mL를 시험관에 취하고 millon시약(15%의 황산용액에 15%의 황산수은을 혼합한 시약) 1 mL를 가하여 60~70℃로 가열하면 적색을 나타낸다.

4. 잔소프로테인(xanthoprotein)반응

방향족 아미노산은 진한 질산에 의해 니트로화 하면서 황색으로 정색반응을 일으킨다. 이 니트로 화합물은 염기 용액에서 황색의 alkali 금속염을 이룬다.

시료액 3 mL를 시험관에 취하고 진한 질산 1 mL를 가하면 백색의 침전이 형성된다. 다시 가열하면 침전이 용해되면서 황색으로 변한다. 이에 NaOH를 가해 알칼리화하면 오렌지색으로 변한다.

5. Hopkins-Cole 반응

단백질 용액에 glyoxalic acid 또는 무수 아세트산을 가한 뒤, 다시 진한 황산을 가하면 경계 면에 적자색의 고리가 생긴다. 이는 indole기를 지닌 tryptophan이 존재할 경우에만 일어나는 반응이다.

단백질 1mL를 시험관에 취하고 수배 량의 아세트산을 가하고, 다시 진한 황산을 시험관 벽에 따라 가하면 그 경계 면에 적자색의 고리가 생긴다.

6. 파울리(Pauly)반응

단백질 용액에 diazobenzene sulfonic acid 용액을 가한 뒤 알칼리성으로 하면 등황색 내지 적색으로 된다. 이는 아미노산의 벤젠 핵이 시약과 반응하여 azo

계 색소를 형성하기 때문이다. 이 반응으로 tyrosine과 histidine을 검출한다.

1 mL의 sulfanilic acid용액에 2 mL의 단백질 용액을 가하여 얼음 속에서 냉각시키면서 1 mL의 $NaNO_2$ 용액을 가하고 1, 2분 후에 Na_2CO_3로 알칼리성화 하면 등황색 내지는 적색으로 된다.

7. 니트로푸루시드(Nitroprusside)반응

Thiol기를 지닌 화합물이 과량의 암모니아 존재 아래 sodium nitroprussede와 반응하여 붉은 색을 나타낸다.

시료 1 mL를 시험관에 취하고 암모니아수 0.5 mL를 가하고 2%의 sodium nitroprusside 용액 한 방울을 가하면 적자색이 되고, 시간이 경과하면 황색으로 변한다.

8. 사카쿠지(Sakaguchi)반응

guanidyl기를 지닌 화합물이 α-naphtol과 반응한 생성물이 브롬과 같은 산화제에 의해 산화되어 적색이 된다.

단백질 용액 1 mL를 시험관에 취하고 10%의 NaOH 1 mL를 가하여 알칼리성으로 한 뒤에, α-naphtol용액 2, 3방울을 가해 약 3분간 방냉한다. 이에 NaOCl 3, 4방울 가해 잘 혼합하면 적색으로 변한다.

9. 황화납반응

유황을 함유한 화합물에 유황이 분리되면 이 반응이 일어난다. 즉, 단백질 용액 3 mL를 시험관에 취하고 10%의 초산납 용액 한 방울을 가하여 혼합한 뒤에 30%의 NaOH 용액을 서서히 가해 단백질을 완전히 용해시킨다. 이를 작은 불꽃으로 직접 수분간 가열하면 흑색의 황화납이 형성된다. 이 실험을 통해서 cystine, cysteine의 존재를 확인할 수 있다. 그러나 methionine은 수산화나트륨에 의해 유황이 분리되지 않으므로 이 반응이 일어나지 않는다.

7.2.2 침전반응

1. 염류용액에 의한 침전

단백질용액에 황산암모늄, 황산나트륨, 황산마그네슘, 식염의 포화용액을 조금씩 가하면 포화도에 따라 용해도가 다른 단백질들이 침전을 일으킨다. 예를 들어, globulin은 황산암모늄 반 포화용액에서 침전을 일으킨다. 이를 여과한 여과액에 다시 황산암모늄을 가하면, 포화용액이 되면서 albumine이 침전을 일으킨다.

2. 유기용매에 의한 침전

단백질 용액에 동량의 에탄올, 메탄올, 아세톤을 가하면 백탁이 일어난다. 물을 가하면 단백질이 용해된다. 장기간 방치하면 변성이 일어나므로 가급적 속히 처리하여야 한다.

3. 중금속에 의한 침전

수은, 은, 구리, 철, 납 등의 중금속 용액은 약 산성에서 단백질 용액을 침전시킨다.

4. 유기침전시약

Tricholoacetic acid, phosphomolybdic acid, tannic acid, 과염소산, sulfosalicylic acid 등의 시약을 단백질 용액에 가하면 침전이 일어난다.

7.2.3 응고반응

1. 열에 의한 응고

대부분의 단백질 용액은 60~80℃로 가열하면 응고가 일어난다. 이 때 묽은 염산이나 초산을 가하면 응고가 촉진된다. 그러나 gelatin이나 protamine은 응고가 일어나지 않는다.

2. 약품에 의한 응고

어느 정도 묽은 강산에 의해 대부분의 단백질 용액은 응고가 일어난다. 그러나 농도가 높은 경우에는 단백질 용액이 다시 용해되는 경우가 있다.

3. 효소에 의한 응고

rennet이나 thrombin효소는 적절한 pH아래에서 응고가 일어난다.

7.3 아미노산의 paper chromatography

1. 아미노산의 조제

아미노산만으로 이루어진 시료는 각 성분이 약 5%인 것이 좋으며, 단백질 또는 유사물질이 혼합된 시료의 경우에는 반드시 가수분해 시켜 사용해야 한다. 단백질의 가수 분해법에는 여러 가지 방법이 있으나 일반적으로 염산가수분해법을 이용한다. 산 가수분해 시에는 tryptophan이 파괴될 수 있으므로, 그런 경우에는 알칼리가수분해법을 사용한다.

적량의 시료를 유리관에 넣고 약 10배량의 6N-HCl을 가하고 진공으로 감압시키면서 밀봉한다. 이것을 110℃의 건조기 안에서 24시간 가수분해 시킨다. 냉각한 뒤에 개봉하여 분해물을 50 mL의 플라스크에 옮겨, 수욕상에서 감압 건조하여 염산을 제거한다. 이 작업을 여러 차례 반복하여 염산을 완전히 제거하고, 진공 데시케이터내에서 감압 건조시킨다.

잔사는 2~5 mL의 증류수 또는 10%의 이소프로필알코올 용액으로 용해한다. 이 때 산성이면 Na_2CO_3로 중화시킨다(그림 7-3).

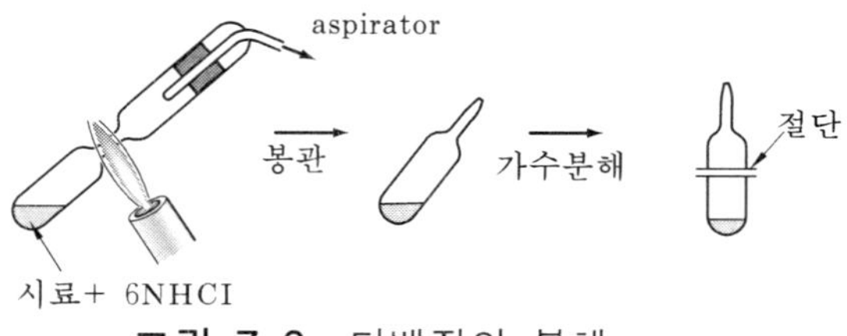

그림 7-3 단백질의 분해

2. 전개용매

아미노산의 전개용매로 사용되는 것은 페놀 : 물(4 : 1), n-부탄올 : 초산 : 물(4 : 1 : 2) 등이다. 이 용매는 대부분의 아미노산이 분리되나 leucine, isoleucine, methionine과 valine은 분리되지 않는다.

3. 전 개

여과지에 시료를 spot하여 밀폐용기에 넣어 전개를 시작한다. 용매는 충분히 검토하여 결정한다. 전개시키기 전에 전개용매로 용기 내를 포화시킨 후에 여지에 용매를 침투시킨다. 용매를 원점으로부터 20～40 cm 정도까지 전개시킨다.

4. 건 조

목표점까지 전개가 끝나면 즉시 꺼내 건조시킨다. 건조는 원점을 아래로 하여 건조시키는 것이 좋다. 풍건으로 건조가 어려운 경우에는 110℃ 내외의 온도로 건조기 내에서 건조하여 용매를 완전히 제거시킨다.

5. 발색 및 이동률(Rate of flow : R_f)

보통은 ninhydrine으로 발색한다. ninhydrine은 자색을 나타낸다. ninhydrine은 물을 함유한 n-부탄올로 용해하여 0.1～0.25% 용액으로 조제하거나 99% 이상의 아세톤에 용해하여 사용한다. ninhydrine 용액을 분무기에 넣어 건조된 여지에 분무시켜 말린 후, 90℃로 가열하여 발색시킨다.

이동률은 원점으로부터 용매의 전개된 최후의 지점과 각 반점이 이동한 거리를 측정하여 다음과 같이 구한다.

$$\text{이동률}(R_f) = \frac{a}{A}$$

A : 용매가 전개된 거리
a : 반점이 원점으로부터 이동한 거리

이동률은 동일한 환경 아래에서는 동일한 값을 나타낸다.

7.4 아미노산의 정량 - Formol법

원 리

아미노산은 산성과 염기성 모두 가진 양쪽성 물질로 아미노산수용액에 포르말린

(formalin, formaldehyde ; HCHO)을 가하면 아미노산의 아미노기와 formaldehyde가 반응하여 methylene imine 화합물을 형성하여 아미노기의 염기성이 소실된다. 그러면 아미노산은 보통의 산처럼 페놀프탈레인 (phenolphthalein, 무 → 적 : pH 8.2～10)의 지시약과 함께 알칼리로 적정하면 아미노산의 정량이 가능하며 이렇게 정량이 가능한 아미노산의 질소를 Formol 질소 (Formonitrogen)라고 한다.

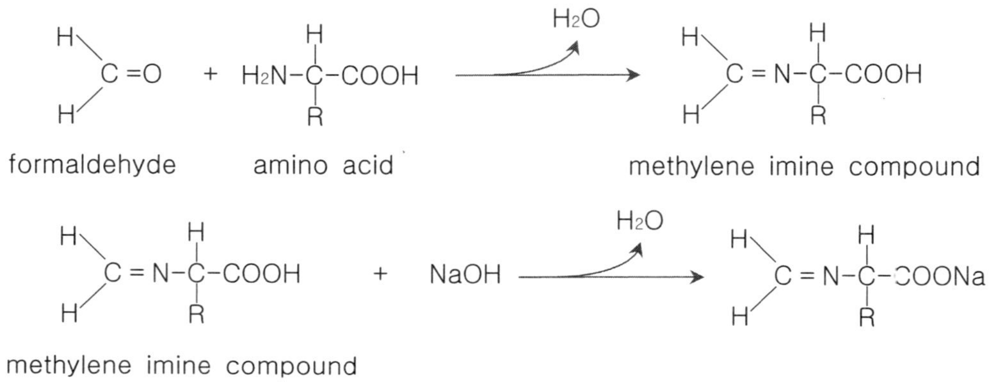

시약과 기구

1. 시료
2. 중성 포르말린 용액 : 40% formaldehyde에 페놀프탈레인을 가해서 0.2N NaOH 용액으로 미적색이 될 때까지 중화한 용액
3. 0.5% 페놀프탈레인 : 페놀프탈레인 0.5g을 50% 에탄올 100 mL에 용해한 용액
4. 0.05N NaOH
5. 삼각플라스크
6. 뷰렛
7. 메스실린더
8. 피펫
9. 스포이드

방 법

삼각플라스크에 시료용액 25 mL를 넣고 중성 포르말린 용액 20 mL와 증

류수 20 mL를 가한다(본 시험). 별도의 삼각플라스크에 시료용액 25 mL와 증류수 40 mL를 가한다(바탕시험). 삼각플라스크에 지시약으로 페놀프탈레인 3~4 방울 가해서 0.05N NaOH로 적정한다.

계 산

$$\text{아미노태 질소}(\%) = \frac{(A-B) \times F \times D \times 0.0007}{S} \times 100$$

A : 본시험에 대한 0.05N NaOH 적정부피 (mL)
B : 바탕시험에 대한 0.05N NaOH 적정부피 (mL)
F : 0.05N NaOH 역가
D : 희석배수
S : 시료채취량 (g, mL)

0.0007 : 0.05N NaOH 1 mL에 상당하는 질소량(g) (COOH = NH_2)

제 8 장
탄수화물 분석

8.1 탄수화물의 정성 반응

8.1.1 Molisch(α-Naphthol) 반응

원 리

단당류는 진한 황산에 의해 탈수반응을 일으켜 푸르푸랄(또는 푸르푸랄 유도체)로 되며, 이것이 α-나프톨과 반응하여 보라색의 착색물질을 만든다. 올리고당류 및 다당류는 황산에 의해 일단 글리코시드 결합이 끊어짐으로써 단당류로 변한 다음에 똑같은 착색 물질을 만든다.

이러한 발색반응은 탄수화물뿐만 아니라, 진한 황산의 작용으로 푸르푸랄(또는 그 유도체)로 변할 수 있는 다른 유기 화합물에 공통된 반응이다.

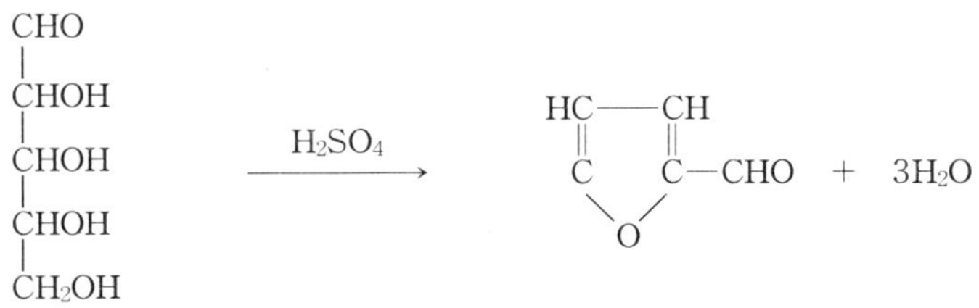

Pentose　　　　Furfural

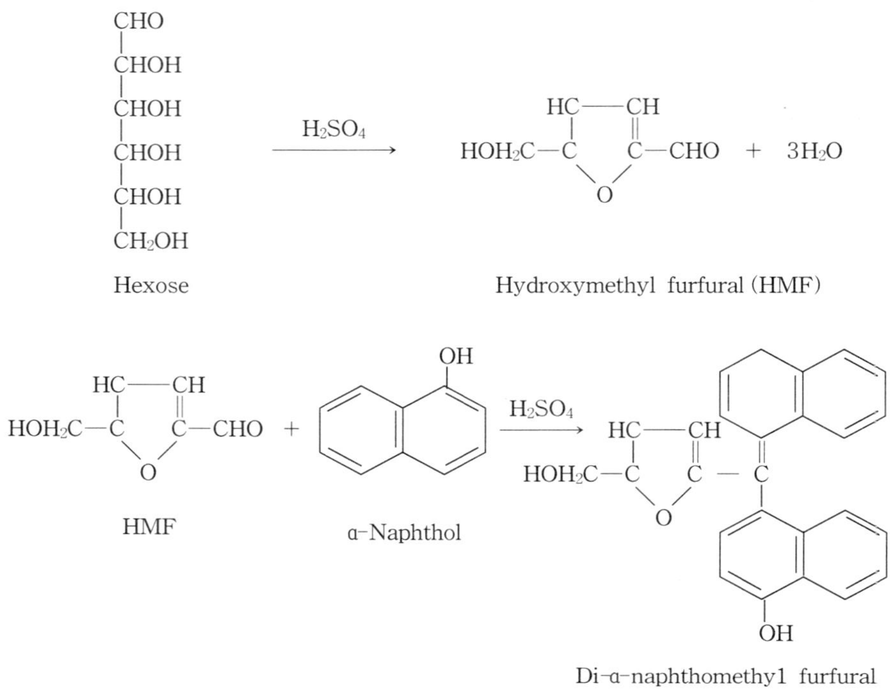

시약과 기구

1. 시료
2. 진한 황산
3. α-나프톨 용액(5%의 에탄올 용액, 사용직전에 만든다)

방 법

2 mL의 시료 용액에 α-나프톨 용액 2방울을 넣고 잘 섞은 후, 시험관 벽을 따라 1 mL의 진한 황산을 조심스럽게 흘려 넣어 두 액 층이 생기도록 한다. 잠시 후 시료 용액 층과 황산층의 경계면에 나타나는 색을 관찰한다. 시료 용액 대신에 물을 사용하여 동일한 실험을 실시한다.

8.1.2 Anthrone 반응

원 리

안트론(10-케토-9,10-디히드로안트라센) 반응도 탄수화물에 공통된 발색반응의 하나이다. 이때는 푸르푸랄(또는 그 유도체)이 안트론과 반응하여 청록색의 착색물질을 만든다. 이 발색반응은 탄수화물의 비색정량분석에 이용된다.

시약과 기구

1. 시료
2. 안트론 시약(0.2 %의 진한 황산 용액)

방 법

2 mL의 안트론 시약에 1 mL의 시료 용액을 떨어뜨려 잘 섞으면서 색의 변화를 관찰한다.

8.1.3 Fehling 반응

원 리

Fehling 반응, Benedict 반응 및 Barfoed 반응은 탄수화물의 환원성에 기초를 둔 시험법이다. Fehling 반응에 있어서, $CuSO_4$는 알칼리와 반응하여 $Cu(OH)_2$로 되고, 이것이 환원성을 가진 탄수화물에 의해 환원되어 적갈색의 Cu_2O로 변한다.

$$2Cu(OH)_2 \rightarrow Cu_2O + H_2O + [O]$$

Fehling 반응에서는 $CuSO_4$ → 용액(A용액)과 타르타르산나트륨칼륨(Na · K tartarate)의 알칼리용액(B용액)을 각각 따로 만들어 두었다가 실험하기 직전에 이 두 용액을 동일부피만큼 취하여 섞어 쓴다. 타르타르산과 같은 알코올성 OH기를 가진 유기 화합물은 일반적으로 2가의 구리 화합물과 더불어 용해성 착화합물을 만들며, 따라서 이것을 쓰면 $Cu(OH)_2$의 용해도가 커지고, 시약의 안정성도 커진다.

Fehling 반응은 환원성 탄수화물을 확인하는 고전적 방법으로 널리 이용되어

왔으나, 지금은 주로 Benedict 반응이 많이 이용되고 있다. Fehling 시약은 뇨(urine) 속에 있는 요산(urate)과도 반응할만큼 예민하기 때문에, 뇨에 포함되어 있는 글루코오스를 검출하는 데는 부적당하다. 또 과량의 암모니아나 암모늄염도 이 반응을 방해하는 요인이 된다.

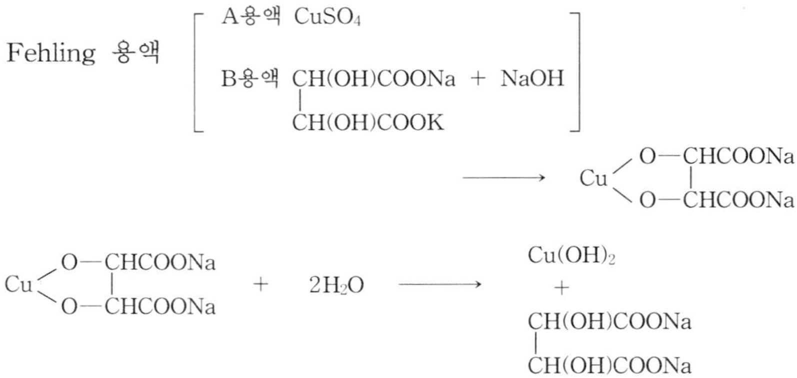

$$2Cu(OH)_2 + RCHO \longrightarrow Cu_2O\downarrow + 2H_2O + RCOOHa$$

시약과 기구

1. 시료
2. Fehling A용액 — $CuSO_4 \cdot 5H_2O$ 35 g을 물에 녹여 500 mL로 만든다.
3. Fehling B용액 — 타르타르산나트륨칼륨(Rochelle염) 173 g과 NaOH 50 g을 함께 물에 녹여 500 mL로 만든다.

방 법

Fehling A용액 10 mL과 B용액 10 mL을 섞은 다음, 1 mL의 시료 용액을 넣고 끓이면서 색의 변화를 관찰한다.

8.1.4 Benedict 반응

원 리

Benedict 반응은 Fehling 반응과는 달리 한 가지 시약용액을 쓰기 때문에 편리하다. 뿐만 아니라 Benedict 시약은 Fehling 용액에 비해 알칼리성이 훨씬 약하므로 더 안정하며, 환원성을 가진 탄수화물에 대하여 선택적으로 작용한다.

$$CuSO_4 + Na_2CO_3 + 2H_2O \longrightarrow Ca(OH)_2 + Na_2SO_4 + CO_2 + H_2O$$

$$2Cu(OH)_2 + RCHO \longrightarrow 2CuOH + H_2O + RCOOH$$

$$2CuOH \longrightarrow Cu_2O\downarrow + H_2O$$

시약과 기구

1. 시료
2. Benedict 시약 — 173 g의 시트르산 나트륨과 무수 Na_2CO_3 90 g을 600 mL의 미지근한 물에 함께 녹여 거름종이를 써서 여과한 후, 여과액에 물을 더하여 850 mL가 되게 한다. 한편 17.3 g의 $CuSO_4 \cdot 5H_2O$를 물에 녹여 150 mL가 되게 한 용액을 첫째 용액에 저으면서 천천히 섞어서 만든다.

방 법

2 mL의 Benedict 시약에 1 mL의 시료 용액을 넣고 끓는 물 속에 5분 동안 담가두어 색의 변화를 관찰한다.

8.1.5 Barfoed 반응

원 리

Barfoed 시약은 약산성이기 때문에, 오직 단당류에 의해서 환원된다. 그러나 이당류도 이 시약과 함께 오랫동안 끓이면 양성반응을 나타낸다. Barfoed 반응에서 생기는 Cu_2O는 Fehling 반응 또는 Benedict 반응에서 생기는 Cu_2O에 비해 불안정하기 때문에 오랫동안 두어야만 침전이 생기게 된다. 색 또한 적갈색이 아니고 짙은 빨간색을 띈다.

$$2Ca(O \cdot COCH_3)_2 + \text{환원당} \longrightarrow 2CuO \cdot COCH_3 + 2CH_3COOH + \text{환원당 산화물}$$

$$2CuO \cdot COCH_3 + H_2O \longrightarrow Cu_2O\downarrow + 2CH_3COOH$$

시약과 기구

1. 시료
2. Barfoed 시약 — 13.3 g의 초산구리를 200 mL의 물에 녹인 후 1.8 mL의 빙초산을 더 가한다.

방 법

2 mL의 Barfoed 시약에 1 mL의 시료 용액을 넣고, 1분동안 끓인 후 방치하여 색의 변화를 관찰한다(3분 동안 끓여도 침전이 생기지 않으면 음성반응으로 간주한다).

8.1.6 Pentose 반응 — Bial 반응

원 리

펜토오스는 진한 염산과 함께 가열하면 푸르푸랄로 변하며, 이것은 Fe^{3+} 이온의 존재하에서 오르시놀(3,5-디히드록시톨루엔)과 축합하여 청록색의 착색물질을 만든다. 이 발색반응은 펜토오스에만 특이한 반응이 아니며 헥소오스도 진한 염산과 함께 오랫동안 가열하면 히드록시메틸푸르푸랄로 되며, 이것 역시 오르시놀과 반응하여 착색물질을 만든다. 다당류는 진한염산과 함께 가열하면 쉽게 가수분해를 일으켜 단당류로 된다. 따라서 펜토산 또는 펜토오스 성분을 포함하는 다당류도 Bial 반응에서 양성반응을 나타낸다.

시약과 기구

1. 시료 — 1 % 펜토오스 수용액
2. 진한 염산

3. Bial 시약 — 500 mL의 진한 염산에 1.5 g의 오르시놀을 녹여 10% $FeCl_3$ 수용액 20방울을 가한다.
4. 아밀 알코올

방 법

1% 펜토오스 수용액 2 mL에 5 mL의 Bial 시약을 넣고 끓기 시작할 때까지 가열한다. 반응액을 식힌 후, 2 mL의 아밀 알코올을 가하여 흔든 다음 색의 변화를 관찰한다.

8.1.7 Ketose 반응 — Seliwanoff 반응

원 리

케토오스는 일반적으로 알도오스보다 염산에 의해 더 빨리 탈수반응을 일으켜 푸르푸랄 유도체로 되고, 이것이 레조르시놀(m-디히드록시벤젠)과 반응하여 붉은색의 축합물을 만든다. 알도오스를 염산과 함께 오랫동안 가열하였을 때에도 푸르푸랄 유도체가 생기므로 Seliwanoff 반응에서는 가열시간에 유의하여야 한다. 이 반응은 케토오스의 비색정량에 이용된다.

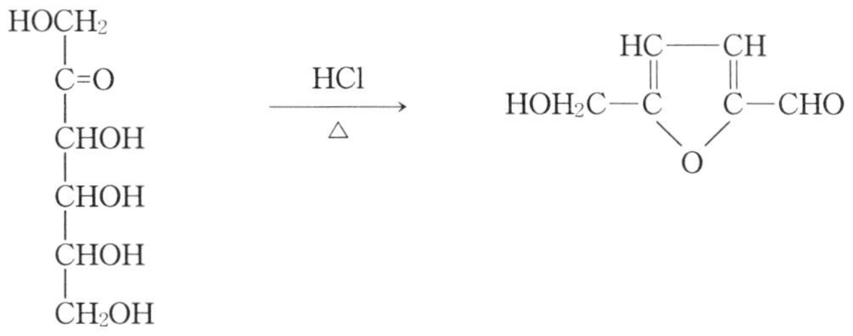

Fructose　　Hydroxymethyl furfural (HMF)

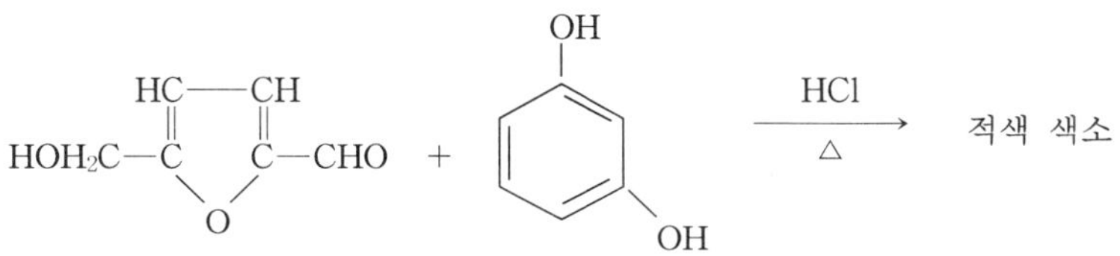

HMF　　Resorcinol

시약과 기구

1. 시료
2. Seliwanoff 시약 — 레조르시놀 0.05%를 포함하는 3N HCl 용액

방 법

5 mL의 Seliwanoff 시약에 0.2% 프룩토오스 수용액 1 mL를 가한 후, 끓는 물 중탕속에서 1~2분동안 가열한다. 0.2% 글루코오스 수용액을 써서 동일한 실험을 실시한다.

8.1.8 Galactose 반응 — 무스산 생성 반응

원 리

단당류 또는 이당류는 진한 질산에 의해 산화되어 알다르산(aldaric acid)으로 불리는 이염기산으로 된다. 갈락토오스로부터는 무스산(mucic acid)이 생기며, 이 산은 묽은 질산에 대한 용해도가 대단히 작기 때문에, 침전을 만들거나 특이한 모양의 결정으로써 석출된다.

시약과 기구

1. 시료
2. 진한 질산
3. 증발접시
4. 현미경

방 법

증발접시에 1g의 갈락토오스와 12 mL의 진한 질산을 섞어 넣고 끓는 물 중탕위에서 가열하여 4 mL가 될 때까지 농축한다(후드에서 실시). 증발접시에 있는 결정이 섞인 용액을 유리판 위에 한 방울 떨어뜨린 후, 현미경으로 결정을 관찰한다.

8.1.9 Osazone 반응

원 리

α-케토기(−CO−CHOH−기)를 가진 화합물은 페닐히드라진과 반응하여 결정성의 페닐오사존을 만든다. 알도오스는 1몰의 페닐히드라진과 축합하여 페닐히드라존을 만들고, 페닐히드라존이 다시 2몰의 페닐히드라진과 반응하여 오사존으로 된다.

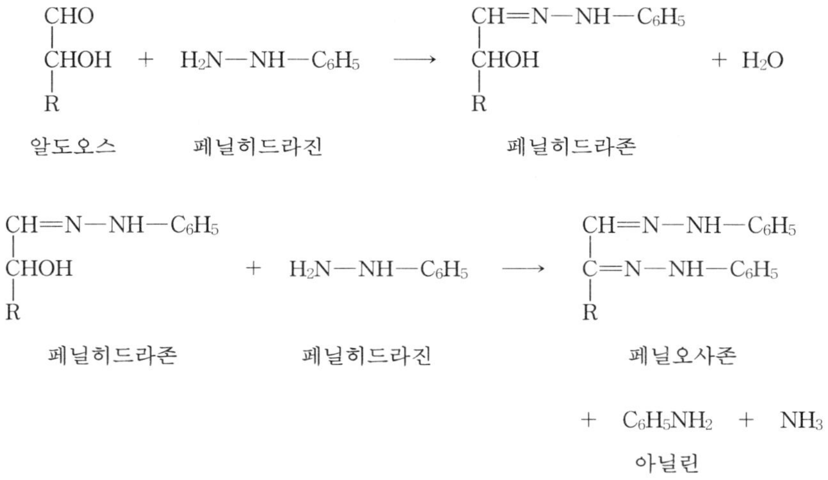

오사존은 결정으로 얻기 쉽고, 그 결정형은 당의 종류에 따라 각각 다르기 때문에(그림 8-1), 환원당을 확인하는 데 크게 도움이 된다.

D-글루코오스, D-만노오스, D-프룩토오스는 3, 4, 5 위치의 탄소원자에서 입체구조가 같기 때문에 똑같은 오사존을 만든다.

시약과 기구

1. 시료
2. 초산나트륨
3. 페닐히드라진 염산염
4. 현미경

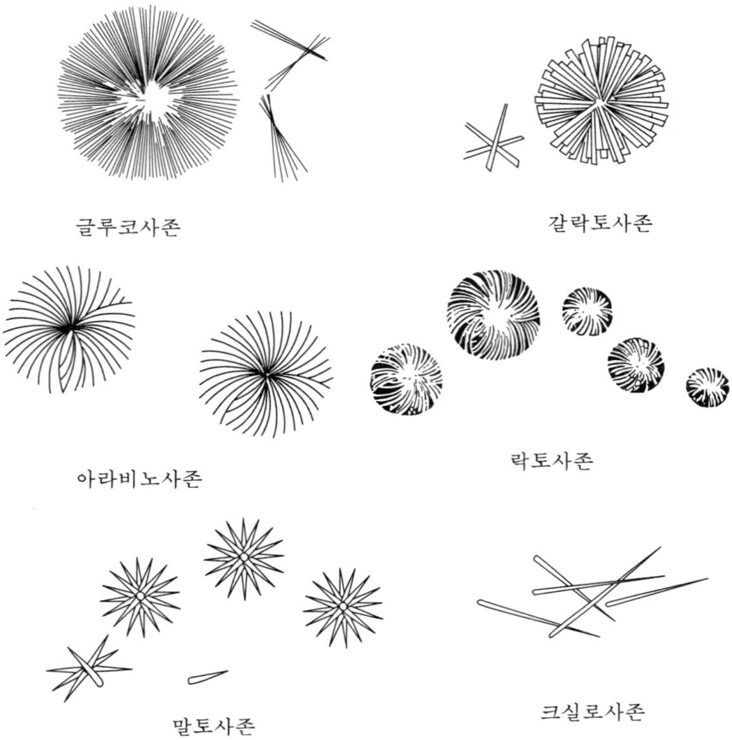

그림 8-1 각종 오사존의 결정형

방 법

0.2 g의 글루코오스를 시험관에 취하고 페닐히드라진 염산염 0.4 g, 초산나트륨 0.6 g, 물 5 mL를 가한 다음, 끓는 물 중탕속에 담가 저어주면서 5분 동안 가열한다. 뜨거운 반응액을 여과하여 그 여과액을 물중탕 속에서 다시 20분 동안 가열한 후, 천천히 식혀서 오사존의 노란색 결정이 생기면 여과하여 현미경으로 그 결정형을 관찰한다. 프룩토오스와 만노오스에 대해서도 동일한 실험을 실시한다. 오사존은 60% 에탄올을 사용하여 재결정시켜 정제할 수 있다. 오사존의 생성에 필요한 가열시간은 당의 종류에 따라 다르다(표 8-1).

표 8-1 오사존 생성에 필요한 가열시간(100℃에서)

당	가열시간(분)
글루코오스	4
프룩토오스	2
갈락토오스	20
만노오스*	4
아라비노오스	10
크실로오스	7
말토오스	뜨거운 물에 용해
락토오스	뜨거운 물에 용해

* 만노오스의 페닐히드라존만은 예외로서 찬물에 잘 녹지 않는다.

8.1.10 Sucrose 반응

원 리

수크로오스는 비환원성 이당류이기 때문에, 알칼리성 황산구리용액을 환원시키지 않으며, 오사존을 만들지도 않는다. 그러나 수크로오스를 산으로 가수분해하면 글루코오스와 푸룩토오스의 혼합물인 반전당이 얻어진다.

시약과 기구

1. 시료
2. 진한 염산
3. 5N NaOH
4. Benedict 시약, Barfoed 시약, Seliwanoff 시약, 오사존 시약

방 법

5 mL의 1% 수크로오스 수용액에 5방울의 진한 염산을 넣고, 끓는 물중탕 속에 담가 5분 동안 가열한 다음 식힌다. 이 산성용액을 NaOH를 사용하여 중화한 후, 환원성 반응, Seliwanoff 반응 및 오사존 반응을 실시한다.

8.1.11 I_2(Iodine)반응 — 다당류 검출 반응

원 리

요오드는 다당류에 흡착되어 착색물질을 만든다. 전분은 청남색을 띠고, 글리코겐 및 전분의 부분적 가수분해 산물과 덱스트린은 분자의 크기에 따라 적색 내지 갈색 또는 음성반응을 나타낸다.

시약과 기구

1. 시료
2. 요오드 용액 — 0.05 N 요오드를 포함한 3% KI 수용액

방 법

시료 용액에 묽은 염산을 한 방울 넣은 후, 요오드 2 방울을 가하여 나타나는 색을 비교한다. 시료 용액 대신 물을 사용하여 동일한 실험을 실시한다. 또한 요오드에 의한 착색물질을 가열하였을 때와 다시 식혔을 때의 색의 변화를 관찰한다.

8.1.12 종이-크로마토그래피(Paper chromatography)에 의한 당 확인

원 리

아닐린-디페닐아민 시약(또는 아닐린-프탈산 시약)은 대다수 당류와 반응하여 그 확인에 도움이 되는 몇가지 착색 물질을 만든다.

시약과 기구

1. 시료
2. 표준시료 — 글루코오스, 프룩토오스, 리보오스, 수크로오스, 락토오스, 글루쿠론산을 각각 10% 이소프로필알코올에 녹인 1% 용액
3. 상행전개법에 필요한 장치
4. Whatman No.1 종이

5. 아닐린-디페닐아민 시약 — 아닐린과 디페닐아민의 각 1% 아세톤용액을 5 mL씩 섞고 85% H_3PO_4 1 mL를 가한다.
6. 전개용매 — 이소프로필알코올-물(4 : 1)(또는 페놀-1% 암모니아수, 4 : 1 ; n-부탄올-초산-물, 4 : 1 : 5)
7. 오븐, 헤어드라이어
8. 분무기

방 법

Whatman No.1 종이(25 cm×6 cm)의 한쪽 끝에서 3 cm 되는 곳에 가로선을 그어 출발점을 표시한다. 출발점 선위에 2 cm 간격으로 표준시료(1가지)와 미지시료의 용액을 점적하여 말린 다음, 전개 용기 속에 적어도 15분 동안 매달아 두어 용매증기와 접촉시킨 후, 출발점이 있는 끝 쪽을 용매 속에 담근다. 이 때 점적한 부분이 용매 속에 잠기지 않도록 조심한다. 전개용매가 종이의 위 쪽 끝에 이르렀을 때, 종이를 꺼내어 전진점을 표시하고 줄에 걸어 실내에서 건조시키거나 또는 헤어드라이어를 사용하여 가열건조 시킨다. 종이전면에 발색시약을 뿌린 후, 오븐(100℃) 속에서 4~5분 동안 가열하고, 반점이 나타나면 *Rf* 값을 구하여 미지시료 속의 당을 확인한다(그림 8-2, 8-3, 8-4, 8-5).

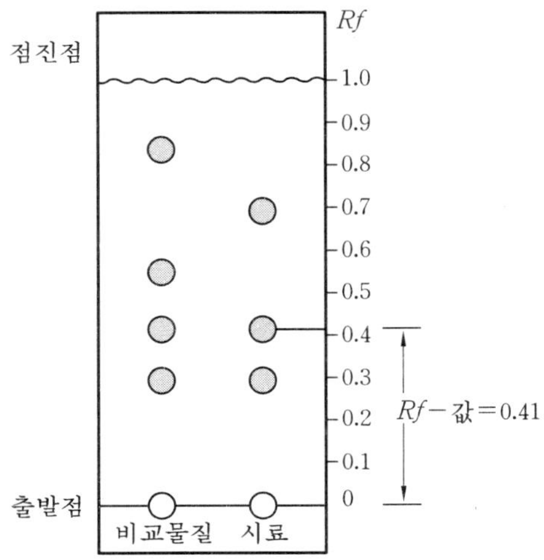

그림 8-2 *Rf*-값(일차원 종이-크로마토그라피)

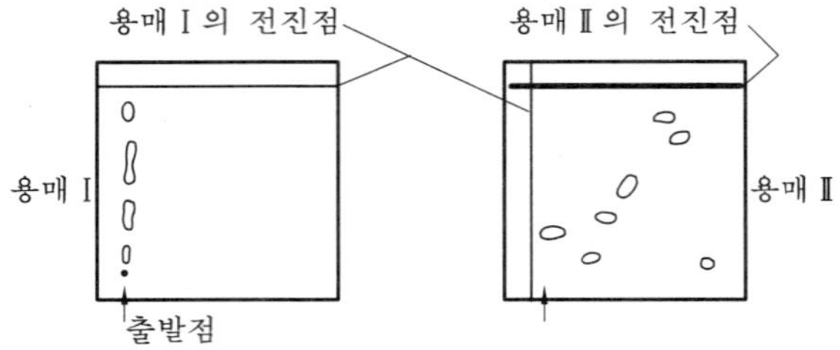

그림 8-3 이차원 종이-크로마토크라피

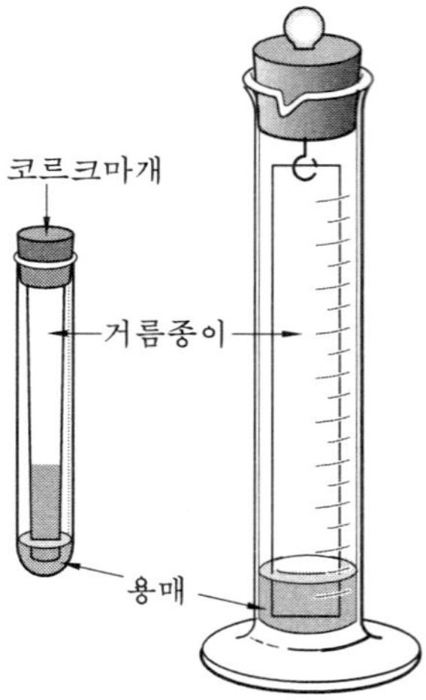

그림 8-4 종이-크로마토그라피 장치

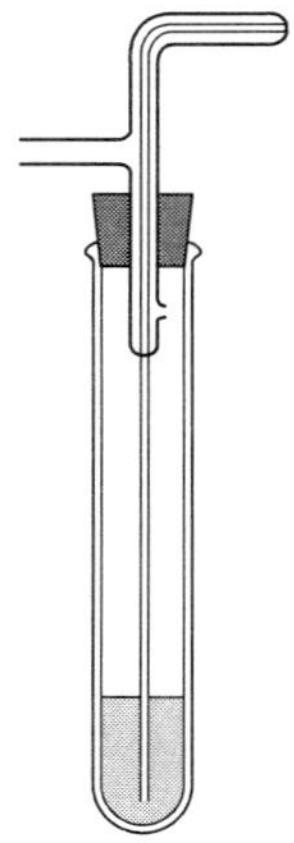

그림 8-5 분무기

8.2 탄수화물의 정량

8.2.1 Benedict법

원 리

탄수화물을 정량하는 데는 Benedict법, Bertrand법, Somogyi법, Folin-Wu법, 안트론법, 효소법 등 여러 가지 방법들이 이용된다. Benedict법은 고전적 방법이지만, 아직도 많이 사용하고 있으며 특히 요속의 당을 정량하는 데 요긴한 방법이다. 'Benedict 정량시약'은 $CuSO_4$와 함께 티오시안산 칼륨(KSCN)과 페로시안 칼륨[$K_4Fe(CN)_6$]을 포함하고 있기 때문에, 당에 의해 환원된 Cu는 Cu_2O의 붉은 색 침전을 만드는 대신 흰색의 CuSCN으로서 침전된다. 또한 $K_4Fe(CN)_6$는 Cu_2O의 침전이 생기는 것을 방해하기 때문에 Benedict 시약을 사용해서 적정할 경우, $CuSO_4$의 푸른색이 탈색되는 종말점을 쉽게 확인할 수 있다. Benedict법에 있어서, 당의 환원력은 당의 종류에 따라 차이가 있고 또한 적정조건에 따라 달라지기 때문에 단순히 화학식만으로 환원당의 양을 결정할 수 없다. Benedict법을 실시할 때 유의사항은 다음과 같다.

- 시약을 끓이면서 적정을 한다.
- 시약에 반드시 Na_2CO_3를 섞어 둔다. 이러한 조건하에서는 CO_2 속에서 적정이 진행되므로, 1가의 Cu(Cu^+)가 공기에 의해 다시 2가의 Cu(Cu^{2+})로 산화되는 것이 방지된다.
- 적정혼합액이 너무 농축되었을 경우, 일단 가열을 중지하고 10 mL의 끓는 물을 보충한 후 다시 끓이면서 적정을 계속한다.
- 끓는 용액에서 나오는 수증기로 인해 시료 용액이 흩어지는 것을 방지하기 위하여 뷰렛 분사마개는 적정혼합액을 담은 플라스크 입구 바로 위에 있도록 한다.

시약과 기구

1. 시료
2. 표준 당 용액(0.5 g 글루코오스/100 mL H_2O)
3. Benedict 정량 시약 :

$CuSO_4 \cdot 5H_2O$	9.0 g
무수 Na_2CO_3	50.0 g
시트르산삼나트륨	50.0 g
KSCN	62.5 g
5% $K_4Fe(CN)_6$	2.5 mL

위의 시약들을 물에 녹여 500 mL가 되게 한다. Na_2CO_3, 시트르산삼나트륨과 KSCN을 400 mL의 뜨거운 물에 함께 녹이고(필요한 경우 여과), 50 mL의 물에 $CuSO_4$를 따로 녹인다. 이 용액에 첫째 용액을 천천히 부어서 섞은 후

물을 더하여 50 mL로 만든다.

4. 삼각플라스크, 증발접시
5. 뷰렛
6. 피펫

방 법

삼각플라스크에 25 mL의 Benedict 시약을 취하고 3 g의 무수 Na_2CO_3를 가해준다. 액을 가열하여 끓기 시작하면, 뷰렛에서 당용액을 천천히 흘려 넣고, 흰 앙금이 생기기 시작하면 더욱 천천히 가해준다. $CuSO_4$의 푸른색이 완전히 사라질 때까지 적정을 계속하고 소비된 당용액의 부피를 기록한다. 25 mL의 Benedict 시약을 적정하는 데 10～15 mL의 당용액이 소비되도록 시료용액의 당농도를 조절한다.

계 산

25 mL의 Benedict 시약은 글루코오스 50 mg, 프룩토오스 53 mg, 락토오스 68.8 mg, 말토오스 74 mg, 가수분해된 수크로오스(반전당) 49 mg에 해당한다.

8.2.2 Bertrand법

원 리

환원당의 정량에 일반적으로 널리 이용되고 있는 방법은 Bertrand법이다. Bertrand법은 Fehling 용액을 사용해서 Cu^{2+}를 환원시켜 Cu^{+}로 만들고, 이 때 생기는 Cu_2O에 의해 $Fe(SO_4)_3$를 $FeSO_4$로 환원시킨 후 $KMnO_4$로 적정하여 그 적정값으로부터 당의 함량을 계산한다. 즉, $KMnO_4$의 적정값에 해당하는 구리의 당량을 구한 다음, Bertrand 당 정량표(부록 표 참조)에 의해 환원당의 양을 구한다.

$$RCHO + 2Cu(OH)_2 \rightarrow Cu_2O + 2H_2O + RCOOH$$

$$Cu_2O + Fe_2(SO_4)_3 + H_2SO_4 \rightarrow 2CuSO_4 + 2FeSO_4 + H_2O$$

$$10FeSO_4 + 2KMnO_4 + 8H_2SO_4 \rightarrow 5Fe_2(SO_4)_3 + 2KMnO_4 + K_2SO_4$$

시약과 기구

1. 시료
2. 초산납 포화용액 — 30% $Pb(CH_3COO)_2 \cdot 3H_2O$용액
3. 옥살산 나트륨
4. Fehling 용액
   A액 : $CuSO_4 \cdot 5H_2O$ 40 g을 물에 녹여 1 L로 만든다.
   B액 : 타르타르산나트륨칼륨(Rochelle염, $C_4H_4O_6 \cdot NaK \cdot 4H_2O$) 200 g과 NaOH 150 g을 함께 물에 녹여 1 L로 만든다.
5. $Fe_2(SO_4)_3$ 용액 — $Fe_2(SO_4)_3 \cdot H_2O$ 50 g과 진한 황산 109 mL를 함께 물에 녹여 1 L로 만든다.
6. 0.1574N $KMnO_4$ — $KMnO_4$ 5g을 물에 녹여 1 L로 만든다.
7. 유리여과기(glass filter)
8. 25% HCl
9. 10% NaOH
10. 페놀프탈레인 지시약

방 법

환원당의 함량이 0.1～1 g에 해당되는 시료를 150 mL의 물에 녹이고, 흰침전이 생기지 않을 때까지 여과하고 물을 추가하여 시료액을 200 mL로 만든다. 삼각플라스크에 시료액 20 mL를 취하여 Fehling 용액 A액 20 mL와 B액 20 mL를 가한 후 30분 동안 끓인 후, 상온까지 냉각시킨 다음 상층액을 유리여과기를 써서 감압여과한다.

플라스크에 남은 Cu_2O 침전에 더운 물을 50 mL 가하여 잘 혼합하고, 방치한 후 상층액을 다시 감압여과한다. 이것을 여러 번 반복한 후 침전이 남아 있는 삼각플라스크를 유리여과기 밑에 두고 유리여과기 속에 $Fe_2(SO_4)_3$용액 20 mL를 3～4회에 걸쳐 나누어 넣는다. 여과액으로 삼각플라스크 속의 Cu_2O를 완전히 용해시킨 후, $KMnO_4$ 용액으로 적정한다. 시료액의 색이 녹황색에서 연한 보라색으로 변하는 때를 적정의 종말점으로 간주한다.

계 산

소비된 $KMnO_4$용액의 mL 수를 Cu_2O 형태로 침전된 Cu의 양으로 계산한다. 200 mL의 시료용액에 의하여 침전된 구리(Cu_2O)의 양은 다음 식에 의해 계산된다.

Cu(mL) = $V \times F \times 10$
V : $KMnO_4$ 용액의 적정소비량(mL)
F : $KMnO_4$ 용액의 역가(농도계수, factor)

다음에 Bertrand 당 정량표로부터 당의 종류에 따라 구리(Cu)량(mg)에 상당하는 환원당의 양(mg)을 구한다. 여기서 얻은 당의 양에 희석배수를 습하여 시료 중의 환원당량을 다음식으로 계산할 수 있다.

$$환원당(\%) = \frac{A \times D}{S} \times 100$$

A : Bertrand 당 정량표로부터 구한 당의 양(g)
D : 희석배수
S : 시료 채취량(g)

8.2.3 Somogyi법

원 리

Somogyi법은 구리염 혼합법과 요오드적정법을 병용한 환원당의 정량방법이다. Somogyi법의 반응원리는 환원당을 알칼리성시약(Fehling 용액)과 함께 가열하여 Cu^{2+}[Cu(OH)2]의 환원으로 생성된 Cu^{+}(Cu2O)는 KIO_3와 KI로부터 생성되는 I_2를 정량적으로 소비한다. 이때 잔존하는 I_2를 $Na_2S_2O_3$ 용액으로 적정하여 소비한 I_2의 양을 구한 다음, 이로부터 당의 양을 산출한다.

$$RCHO + 2Cu(OH)_2 \rightarrow Cu_2O + RCOOH + 2H_2O$$
$$KIO_3 + 5KI + 3H_2SO_4 \rightarrow 3I_2 + 3K_2SO_4 + 3H_2O$$
$$2Cu_2O + 2I_2 \rightarrow 4CuSO_4 + 4HI + O_2$$
$$2Na_2S_2O_3 + I_2 \rightarrow Na_2S_4O_6 + 2NaI$$

Somogyi법은 측정농도 범위가 글루코오스 0.003~0.6 mg/mL으로 미량으로도 정량이 가능하며 높은 정확도와 간단한 조작으로 널리 이용되고 있다.

시약과 기구

1. 시료
2. A 용액 — 타르타르산나트륨칼륨(Rochelle염) 90 g과 $Na_3PO_4 \cdot 12H_2O$ 225 g을 증류수 700 mL에 녹이고, 여기에 $CuSO_4 \cdot 5H_2O$ 30 g을 증류수 100 mL에 녹인 것을 가하고 다시 KIO_3 3.5 g을 소량의 증류수에 녹여 가하여 전체를 1 L로 만든다.
3. B 용액 — KOH 90 g과 KI 40 g을 증류수에 녹여 1 L로 만든다.
4. C 용액 — 2 N H_2SO_4
5. D 용액 — 0.05 N $Na_2S_2O_3$
6. E 용액 — 1% 전분용액(지시약)

방 법

두 개의 삼각플라스크에 A용액을 각각 20 mL씩 넣고 바탕시험 (B) 플라스크에는 10 mL의 증류수를 본시험(S) 플라스크에는 10 mL의 시료를 넣는다. B와 S플라스크를 100 ℃에서 3분동안 가열한 다음 흐르는 물에서 냉각시킨다. 이때 Cu_2O의 적색 침전이 공기와 접촉하지 않도록 흔들지 말아야 한다. 냉각된 B와 S 플라스크에 B용액 10 mL를 가하고 다시 C용액 10 mL를 가하여 잘 흔들어 혼합시켜 침전을 녹인다. 다음 E용액을 지시약으로 몇 방울 넣은 후, D용액으로 적정하여 I_2의 갈색이 없어지고 녹색이나 청록색을 거친 코발트색이 될 때를 종말점으로 한다.

계 산

시료중의 환원당량은 다음 식에 의해 계산된다.

$$환원당(\%) = \frac{s(V_B - V_S)F \times D}{S} \times 100$$

V_B : 바탕시험의 $Na_2S_2O_3$ 적정소비량(mL)

V_S : 본 시험의 $Na_2S_2O_3$ 적정소비량(mL)

F : 0.05N $Na_2S_2O_3$ 용액의 역가

s : 환원당의 0.05 N $Na_2S_2O_3$ 용액 1 mL에 상당하는 양(mg)

glucose : 1.449 mg   fructose : 1.44 mg
xylose : 1.347 mg   maltose : 2.62 mg

D : 희석배수

S : 시료 채취량(g)

8.2.4 Sucrose의 정량

원 리

Sucrose는 비환원당이므로 Fehling 반응 등에 대하여 음성 반응을 나타내므로 HCl 용액으로 가수분해하여 sucrose를 전화당(glucose와 fructose의 동량혼합물)으로 변화시킨 후, 환원당으로서 Bertrand법 등에 의해 전화당의 양을 구하고 그 값에 0.95를 곱하여 sucrose의 양을 산출한다.

$$C_{12}H_{22}O_{11} + H_2O \rightarrow 2\,C_6H_{12}O_6$$

$$\frac{C_{12}H_{22}O_{11}\ \text{분자량}}{2\,C_6H_{12}O_6\ \text{분자량}} = \frac{342.2}{2} \times 180.1 = 0.95$$

만일 시료 중에 Fehling 용액을 환원하는 당이 있으면, HCl 처리 전에 직접 환원당을 정량하고, 전화 후 총 환원당에서 이 양을 빼서 그 값에 0.95를 곱한다.

시약과 기구

1. 시료
2. 0.1N HCl 용액
3. 0.1N NaOH 용액

방 법

시료용액 50 mL를 피펫으로 삼각플라스크에 취하여 0.1 N HCl 용액 15 mL를 가하고 유리 냉각관이 부착된 수욕에서 30분 동안 저어주면서 가수분해시킨 후 빨리 냉각시킨다. 다음에 0.1 N NaOH 용액 15 mL를 가하여 중화한 후 250 mL 메스플라스크에 옮겨서 증류수를 가하여 전량 250 mL로 만든다. 이 당

용액에서 20 mL를 취하여 Bertrand법 등으로 환원당을 정량하며 이 값으로부터 원래 존재하고 있는 환원당의 양을 빼고 0.95를 곱한다.

계 산

Sucrose의 시료용액 정량범위는 0.25～1.25 g / 50 mL이며 일반적인 농축 쥬스 등은 약 60%의 sucrose를 함유한다.

$$\text{Sucrose}(\%) = \frac{A \times 0.95 \times D}{S} \times 100$$

A : 전화당의 양(g)
D : 희석배수
S : 시료 채취량(g)

8.2.5 Starch의 정량

원 리

전분(starch)은 sucrose와 마찬가지로 환원성이 없으므로 Fehling 용액을 환원하지 못한다. 전분은 sucrose처럼, HCl이나 효소를 이용하여 가수분해하여 환원당(glucose)으로 변화시켜 Bertrand법 등으로 정량한다. 정량한 glucose의 양에 전분과 glucose의 분자량 비인 0.9를 곱하여 전분의 양을 산출한다.

$$(C_6H_{10}O_5)n + nH_2O \rightarrow n(C_6H_{12}O_6)$$

$$\frac{(C_6H_{10}O_5)n\text{분자량}}{n(C_6H_{12}O_6)\text{분자량}} = \frac{n \times 162.1}{n \times 180.1} = 0.9$$

이 방법은 환원성이 없는 덱스트린(dextrin)이나 전분에 적용되며 유리된 환원당이 있으면 전분을 가수분해시킨 전후의 환원당의 양의 차가 전분의 양이 된다.

시약과 기구

1. 시료
2. 25% HCl 용액 — 35% HCl 용액과 증류수를 25 : 10의 비율로 혼합한다.
3. 10% NaOH 용액

방 법

전분 0.5~1 g에 상당하는 시료를 삼각플라스크에 넣고 증류수 100 mL와 25% HCl 용액 10 mL를 가하여 역류 냉각관을 연결하고 끓는 수욕에서 2시간 30분 동안 가열하여 가수분해한다. 냉각 후에 깔대기를 사용하여 경사여과한다. 여과액을 10% NaOH 용액으로 중화시키며 중화는 pH paper(리트머스 시험지)를 이용하여 확인한다. 중화한 여과액을 250 mL로 정용한 다음 20 mL를 취하여 Bertrand법 등으로 환원당을 정량한다. 여과 과정에서 0.1N $AgNO_3$ 용액에 의한 벅색침전이 생기지 않을 때(Cl이 없어질 때)까지 뜨거운 물로 잘 세척한다.

8.2.6 조섬유의 정량

원 리

식품 속에 들어 있는 섬유질은 묽은 산, 묽은 알칼리로 처리하면 남은 찌꺼기로 물, 알코올, 에테르에 불용성이다. 이 찌꺼기는 셀룰로오스가 주성분이며, 그 이외에 리그닌(lignin), 펜토산(pentosan) 및 무기질을 포함하고 있으며 이 무기질을 회화하여 회분량을 측정 한다. 섬유질의 수분을 제외한 무게에서 회분의 무게를 빼면 셀룰로오스, 리그닌 및 펜토산 등의 조섬유(crude fiber)의 량을 구할 수 있다.

시약과 기구

1. 시료
2. 0.2251 N(1.25 %) H_2SO_4
3. 0.3125 N(1.25 %) NaOH
4. 석면 — 섬유의 길이가 2 cm 이하가 되도록 잘게 썰어 5% NaOH 용액과 함께 8시간 동안 끓이고 물로 잘 씻은 다음, 묽은 염산(물 : 진한염산, 3 : 1)과 함께 8시간 동안 가온한다. 뜨거운 물로 잘 씻고 건조시킨 후 600~700 ℃에서 다시 가열한 것을 쓴다.
5. 여과관 — 1인치당 45개정도의 섬유 수를 가진 린넬을 여과포로 사용하여 유리관 입구를 덮어 씌우고 가는 구리선 또는 철사로 동여맨다.

6. 유리여과기(1G-3)
7. 전기로

방 법

수분 및 지방질의 함량이 많은 것은 미리 수분과 지방성분을 제거한다. 비이커에 시료를 넣고 에테르를 소량씩 가하여 5~6회 기울여 따르기로 씻어낸 후, 에테르를 증발시켜 사용한다. 이 시료의 일정량(곡류 2~5 g, 두류 1~2 g, 야채류 2~5 g, 과실류 5 g 내외)을 석면 5 g과 함께 삼각플라스크에 넣고 끓는 1.25% 황산용액 200 mL를 가한 후, 환류냉각기를 붙여 30분 동안 끓인다. 이 때 많은 거품이 생기면 0.5 mL의 아밀 알코올을 첨가한다. 플라스크의 내용물을 여과관을 써서 여과한 후, 여과액이 산성반응을 나타내지 않을 때까지 뜨거운 물로 찌꺼기를 세척한다(그림 8-6). 이 찌꺼기를 끓는 1.25% NaOH용액 200 mL와 함께 30분 동안 끓인다. 가열이 끝난 다음, 여과기로 감압여과하고, 찌꺼기를 소량의 뜨거운 물로 알칼리성 반응이 나타나지 않을 때까지 세척한 후, 마지막으로 95% 에탄올 15 mL로 세척한다(그림 8-7). 찌꺼기가 들어있는 유리 여과기를 건조기(105℃) 속에 1시간 동안 건조시킨 후, 데시케이터 속에서 식혀 무게를 측정한다. 이 여과기를 전기로(450℃)에 넣고 1시간 동안 회분화시킨 후, 전기로의 온도를 천천히 내려서 200℃ 이하가 되었을 때 여과기를 데시케이터 속에 옮겨넣고 냉각시킨 후 무게를 측정한다.

계 산

$$\text{조섬유}(\%) = \frac{W_1 - W_2}{S} \times 100$$

W_1 : 조섬유의 건조함량(g)

W_2 : 조섬유의 회화후 함량(g)

S : 시료 채취량(g)

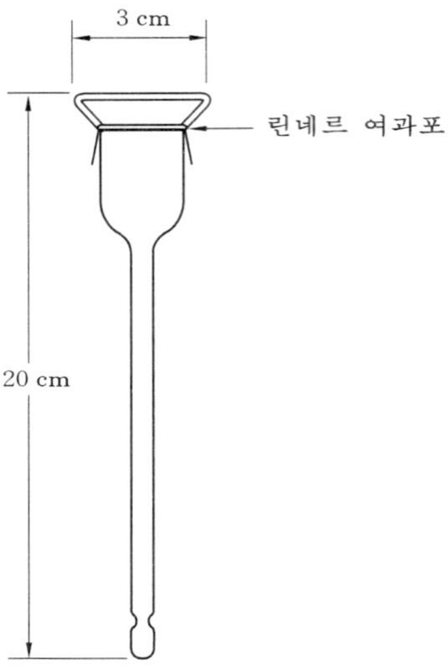

그림 8-6 여과관

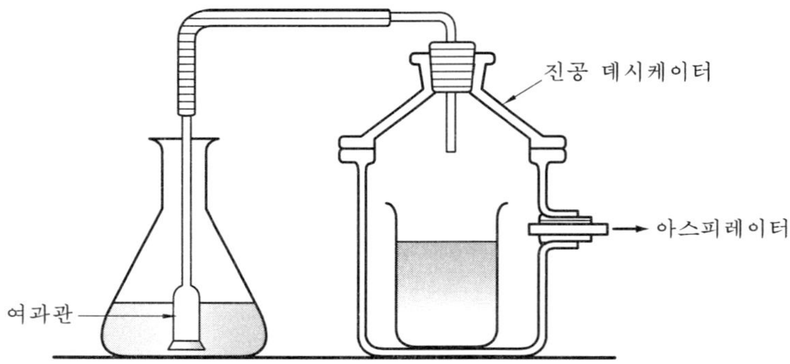

그림 8-7 여과관을 사용한 감압여과 장치

8.3 다당류의 분리 및 시험

8.3.1 전분의 분리 및 시험

원 리

전분은 쌀, 보리, 감자 등 여러 곡식의 주성분이며 그 속에 입자 형태로 존재한다. 전분의 구성성분인 아밀로스와 아밀로펙틴은 다같이 고분자물질로서, 찬물에는 녹지 않는다. 그러므로 곡식 가루를 찬물로 처리하면 전분을 분리할 수 있다.

시약과 기구

1. 시료
2. 무즙 강판
3. 옥양목 천조각
4. 현미경

방 법

1. 전분의 분리

감자 2개를 잘 씻어 껍질을 벗겨 버리고 강판으로 곱게 갈아 비이커에 담고, 500 mL의 증류수를 섞어 저어준 다음 두 겹의 옥양목 자루에 부어 거르고, 자루 속에 처진 찌꺼기를 비이커에 옮겨 증류수를 부어 잘 저은 후 다시 거른다. 이러한 조작을 2～3회 반복한다. 여과액을 방치하여 전분의 앙금을 가라앉힌 후 상층액을 기울여 따라 버린다. 수용성 물질을 제거하기 위하여 전분에 증류수를 부어 기울여 따르기를 여러 번 되풀이 한 후, 바람이 잘 통하는 곳에 널어 말린다.

2. 현미경에 의한 전분입자의 관찰

미량의 검체를 slide glass에 취하여 한 두 방울의 증류수를 떨어뜨려 부유시킨 후, cover glass를 놓고 200배로 검경한다. 특유한 전분입자의 형태에 의하여 전분의 종류를 판별한다(그림 8-8).

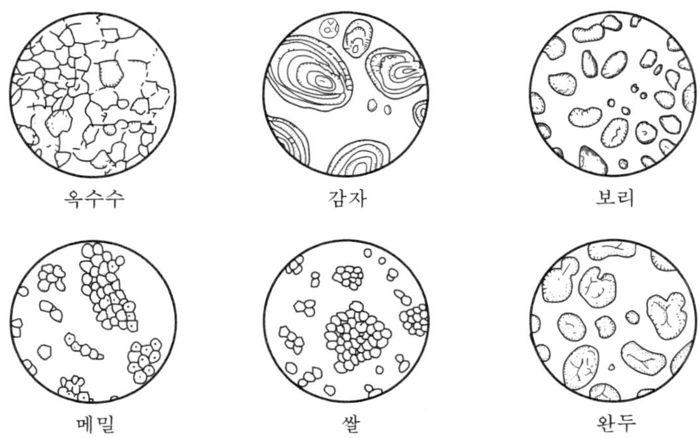

그림 8-8 전분입자의 모양

3. 요오드 반응

가용성 전분에 뜨거운 증류수를 가해 용해한 용액을 냉각한 후에 요오드 용액(요오드 1g을 4% KI 용액에 용해시킨 용액) 한 방울을 가하면 청남색이 나타난다. 이것을 따뜻하게 하면 청남색이 없어지고 냉각시키면 다시 청남색이 된다.

8.3.2 글리코겐의 분리 및 시험

원 리

글리코겐은 포유동물의 주요한 저장 다당류로 거의 모든 세포에 존재하며 특히, 간에는 다량의 글리코겐이 저장되어 있다. 동물이 근육 활동을 하거나 스트레스 상태에 놓일 때 저장된 글리코겐이 빨리 소모된다. 그러므로 동물의 간으로부터 많은 글리코겐을 얻기 위해서는 실험동물을 죽이기 전 24시간동안 충분한 양의 사료를 주고, 스트레스를 받지 않도록 유의한다. 간 조직에 포함된 단백질과 핵산을 TCA를 사용하여 침전시킨 다음, 그 여과액에 에탄올을 가해주면 글리코겐이 침전된다. 이 침전을 물에 녹여 다시 에탄올로 침전시키는 조작을 여러 번 반복하여 글리코겐을 정제할 수 있다.

시약과 기구

1. 시료
2. 5% TCA
3. 95% 에탄올
4. 에테르
5. 요오드 용액
6. 조직파쇄기(homogenizer)
7. 원심분리기
8. 데시케이터

방 법

1. 글리코겐의 분리

글리코겐의 분리는 하루 동안 충분히 사료를 먹인 흰 쥐를 죽이자마자 간을 도려낸 다음, 그 무게를 단다. 간을 가위로 작게 잘라 대부분을 조직파쇄기에 담고 나머지는 나중 실험을 위해 상온에서 보존한다. 간조직편에 얼음물로 냉각시킨 5% TCA를 넣고 파쇄한 후, 조직 파쇄액을 기울여 따라 Whatman No.54 거름종이로 걸러 그 여과액을 미리 얼음물 속에 담가둔 플라스크에 받는다. 파쇄기 속에 있는 침강물에 다시 TCA(처음의 절반)를 넣고 파쇄한 후, 동일한 방법으로 기울여 따르기와 여과를 하여 그 여과액을 처음 것과 합친다. 여과액에 그 두 배 부피의 95% 에탄올을 가하고 침전이 생길 때까지 방치한다. 만일 침전이 잘 생기지 않으면 고체의 NaCl를 조금 넣고 용액을 약하게 가열한다. 원심분리한 침전을 되도록 적은 양의 증류수에 녹인 후 그 두 배 부피의 95% 에탄올을 가하여 글리코겐을 침전시킨다. 원심분리한 글리코겐을 95% 에탄올로 두 번, 소량의 에테르로 한 번씩 세척하고 다시 원심분리한 후, 증발접시에 담아 데시케이터 속에 건조시켜 글리코겐의 수득율을 구한다(그림 8-9).

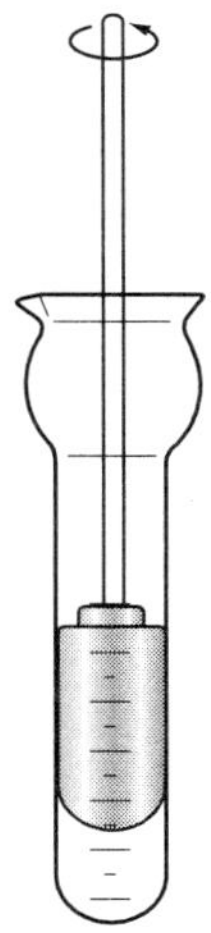

그림 8-9 Potter-Elvehjem 조직 파쇄기

두꺼운 유리관 속에 특수한 플라스틱으로 만든 공잇대를 끼워넣은 것으로, 그 회전수는 300～1,000/min이다. 공잇대가 회전하는 동안 바깥 유리관을 위아래로 번갈아 움직여 주면 조직이 효과적으로 파쇄된다. 이 때 마찰열로 인하여 온도가 오르는 것을 막기 위해 유리관을 얼음물 속에 담가둔다.

2. 요오드 반응

TCA로 처리한 여과액에 대하여 요오드용액 한 방울을 가하면 황갈색이 나타난다.

3. 침전반응

분리한 글리코겐을 증류수에 용해시켜 포화 황산암모늄[$(NH_4)_2SO_4$] 용액을 동량 가하면 침전이 생긴다.

제 9 장 지질 분석

9.1 유지 분석

9.1.1 유지의 분리

원 리

동·식물 원료로부터 유지를 분리하는 방법으로는 추출법, 용출법, 압착법 등이 있다. 추출법은 에테르 등의 유기용매로 유지를 추출하는 방법이며, 용출법은 원료를 가열하여 유지성분을 용출해내는 방법으로 열을 직접 가하는 전취법과 물을 가하여 가열하는 자취법 등이 있다.

방 법

1. 돼지기름의 분리 – 전취법

돼지고기 100 g을 잘게 썰은 후 증발접시에 넣어 중탕 가열하면 유지성분이 용출되는데 라드 약 35 g을 얻는다.

2. 정어리 기름의 분리 – 자취법

정어리 100 g을 1 cm 정도의 둥근모양으로 자른 후 증발접시에 넣고 증류수 20 mL를 가한 후 가열한다. 용출된 유지성분을 분액깔대기에 옮겨 물층과 분리한 후 무수황산나트륨을 가하여 중탕 가열한 다음 여과하면 투명한 황갈색의 정어리유 약 5 g을 얻는다.

3. 대두유의 분리 – 추출법

대두 100 g을 40℃에서 1시간 정도 가열하여 건조한 후, 분쇄한 다음 이것을 냉각기가 달려 있는 플라스크에 넣고 에탄올 : 에테르(3 : 1) 혼합용액 200 mL를 가하여 1시간 동안 중탕 가열하여 추출한다. 이 추출액에 무수황산나트륨을 가하여 탈수하고 여과한 후 용매를 증류하여 제거하면 대두유 약 15 g을 얻는다.

9.1.2 유지의 알칼리 가수분해(비누화 반응)

원 리

유지는 알칼리로 가수분해되어 지방산과 글리세롤로 된다(비누화 반응). 유지의 비누화 반응에서는 지방산의 Na염(또는 K염), 즉 비누가 생성된다. 비누는 물에 녹지만, 그 수용액에 과량의 NaCl을 가해주면 석출된다(염석법). 지방산의 Mg염 또는 Ca염은 물에 녹지 않아 비누를 센물에 풀면 비누 덮개가 형성된다.

시약과 기구

1. 시료
   동물성 유지 : 라드, 버터
   식물성 유지 : 올리브유, 콩기름
   지방산 : 스테아르산, 올데산
2. 10% 알코올성 KOH 용액
3. 진한 염산
4. 페놀프탈레인의 1% 에탄올 용액
5. 0.1N NaOH
6. 5% $MgCl_2$
7. 5% $CaCl_2$
8. 5% 초산납

방 법

1. 유지의 비누화

시험관에 식물성 유지를 소량 넣고, 유지가 충분히 덮일 정도로 알코올성 KOH 용액을 가한다. 약 1분 동안 가열한 다음, 증류수 10 mL를 넣고 3~5분 동안 더 끓인 후 냉각시킨다. 진한 염산을 소량 떨어뜨려 용액을 산성화시킨다. 지방산을 분리하여 다른 시험관에 넣고 소량의 물과 함께 가열하면서 0.1N NaOH를 조금씩 가하여 지방산을 완전히 용해시킨다.

2. 비누의 성질

두 시험관에 이 비누용액 2 mL와 동량의 증류수를 따로 넣고, 올리브유 2방울씩을 각각 떨어뜨려 흔들어 에멀젼 상태를 비교한다. 비누용액 2 mL를 진한 염산으로 산성화시킨 후 생기는 현상과 NaCl을 포화될 정도로 가하여 비누가 염색되는 현상을 관찰한다. 비누용액 2 mL에 각각 5% $CaCl_2$, $MgCl_2$ 그리고 초산납 용액을 2~3 방울씩 가하여 불용성 침전현상을 관찰한다.

3. 유리지방산 시험

스테아르산 또는 올레산의 에테르 용액에 2~3 방울의 페놀프탈레인 용액을 가한 0.1N NaOH 용액을 한 방울씩 떨어뜨려 주면서 색의 변화를 관찰하며 버터와 올리브유에 대해서도 동일한 실험을 실시한다.

9.2 지질의 정성 반응

9.2.1 아크로레인(Acrolein) 반응

원 리

글리세롤을 $KHSO_4$와 함께 가열하면 탈수반응이 일어나서 특이한 냄새를 가진 아크로레인(아크릴알데히드)이 생성된다. 글리세롤의 에스테르를 $KHSO_4$와 함께 가열하여도 아크로레인이 생성된다.

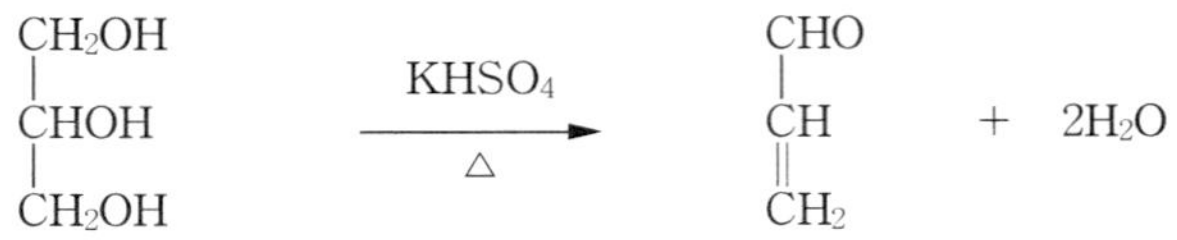

글리세롤 아크로레인

시약과 기구

1. 시료 — 버터, 식물성 유지, 스테아르산, 글리세롤
2. $KHSO_4$
3. 3% $AgNO_3$
4. 2N 암모니아수

방 법

시료 1 g(1 mL)에 대해 $KHSO_4$ 0.5 g을 취하여 시험관에 가하고 230℃ 정도까지 천천히 가열하면 흰 연기가 발생한다. 3% $AgNO_3$ 용액 소량을 넣은 시험관에 2N 암모니아수를 한 방울씩 떨어뜨려 생성된 침전이 사라질 때까지 암모니아수를 가한다. 이 용액을 묻힌 거름종이를 아크로레인 기체가 있는 시험관 입구에 놓으면 흑색으로 변한다.

9.2.2 지방산 검출 반응

원 리

지방산을 검출하려면 지방산의 에스테르, 무수물, 염화물, 아미드 등에 히드록실아민(NH_4OH)을 작용시키면 히드로삼산(hydroxamic acid)을 생성하며 여기에 염화 제이철을 작용시키면 적갈색 또는 암자색으로 발색하는 성질을 이용한다.

$$RCOOH + SOCl_2 \rightarrow RCOCl + SO_2 + HCl$$

$$RCOCl + NH_2OH + 2NaOH \rightarrow RCO(NHONa) + NaCl + 2H_2O$$

$$RCO(NHONa) + HCl \rightarrow RCO(NHOH) + NaCl$$

$$3RCO(NHOH) + FeCl_3 \rightarrow 3HCl + Fe[RCO(NHO)]_3$$

방 법

지방산을 도가니에 미량 취하여 여기에 $SOCl_2$ 2방울을 가하여 용액이 알칼리성이 될 때까지 리트머스 시험지로 조절하면서 1N NaOH 에탄올 용액을 가한 다음 가열반응시킨다. 0.5N HCl 에탄올 용액을 여러 방울 가하여 산성화한 후 염화 제이철의 1% 용액을 가하면 적갈색을 나타낸다.

히드록실아민 0.2g을 1.5mL의 메탄올에 용해시키고 별도의 도가니에 수산화칼슘 0.2g을 1mL 메탄올에 용해한 후 이 두 용액을 혼합시키면 염화칼륨의 백색침전이 생성된다. 혼합액을 5분 동안 차가운 물에 냉각시켜 염화칼륨을 여과한다. 이 여과액을 위의 도가니 중의 지방산 염화물에 가하여 잘 흔들어 반응시킨다. 이것을 0.5N HCl 메탄올 용액으로 약산성이 되게 한 다음 1% 염화 제이철을 가하면 적갈색을 나타낸다.

9.3 조지방의 정량

9.3.1 Soxhlet 추출법

원 리

식품중의 지질의 정량은 에테르 등의 유기용매에 용해하는 물질의 양을 측정하여 구할 수 있다. 이러한 유기 용매에 용해하는 물질은 지방 이외에 색소류, 납(wax), 알칼로이드(alkaloid), 유기산의 일부가 함유되어 있으므로 일반적으로 조지방(crude fat) 또는 에테르 추출물(ether extract)이라 한다. 유지를 대량으로 얻는데는 유기용매를 쓰는 추출법과 압착법이 이용되고 있다.

일반적으로 속실렛(soxhlet) 추출기라는 연속 추출장치를 사용하여 유지를 추출하며 시료 속에 들어 있는 조지방 양을 정량한다.

시약과 기구

1. 시료 — 쌀가루(밀가루 또는 분유)
2. 에테르

3. Soxhlet 추출기
4. 원통여지
5. 탈지면
6. 인큐베이터
7. 데시케이터

방 법

2~3 g 정도의 시료를 추출골무 속에 채워 넣고, 그 표면을 탈지면(약솜)으로 덮어 Soxhlet 추출기 속에 세워 놓는다(그림 9-1). 먼저 데시케이터 속에 넣어 둔 추출기의 플라스크 무게를 측정해 둔다. 추출기의 동체 속에 에테르를 70 mL 정도 천천히 흘려 넣어 추출골무가 2/3 정도 잠기게 한다. 한편 플라스크에도 다공성 사기 조각과 함께 에테르를 2/3 정도 넣고 동체에 연결하고 마지막으로 냉각기를 붙여 40~50℃의 물중탕에서 약 15시간 정도 가열한다.

추출기의 연결부분에 에테르 기체가 새어나오는지 여부를 조사하고 가열을 일시 중단하고 다시 가열할 때에는 플라스크에 새 사기조각을 넣는다. 추출이 끝난 후, 플라스크만을 따로 분리하여 에테르를 회수한 다음, 물중탕 위에서 수 분 동안 가열하고 건조기(100℃) 속에서 약 1시간 동안 건조시킨 후 데시케이터 속에서 냉각시킨다.

추출물이 들어 있는 플라스크의 무게에서 빈 플라스크의 무게를 뺀 값이 추출물의 무게에 해당한다.

계 산

$$\text{조지방}(\%) = \frac{W_1 - W_0}{S} \times 100$$

W_0 : 조지방 추출전 플라스크의 중량 (g)
W_1 : 조지방 추출후 플라스크의 중량 (g)
S : 시료 채취량 (g)

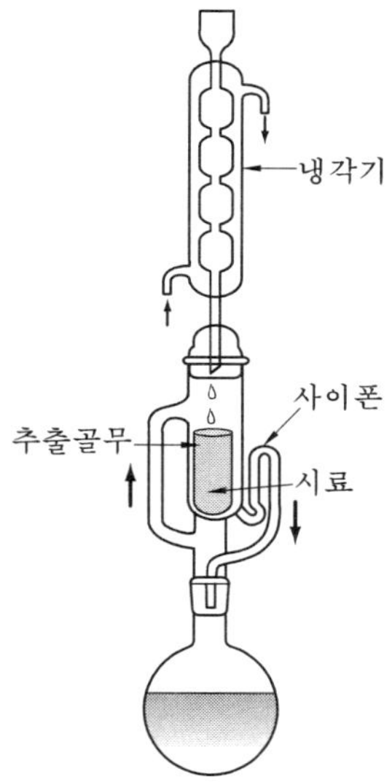

그림 9-1 Soxhlet 추출기

9.3.2 산분해법

원 리

산분해법은 지질이 식품조직 중에 존재하거나 식품성분과 결합한 상태의 시료에 적용하는 방법이다. 즉, 곡류 등 전분입자속의 지질이나 빵처럼 조직 속에 포함된 지질은 에테르추출법인 속실렛(Soxhlet) 법으로 충분히 지질을 추출하기 어렵다. 산분해법은 시료를 HCl(염산)과 함께 가열하여 가수분해함으로써 지질이 유리상태가 되어 추출을 쉽게 하게 한다. 그러나, 산분해법은 인지질이 다량 함유한 식품의 경우, 인지질이 HCl에 의해 지방산과 염기 부분으로 분해되어 지방산만 추출되어 지질 함량이 낮게 나타낸다. 따라서 산분해법은 곡류, 빵, 생선 및 가공품 등에 적합하며 난류 등 인지질 다량 함유식품은 산분해법보다는 Southgate 법(클로르포름 : 메탄올 = 2 : 1)이 적합하다.

시약과 기구

1. 시료
2. HCl
3. 에탄올

4. 에틸 에테르
5. Dry oven (Incubator)
6. Water bath (수욕)
7. Mojonnier (마조니아) 관
8. Beaker flask (비이커 플라스크)
9. Dessicator

방 법

시료 1g을 비이커에 정확히 칭량하여 취하고 에탄올 2 mL를 첨가해서 유리봉으로 잘 혼합한다(에탄올 첨가는 HCl을 가했을 때 건조시료가 응고되는 것을 방지한다). 이어서 비이커에 HCl 10 mL를 첨가하여 충분히 혼합하고 80℃ Water bath (수욕)에서 30분 동안 가온하면서 가끔 저어 혼합한다(분해가 진행됨에 따라 시료용액은 점차 흑갈색으로 변한다). 실온에서 방냉한 내용물을 Mojonnier(마조니아)관에 옮기고 에탄올 8 mL와 에틸 에테르 25 mL를 가한다. 그 다음, 마조니아관의 뚜껑을 닫고 세로로 30초 동안 흔들어 혼합한 후, 뚜껑을 열어 에테르 가스를 제거한다. 이 과정을 2회 반복한다. 가스를 제거하고 뚜껑을 열어둔 채로 1～2분 정치시키면 에테르층과 물층(흑갈색)으로 분리된다. 분리가 끝나면 마조니아관을 기울여 상층에 있는 에테르층만을 기울여 깔대기로 분리하여 미리 항량을 구하여 둔 비이커 플라스크(W g)에 붓고 80℃의 수욕상에서 가온하여 에테르혼합액을 충분히 유거시킨 다음, 비이커 플라스크를 100～105℃의 건조기속에 1시간동안 건조시킨 후, 데씨케이터(dessicator)에 방냉하여 칭량한다(W_1 g).

계 산

$$\text{조지방함량 (\%)} = \frac{W_1 - W}{S} \times 100$$

W : 비이커플라스크의 항량 (g)
W_1 : 추출 건조후의 비이커 플라스크의 중량 (g)
S : 시료채취량 (g)

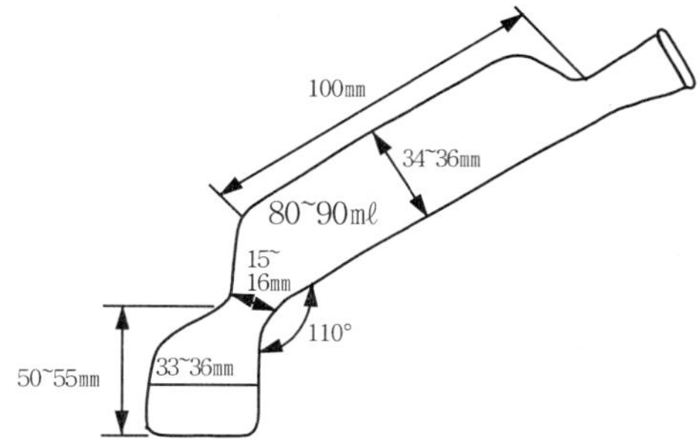

그림 9-2 Mojonnier tube

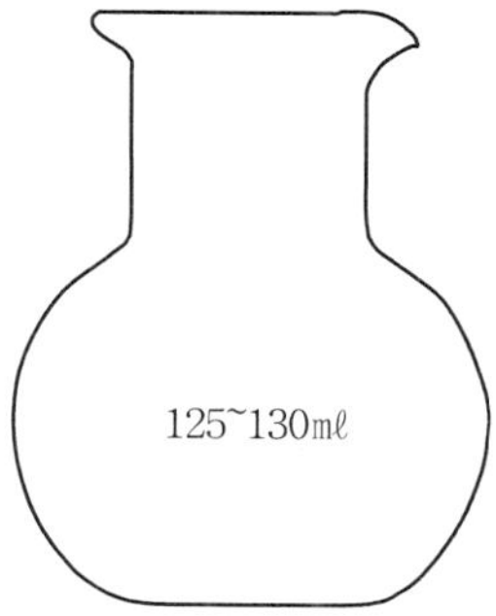

그림 9-3 비이커플라스크

9.4 지질의 물리적 시험법

9.4.1 비 중

원 리

지질의 비중은 그 지질을 구성하는 지방산에 영향을 받으며 분자량이 작을수록 불포화지방산을 많이 함유할수록 커지므로, 지질의 종류나 건성유와 불건성유의 판별과 정제도 등의 판정지표들 중의 하나로 활용된다. 천연 유지의 비중은 15℃에서 0.91～0.95의 범위에 있다.

방 법

온도계가 부착된 비중병을 중크롬산 용액으로 충분히 세척하고 건조시켜 그 무게를 측정한다(W). 비중병의 마개와 뚜껑을 빼고 시료를 넣은 후 25℃보다 1～3℃ 낮게 하고 거품이 남지 않도록 마개를 막는다. 항온수조에서 천천히 온도를 올려 온도계가 25℃를 나타낼 때(30분 이상) 넘쳐 나오는 시료를 제거하고 바깥면을 마른거즈로 잘 닦아내고 말린 다음 그 무게를 측정한다(W_1). 시료대신 증류수를 비중병에 넣고 동일한 실험을 수행한 뒤 그 무게를 측정한다(W_2)(그림 9-4).

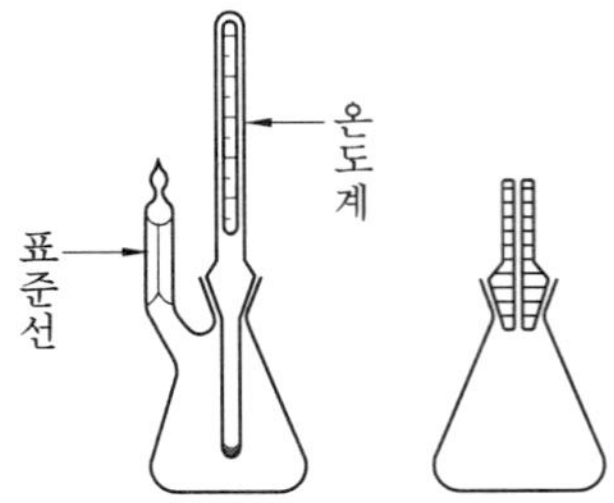

그림 9-4 비중병

계 산

$$\text{비중}(d) = \frac{W_1 - W}{W_2 - W}$$

9.4.2 점 도

원 리

점도는 유지류의 판정, 평가 및 중합도 측정의 수단으로 이용되며 액체의 내부 마찰 또는 유동에 대한 저항의 정도이다. 일정량의 액체가 모세관을 흘러내리는 시간을 측정하여 결정한다. 야자유의 점도가 가장 낮으며 불포화도가 높을수록 점도는 감소된다.

측정 방법의 종류로는 Gordner Hoedt법, Redwood법, Engler법, Ostwald법 등이 있으며 여기서는 Ostwald법으로 설명하고자 한다.

방 법

Ostwald 점도계는 유리모세관 점도계 중 가장 간단한 점도계이다(그림 9-5). 날개 A로부터 일정한 용량의 유체를 주입하면 수직평면 C로 들어가며 이 때 모세관은 같은 각도에서 유지시켜야 된다. 유체는 관 C로 통하여 D와 U자형의 관 E로 들어간다.

점도계와 액체가 장치내에서 표준온도에 도달할 때까지 방치된다. 즉, 실험의 온도가 40℃ 부근인 경우는 5분, 100℃ 부근인 경우는 약 10분 정도 방치시킨다. 모세관 F로 통하여 구경 G 속으로 유체를 끌어당기기 위하여 유체가 상부표선 *um*으로 될 때까지 관 B에서 흡인시킨다. 흡인을 멈추면 중력에 의해서 구경 G로부터 모세관 F를 통하여 유체가 흐른다. 이 때 상부표선 *um*으로 되었을 때부터 하부표선 *lm*으로 될 때까지의 시간을 0.1초까지 정확히 측정한다.

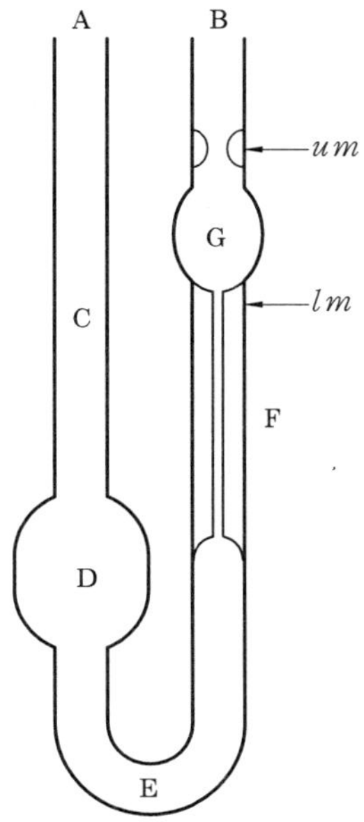

그림 9-5 Ostwald 점도계

계 산

$$\mu = \mu_0 \times \frac{d_1 \cdot t_1}{d_2 \cdot t_2}$$

μ : 시료의 점도
μ_0 : 증류수의 점도
d_1 : 시료의 비중
t_1 : 시료의 유출시간
d_2 : 증류수의 비중
t_2 : 증류수의 유출시간(초)

점도의 단위는 centipoise(CP)로 표시하며 1 CP는 $\frac{0.01\ g}{cm \cdot S}$ 이며 20℃에서 물의 점도는 1 CP이다.

9.4.3 융 점

원 리

동 · 식물 유지는 각 글리세리드, 불검화물 등이 함유되어 일정한 융점을 나타내지 못하므로 용해하기 시작하는 온도와 끝나는 온도를 측정하여 유지의 성질을 나타낸다. 즉 시료가 가열해서 연화 · 유동하기 시작하는 온도인 상승융점과 완전히 투명하게 되는 액체의 온도인 투명융점이 있으며 그 차는 ±1∼5℃ 정도이다. 불포화 지방산이 많은 유지일수록 융점은 낮고 포화지방산이 많은 유지일수록 융점은 높다.

방 법

시료유(정제 에테르 추출물)를 내경 1 mm, 길이 50∼80 mm의 양단이 열린 모세관에 주입해서 10℃ 이하에서 24시간, 또는 얼음 위에서 1시간 방치한 후 실험에 사용한다(그림 9-6).

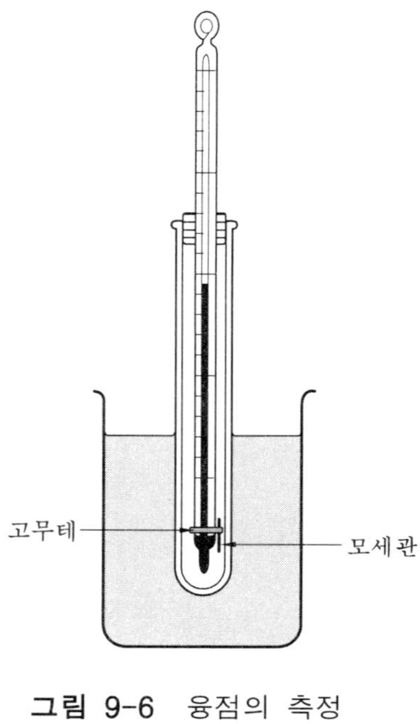

그림 9-6 융점의 측정

이 모세관을 온도계의 수은주와 같은 높이로 고무줄로 밀착시키고 이 온도계를 내경 17 mm, 높이 170 mm의 시험관에 넣어 코르크마개를 한다. 다음에 물을 넣은 비이커에 넣어 중탕시키면서 초기에는 1분에 2℃씩, 융점 10℃ 이하로 된 후에는 1분에 0.5℃씩 상승하도록 가열하고 상승융점과 투명융점을 측정한다. 시료가 수분을 함유하여 완전히 투명하지 않을 때는 시료를 측정전에 무수탄산나트륨으로 탈수하여 여과한 다음 사용한다.

9.4.4 굴절율

원 리

유지의 굴절율은 어느 온도에서 시료 유지에 들어가는 광선의 입사각의 tanθ와 굴절각의 tanθ와의 비를 말한다. 이것은 유지의 물리적 성질 중 중요한 하나로 유지혼합물의 성분결정, 분산, 가열산화의 척도로 이용되며 특히 요오드가와 굴절율은 비례적 관계에 있다. 저급 지방산을 많이 함유한 유지의 굴절율은 낮으며, 산도가 높은 유지의 굴절율은 낮고 가열에 의해 굴절율이 증가한다. 일반적으로 표준파장으로 스펙트럼 D선, 표준온도를 20℃로 해서 굴절율을 측정한다. 측정법으로 Zeiss, Abbe, Goerz 및 Pulfrich-Eintauch 굴절계 등이 있는데 보통 Abbe 굴절계가 많이 사용된다.

방 법

Abbe 굴절계의 프리즘 A, B에 물(온수)를 통하게 하고 20℃(고체 유지인 경우 녹는 온도 이상)에서 A, B를 열고 양면을 에테르로 적신 탈지면으로 적신 다음 건조시킨다(그림 9-5). 시료 수방울을 B에 떨어뜨리고 프리즘을 맞붙여 단단히 조인 후 시료가 장치의 온도로 될 때까지 1～3분 동안 방치한 후 측정한다.

측정시에는 망원경 D의 접안렌즈를 회전하여 상하로 움직여서 X자선을 확실히 볼 수 있도록 조절한 후 반사경 I를 움직여서 광선을 프리즘에 도입한 다음 G를 돌려서 명암의 경계선을 확실하게 만들고 프리즘을 회전하여 명암의 경계선을 X자선의 교차점에 일치시킨다. F를 들여다보고 프리즘의 눈금 E를 정확하게 읽고 (소수점 이하 네자리) G로 H를 180℃ 회전시켜 읽어 그 평균값을 구한다. 이 같은 방법을 수회 반복하여 이들의 평균값을 굴절율로 한다.

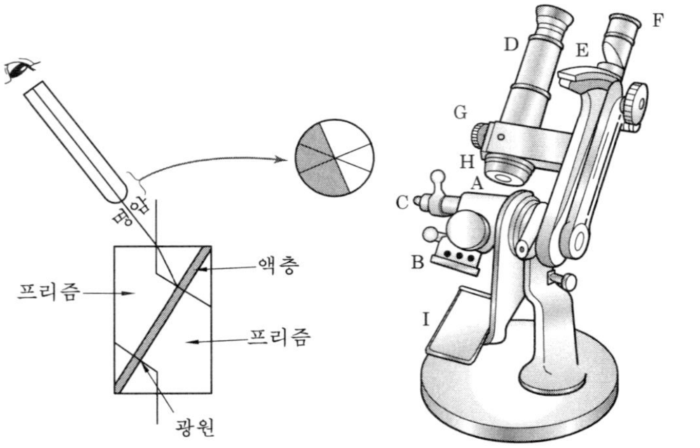

A, B: 프리즘　　C: 온도계 꽂는 곳
D: 관측망원경　　E: 굴절율을 나타내는 눈금
F: E의 눈금을 읽는 확대경　　I: 반사경
G: 명암의 경계선 소색(消色)장치를 회전하는 나사
H: 소색장치의 회전도를 나타내는 눈금

그림 9-7 Abbe 굴절계(우측)와 그 원리(좌측)

9.5 지질의 화학적 시험법

9.5.1 산가(Acid value)

원 리

유지는 오랫동안 저장하는 동안에 공기 중의 산소 및 미생물의 작용을 받아 산패하게 된다. 이 때 불포화지방산의 이중결합에 산소가 첨가되어 과산화물이 생성되며 이것이 분해하여 탄소수가 적은 유리 지방산이 생성된다. 유지 속에 포함되어 있는 유리 지방산의 양은 유지의 품질과 신선도를 나타내는 기준이 된다.

산가(acid value)란 유지 1 g 중에 들어 있는 유리 지방산을 중화시키는 데 필요한 KOH의 mg 수이다.

$$RCOOH + KOH \rightarrow RCOOK + H_2O$$

정제된 식용유의 산가는 보통 1.0 이하이다.

시약과 기구

1. 시료 — 식용유, 버터, 마아가린
2. 유지 용매 — 95% 에탄올과 에테르를 1 : 1 혼합한 용액
3. 페놀프탈레인의 1% 에탄올 용액
4. 0.1N KOH
5. 뷰렛

방 법

시료 1 g을 20 mL의 유지 용매에 녹이고 페놀프탈레인 용액 1 mL를 가하여 잘 섞은 후 0.1N KOH로 적정한다. 용액의 분홍색(미홍색)이 30초간 지속될 때를 종말점으로 한다. 동시에 시료만 가하지 않은 조건에서 동일한 방법으로 바탕시험을 한다.

산가 측정 시 시료 채취량

산 가	0 ~ 5	5 ~ 15	15 ~ 30	30 ~ 100	100 이상
시료채취량(g)	20	10	5	2.5	1.0

계 산

$$\text{산가} = \frac{(V_S - V_B) \times 5.611 \times F}{S}$$

V_S : 본 시험의 0.1 N KOH 용액의 적정소비량(mL)
V_B : 바탕시험의 0.1 N KOH 용액의 적정소비량(mL)
F : 0.1N KOH용액의 역가
S : 시료 채취량(g)

9.5.2 비누화가(Saponification value)

원 리

비누화가(saponification value)란 유지 1 g이 완전히 가수분해 되었을 때 유리

되는 지방산을 중화시키는 데 필요한 KOH의 mg 수이다. 유지의 지방산 성분의 탄소수가 많을수록 유지 1 g 중에 들어 있는 지방산의 분자수는 적기 때문에 비누화가는 유지의 지방산 조성을 비교하는 척도로 이용된다. 즉 비누화가는 유지의 구성 지방산의 분자량에 반비례하므로 저급 지방산 함량이 많은 유지는 비누화가가 크며 고급 지방산 함량이 많은 유지는 비누화가 작다. 보통 유지의 비누화가는 180~200 정도이다.

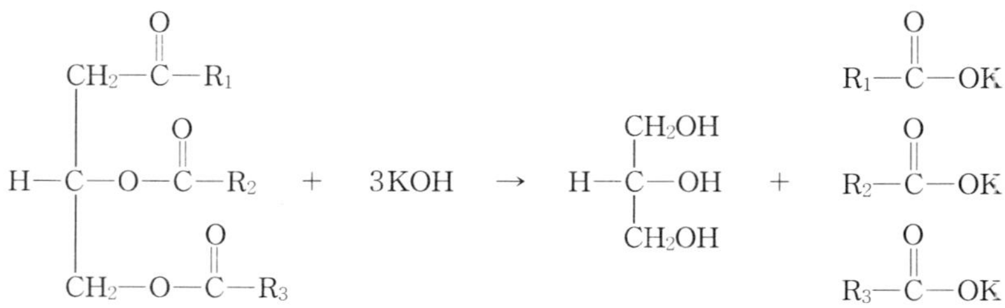

시약과 기구

1. 시료 — 유지(트리스테아린, 면실유, 라아드, 버터)
2. 유지 용매 — 95% 에탄올과 에테르를 동량의 부피로 혼합한 용액
3. 0.5N KOH·에탄올 용액 — 32 g의 KOH를 95% 에탄올에 가열, 용해하여 1L로 만든 용액
4. 환류냉각기
5. 1% 페놀프탈레인의 에탄올용액
6. 0.5N HCl
7. 뷰렛
8. 물중탕(water bath)

방 법

유지 1 g을 3 mL의 유지 용매에 녹여 삼각플라스크에 옮긴다. 0.5N KOH·에탄올 용액 25 mL를 가한 후 환류냉각기를 연결한 물중탕 상에서 30분 동안 가열한 다음 냉각시킨다. 냉각 후, 페놀프탈레인 용액을 지시약으로 하여 0.5N HCl로 적정하여 미홍색이 없어지는 점을 종말점으로 한다. 시료만 가하지 않은 바탕시험을 본시험과 동일한 조건으로 한다.

계 산

$$\text{비누화가} = \frac{(V_B - V_S) \times 28.05 \times F}{S}$$

V_S : 본시험의 0.5 N HCl 용액의 적정소비량(mL)
V_B : 바탕시험의 0.5 N HCl 용액의 적정소비량(mL)
F : 0.5 N HCl 용액의 역가
S : 시료 채취량(g)

9.5.3 요오드가(Iodine value)

원 리

요오드나 브롬은 유지의 불포화지방산의 이중결합에 첨가된다. 요오드가(iodine value)란 유지 100 g에 첨가되는 요오드의 g 수이다. 이 값은 유지의 불포화도를 비교하는 기준이 된다. 요오드가는 유지를 구성하는 지방산의 불포화도에 비례하므로, 요오드가가 높은 유지일수록 유지중에 불포화지방산을 많이 함유한 것이다. 요오드가의 측정은 일정량의 유지를 과량의 브롬과 반응시키고 남은 브롬을 정량하여 요오드의 해당량을 계산한다(브롬대신 일염화요오드(ICl)를 사용하기도 한다). 브롬의 첨가 반응이 끝난 다음, KI를 넣고 유리되는 요오드를 $Na_2S_2O_3$ 용액으로 적정한다.

할로겐은 햇빛에 의해 산화되기 때문에 여분의 브롬(일염화요오드)을 포함하는 플라스크에 햇빛이 쪼이지 않게 주의하고 되도록 빨리 적정한다. 일반적으로 요오드가 130 이상의 유지를 건성유, 100～130을 반건성유, 100 이하를 불건성유로 구별한다.

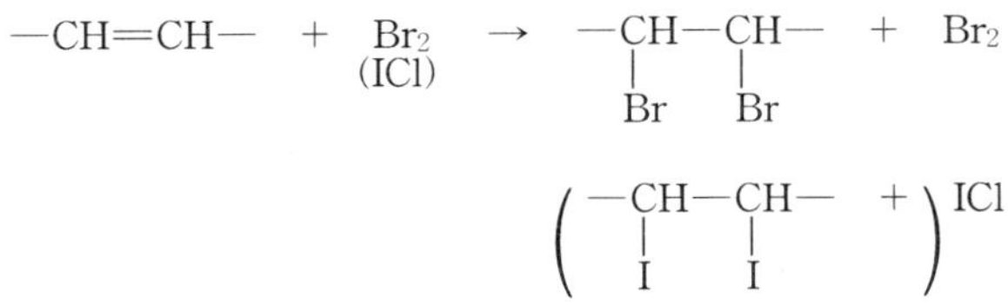

$$Br_2 + 2KI \rightarrow 2KBr + I_2$$

$$(ICl + KI \rightarrow KCl + I_2)$$

$$I_2 + 2Na_2S_2O_3 \rightarrow 2NaI + Na_2S_4O_6$$

시약과 기구

1. 시료 — 올리브유, 면실유, 라아드, 버터(2% 클로로포름 용액)
2. 브롬(2.5% 클로로포름 용액)
3. 1M KI
4. 0.1N $Na_2S_2O_3$
5. 녹말 지시약 — 가용성 녹말의 1% 수용액
6. 뷰렛
7. 피펫

방 법

0.5 g의 유지 시료를 삼각플라스크에 넣고 2%의 클로로포름 용액을 만든 다음, 피펫으로 10 mL의 브롬 용액을 가한다(브롬기체는 유독하므로 피펫을 입으로 빨지 말 것). 플라스크에 코르크마개를 막고 상온에서 20분 동안 방치한 후, 1M KI 용액 10 mL를 넣고 0.1N $Na_2S_2O_3$로 적정한다. 적정의 종말점을 확실히 알기 위해 유리 요오드로 생긴 연한 노란색을 띤 용액에 녹말 지시약 용액 1~2방울을 넣고 푸른색이 없어질 때까지 적정을 계속한다. 녹말의 청남색이 소실되는 점을 종말점으로 한다. 본시험과 병행하여 시료를 가하지 않고 바탕시험을 실시한다.

계 산

$$\text{요오드가} = \frac{(V_B - V_S) \times 0.01269 \times F}{S} \times 100$$

V_B : 바탕시험의 0.1N $Na_2S_2O_3$ 용액의 적정소비량(mL)
V_S : 본시험의 0.1N $Na_2S_2O_3$ 용액의 적정소비량(mL)
F : 0.1N $Na_2S_2O_3$ 용액의 역가
S : 시료 채취량(g)
0.01269 : 0.1N $Na_2S_2O_3$ 용액 1 mL에 상당하는 I_2의 양(g)

9.5.4 과산화물가(Peroxide value)

원 리

과산화물가(peroxide value)란 유지 시료 1 kg에 함유된 과산화물의 mg 당량

수이다. 유지가 산화할 경우 처음에 이중결합에 산소분자가 부가하여 과산화물을 만든다. 과산화물가는 유지의 초기단계에 있어서 산패정도를 나타내는 척도가 되며, 이 값이 높을수록 유지의 산패가 진행된 것으로 식품으로서 부적당한 것이다.

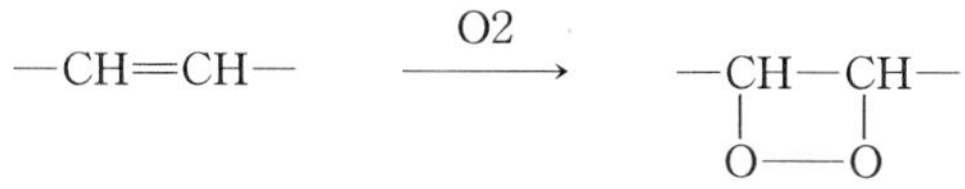

시료에 KI를 가하면 산화물이 KI와 반응하여 I_2가 유리되고 그 I_2의 양을 $Na_2S_2O_3$ 용액으로 적정하여 측정한다.

$$R\text{-}OOH + 2H^+ + 2KI \rightarrow R\text{-}OH + I_2 + H_2O$$

$$I_2 + 2Na_2S_2O_3 \rightarrow Na_4S_4O_6 + 2NaI$$

일반적으로 식물성유지의 경우에는 과산화물가가 60～100 meq/kg, 동물성유지의 경우에는 20～40 meq/kg에 도달하는 시기를 산패발생시기로 간주한다.

시약과 기구

1. 시료
2. 빙초산
3. 클로르포름
4. KI 포화용액 — KI 70 g을 증류수 50 mL에 녹인 용액
5. 1 % 녹말용액
6. 0.01 N $Na_2S_2O_3$ — $Na_2S_2O_3$ 2.58 g을 증류수에 녹여 최종부피가 1 L인용액

방 법

시료 1 g을 삼각플라스크에 넣고 여기에 클로르포름 10 mL를 가하여 녹인다. 이 때 용액은 완전히 투명한 상태가 된다. 이것에 빙초산 15 mL를 가하고 KI 포화용액 1 mL을 가하여 마개를 하고 1분 동안 격렬하게 진탕한 다음 5분 정도 어두운 곳에서 방치시킨다. 여기에 증류수 75 mL를 가하여 마개를 하고 다시 격렬하게 진탕한 후 1 % 녹말용액을 지시약으로 하여 0.01 N $Na_2S_2O_3$ 용액으로 적정한다. 용액의 청남색이 완전히 무색으로 될 때를 종말점으로 한다. 동시에 시료를 가하지 않고 동일한 방법으로 바탕시험을 실시한다.

계 산

$$\text{과산화물가(meq/kg)} = \frac{(V_S - V_B) \times F \times 0.01}{S} \times 1000$$

V_S : 본시험의 0.01N $Na_2S_2O_3$ 용액의 적정소비량(mL)
V_B : 바탕시험의 0.01N $Na_2S_2O_3$ 용액의 적정소비량(mL)
F : 0.01N $Na_2S_2O_3$ 용액의 역가
S : 시료 채취량(g)
1N $Na_2S_2O_3$ 용액 1 mL ≡ 과산화물 1 meq
0.01N $Na_2S_2O_3$ 용액 1 mL ≡ 과산화물 0.01 meq

9.6 콜레스테롤 분석

9.6.1 콜레스테롤의 분리

원 리

유지를 알칼리로 가수분해할 때 검화되지 않고 남아있는 물질을 불검화물질이라고 한다. 스테롤류는 불검화물의 대표적 물질로 물에는 불용이나, 에테르, 알코올 등에는 가용이다. 스테롤의 종류로는 고급 알코올, 탄화수소, 수지, 비타민 A, 식물의 스티그마스테롤, 동물의 콜레스테롤 등이 있다.

중성 유지를 제외한 대부분의 지질은 아세톤에 녹지 않으나, 콜레스테롤만은 아세톤에 비교적 잘 녹는다. 이러한 용해성의 차이는 콜레스테롤의 분리에 이용된다.

시약과 기구

1. 시료
2. 아세톤
3. 95% 에탄올
4. 조직파쇄기

방 법

조직파쇄기에 소뇌 50 g과 아세톤 200 mL를 함께 넣고 1분 동안 파쇄한다. 조직파쇄액을 비이커에 옮겨 넣고, 파쇄기에 묻은 것을 소량의 아세톤으로 씻어 내어, 파쇄액과 합친다. 이 액을 저어주면서 10분 동안 방치한 후 Buchner 깔대기로 감압여과한다. 처진 찌끼기를 다시 파쇄기에 넣고 50 mL의 아세톤을 가하여 파쇄여과하여, 그 여과액을 처음 것과 합친다(남은 찌꺼기를 에테르로 추출하면 레시친과 세팔린을 얻을 수 있다). 감압 농축장치를 사용하여 대부분의 아세톤을 제거한 농축물을 찬물 속에 식혀 석출되는 불순한 콜레스테롤을 Buchner 깔대기로 여과하여 분리한다. 소량의 뜨거운 95% 에탄올 용액에 녹여 용액이 식기 전에 여과한다(여과장치를 끓는 물중탕 위에 올려놓는다). 식은 여과액에서 석출되는 콜레스테롤 결정을 분리하여 공기 중에 건조시켜 수득량을 측정한다.

9.6.2 콜레스테롤의 정성반응

9.6.2.1 Liebermann-Burchard 반응

원 리

콜레스테롤은 진한 황산의 존재 하에서 무수초산과 반응하여 청녹색의 착색물질을 만든다. 이 반응의 자세한 작용기작은 알려지지 않고 있으나, 콜레스테롤의 C-3의 OH기가 에스테르화되는 동시에 분자 내 재배치 반응이 일어나는 것으로 추정된다.

시약과 기구

1. 시료
2. 클로르포름
3. 무수초산
4. 진한 황산

방 법

콜레스테롤의 작은 결정(또는 콜레스테롤을 포함한 유지 0.5 mL)을 클로로포름 1 mL에 녹여 무수초산 1 mL를 가한 후, 0.5 mL의 진한 황산을 조심스럽게 가한다. 처음 적자색에서 점점 자색과 청색으로 되고 결국 청록색으로 변한다. 만일 콜레스테롤이 과량이면 반응이 빨라지므로 색의 변화 관찰이 어렵다.

9.6.2.2 Salkowski 반응

원 리

콜레스테롤의 클로로포름 용액에 황산을 가하면 두 액층의 경계면이 특유한 색으로 착색된다. 이 때 클로로포름층은 푸른빛이 도는 적색에서 앵두색, 결국에는 보라색으로 변하지만 산층은 녹색 형광을 나타낸다.

시약과 기구

1. 시료 — 콜레스테롤을 포함한 유지
2. 클로로포름
3. 진한 황산

방 법

시험관에 소량의 콜레스테롤을 포함한 유지를 넣고 클로로포름 2 mL를 가하여 녹인다. 진한 황산 2 mL를 시험관 벽을 통해 조심스럽게 가하여 두 액층과 그 경계면에 나타나는 색의 변화를 관찰한다.

9.6.3 콜레스테롤의 정량 — Zalktis-zak 비색법

원 리

스테롤류의 정량법에는 여러 가지가 있으나 여기서는 정색시약으로 $FeCl_3$ 용액을 이용한 Zalktis-zak 비색법에 대해 설명한다.

시약과 기구

1. 시료
2. 빙초산
3. 진한 황산
4. 10 % $FeCl_3$ 용액
5. 정색 시약 — $FeCl_3$ 용액을 일정량 취하여 진한 황산을 가해서 100 % 희석한 용액

방 법

콜레스테롤 100 mg(0.1 g)을 빙초산을 가하여 용해시켜 전체 부피가 10 mL로 되게 한다. 시험관에 0.5, 0.4, 0.3, 0.2, 0.1 mL를 취하여 각각 0.5, 0.6, 0.7, 0.8, 0.9 mL의 빙초산을 가한다(이 때 콜레스테롤의 농도는 각각 0.5, 0.4, 0.3, 0.2, 0.1 %가 된다). 여기서 0.1 mL를 취하여 6 mL의 빙초산을 가하여 혼합한 후, 정색 시약 4 mL를 시험관 벽을 따라 경사지게 가하여 두 액층이 되면, 즉시 마개를 막고 시험관의 바닥부분을 잡아 재빨리 혼합시킨다. 실온이 될 때까지 방냉한 후 560 nm에서 흡광도를 측정하여 표준곡선을 작성한다. 다음에 스테롤을 0.2 % 함유한 시료액 0.1 mL를 취하여 위와 동일한 방법으로 발색, 비색한다.

제 10 장
회분과 무기질 분석

10.1 회분 분석

10.1.1 회분 정량

원 리

식품분석에서 회분(ash)이란 식품을 태우고 남은 재이다. 따라서 대체로 무기질이라고 생각될 수 있으나 대부분의 식품에서 무기질인 염소는 일부 또는 대부분이 회화시에 소실되기 때문에 실제로 식품을 태워 남은 재를 무기질로 인정할 수 없다. 또한 두류, 야채류, 해조류 등의 회분에는 유기질인 탄산이 다량 함유되어 있다. 이처럼 잔회의 성격은 식품의 종류와 회화조건에 따라 변하기 때문에 무기질의 정량은 어려우며, 식품의 회분은 대략 무기질과 거의 같다고 간주한다.

시료를 사기도가니에 넣고 550～600℃(도가니의 밑바닥이 짙은 적색으로 가열되었을 때의 온도)에서 회분화시킨다. 회분화 온도가 지나치게 높을 경우, 알칼리금속의 염화물들은 휘발되며 또한 회분화 온도가 낮을 경우, 유기물의 연소로 생기는 CO_2의 일부는 탄산염의 형태로 회분 속에 남게 된다. 그리고 시료의 상태 및 회분화 방법에 따라 회분함량이 달라질 수 있다. 시료를 550～600℃에서 회분화 하였을 때의 회분량은 시료 속의 무기질의 총량을 정확하게 나타내는 것이 아니므로, 이것을 조회분(crude ash)이라 한다.

시약과 기구

1. 시료

2. 사기도가니
3. 전기로

방 법

빈 도가니의 뚜껑을 비스듬히 열어둔 채 전기로 속에서 550～600℃에서 2시간 동안 가열한 후, 데시케이터 속에서 냉각시켜 무게를 측정한다(W_1). 도가니의 무게에 변동이 없을 때까지 이 과정을 반복한다. 이 도가니에 시료 2 g을 넣고 전체 무게를 측정한다(W_2). 시료가 담긴 도가니(또는 증발 접시)를 전기로 속에서 550～600℃에서 가열하여 회분이 백색 또는 회색이 되게 한다. 회분화가 끝나면 데시케이터 속에 넣어둔 후 실온이 되면 그 무게를 측정한다(W_3). 동일한 방법으로 회화, 방냉, 칭량을 반복하여 항량을 구한다(W_0).

계 산

$$\text{회분}(\%) = \frac{W_3 - W_1}{W_2 - W_1} \times 100$$

$$= \frac{W_S - W_0}{S} \times 100$$

W_0 : 용기의 항량(g)
W_S : 회화후의 용기와 회분의 무게(g)
S : 시료 채취량(g)

10.1.2 식품의 산도 및 알칼리도의 측정

원 리

100 g의 식품을 회화시켜서 얻은 회분을 중화시키는데 필요한 1 N의 알칼리 또는 산의 mL 수를 그 식품의 산도(acidity) 또는 알칼리도(alkalinity)라고 한다. 식품의 산도 또는 알칼리도는 식품의 성분 중에서 산을 형성할 수 있는 P, S, Cl 등의 원소와 알칼리를 형성할 수 있는 K, Na, Ca, Mg 등의 금속원소의 상대적 양을 나타내는 하나의 척도이며, 식품의 산·알칼리 균형(acid-base balance)을 측정하는 기준이 된다. 또한 알칼리도를 측정함으로써 식품에 첨가물로 사용된 무기염의 존재를 확인할 수 있다. 식품으로부터 얻은 회분을 일정농도의 산용액에 용해

시켜서 알칼리 표준용액으로 중화시키고 이 때 사용한 알칼리 양으로부터 산도, 알칼리도를 계산한다.

시약과 기구

1. 시료
2. 1 N Na_2CO_3 용액
3. 1 N HCl 용액
4. 0.1 N NaOH 용액
5. 0.1 % 페놀프탈레인 · 에탄올 용액
6. 30 % H_2O_2 용액
7. 전기로
8. 환류 냉각기
9. 수욕(water bath)

방 법

0.1 g의 회분을 함유한 시료(5～10 g)를 도가니에 넣고, 미리 회화중의 무기질의 휘산을 막기 위해서 1 g 당 1 N Na_2CO_3 용액 0.5 mL를 가하여 증발건고 시킨다. 회분정량 때와 같은 방법으로 회화 후 방냉하여 소량의 증류수와 30 % H_2O_2 용액을 가하여 증발건고 시킨 다음 도가니의 바닥이 미적색을 나타낼 때까지 작열한다. 방냉 후 소량의 증류수를 가하여 녹인 다음 식품 1 g 당 1 N HCl 용액 1 mL의 비율로 가하여 녹인다. 삼각플라스크에 용액 및 잔사를 옮기고 환류 냉각기를 부착한 수욕상에서 15분 동안 끓인다. 냉각후 페놀프탈레인 지시약을 가하여 0.1 N NaOH 용액으로 미홍색이 될 때까지 적정한다.

계 산

$$\text{식품의 산도, 알칼리도} = \frac{(A \times F) - (B \times F_1 + 0.1 \times V \times F_2)}{S} \times 100$$

A : 1 N HCl 용액의 사용량(mL)
B : 1 N Na_2CO_3 용액의 사용량(mL)
V : 0.1 N NaOH 용액의 적정소비량(mL)
F : 1 N HCl 용액의 역가

F_1 : 1N Na_2CO_3 용액의 역가
F_2 : 0.1N NaOH 용액의 역가
S : 시료 채취량(g)

계산결과가 +인 경우는 알칼리성 식품으로서 알칼리도로, −인 경우에는 산성 식품으로서 산도로 각각 절대값으로 표시한다.

10.2 무기질 분석

10.2.1 칼슘(Ca) 정량

원 리

식품의 칼슘 함량을 알기 위해서는 그 회분속에 들어 있는 Ca염을 일단 옥살산칼슘($CaC_2O_4 \cdot H_2O$)으로 만들어 그 침전을 분리한 후 회분화시켜 CaO로 정량하거나(건식분석), 옥살산칼슘을 황산으로 처리한 다음 $KMnO_4$ 용액을 써서 적정한다(습식분석). 여기서는 습식분석 방법으로 정량한다.

습식분석 :

$$Ca^{2+} + C_2O_4^{2-} \rightarrow CaC_2O_4 \downarrow$$

$$CaC_2O_4 + H_2SO_4 \rightarrow CaSO_4 + H_2C_2O_4$$

$$5H_2C_2O_4 + 2KMnO_4 + 3H_2SO_4 \rightarrow 2MnSO_4 + K_2SO_4 + 10CO_2 + 8H_2O$$

시약과 기구

1. 시료
2. 황산(진한 황산 1mL + 증류수 25 mL)
3. 5% 옥살산암모늄
4. 암모니아수(진한 암모니아수 2mL + 증류수 98mL)
5. 요소
6. 메틸레드 지시약
7. 0.02N $KMnO_4$ 용액

8. Buchner 깔대기

방 법

2～3 g의 시료에서 얻은 회분을 50～100 mL의 묽은 황산에 녹인 후 그 여과액 40 mL를 비이커에 넣고 메틸레드지시약 2～3방울, 옥살산암모늄 용액 10 mL, 요소 2 g을 가한 다음 천천히 가열한다. 이 때 요소가 분해되어 생긴 NH_3로 인해 용액의 pH가 점차 알칼리성으로 되어 용액의 색이 오렌지색으로 변하면 가열을 중지하고 상온에서 2시간 방치한다. 옥살산칼슘의 침전을 흡인여과하고 30 mL의 묽은 암모니아수로 여러 번 씻어준다. 침전을 70℃의 묽은 황산에 용해시킨 다음 여과하고, 찌꺼기를 묽은 황산 5 mL로 씻어 여과액과 합친다 .이 여과액을 65～80℃로 가온하면서 0.02 N $KMnO_4$ 용액으로 적정하여 칼슘량을 구한다.

계 산

• 시료중의 칼슘(Ca) 함량(Ca mg %) :

$$\text{Ca (mg \%)} = \frac{0.4008 \times F \times V \times D}{S} \times 100$$

V : 0.02 N $KMnO_4$ 용액의 적정소비량(mL)
F : 0.02 N $KMnO_4$ 용액의 역가
D : 희석배수
S : 시료 채취량(g)

10.2.2 인(P) 정량

원 리

시료에서 얻은 회분 중의 인산염을 인몰리브덴산암모늄[$(NH_4)_3PO_4 \cdot 12MoO_3$]으로 만든 다음, NaOH 용액으로 분해시킨다. 이 때 소비된 NaOH의 양으로부터 인의 함량을 구한다. 인의 정량에는 이러한 부피분석법(적정법) 이외에도 비색법 또는 분광광도법 등이 있다.

$$(NH_4)_3PO_4 \cdot 12MoO_3 + 23NaOH$$
$$\rightarrow 11Na_2MoO_4 + (NH_4)_2MoO_4 + NaNH_4 \cdot HPO_4 + 11H_2O$$

23N NaOH 1 mL은 P 30.975 mg에 해당하며, 따라서 0.5N NaOH 1 mL은 P 0.673 mg에 해당한다.

시약과 기구

1. 시료
2. 10% $(NH_4)_6Mo_7O_{24}$ 용액
3. 10% HCl 용액
4. 6% NH_4NO_3 용액
5. 0.5N NaOH 용액
6. 5N HNO_3
7. 0.5N H_2SO_4 용액
8. 50% 에탄올 용액
9. 페놀프탈레인 지시약

방 법

시료 5 g에서 얻은 회분을 10% HCl에 용해시켜 여과한다. 이 여과액을 증발 접시에 넣고 끓는 물중탕(수욕) 위에서 건조시킨 후, 다시 소량의 10% HCl에 용해시켜 여과한다. 이 때 석출된 규산(silicic acid)을 여과, 제거하고 그 여과액을 위와 같은 방법으로 건조시킨다. 이 건조물을 5N HNO_3 용액에 용해시켜 그 여과액에 증류수를 가하여 600 mL가 되게 한 다음, 15 mL의 NH_4NO_3 용액을 가하여 끓이고, 용액을 45℃ 내외로 유지하면서 $(NH_4)_6Mo_7O_{24}$ 용액 5 mL를 가하여 $(NH_4)_3PO_4 \cdot 12MoO_3$을 침전시킨다. 침전을 여과분리한 다음, 처음에는 10 mL의 무수에탄올 용액으로, 두 번째는 0℃로 냉각시킨 50% 에탄올 용액으로 씻고, 침전을 여과종이와 함께 비이커로 옮겨 0.5N NaOH 용액(인함량이 10 mg이내의 경우 15 mL)을 가하여 가열하면서 침전을 용해시킨다. 침전이 완전히 녹은 후, 페놀프탈레인 지시약 2~3방울과 0.5N N_2SO_4 용액을 소량 가하여 용액을 산성으로 한다. 용액을 가열하여 녹아있는 CO_2를 제거한 다음, 0.5N NaOH 용액으로 적정한다.

계 산

- 시료 중의 인(P)의 함량(P mg %) :

$$P\,(\text{mg \%}) = 0.673 \times [F_1(A + A_1) - F_2 \times B] \times D \times \frac{100}{S}$$

A : 침전을 녹이는데 사용한 0.5 N NaOH 용액 부피(mL)
A_1 : 0.5 N NaOH 용액의 적정 소비량(mL)
F_1 : 0.5 N NaOH 용액의 역가
B : 0.5 N H_2SO_4 용액의 첨가부피(mL)
F_2 : 0.5 N H_2SO_4 용액의 역가
D : 희석배수
S : 시료 채취량(g)
0.673 : 0.5 N NaOH 1 mL에 상당하는 P의 양(mg)

10.2.3 철(Fe) 정량

원 리

철의 정량법에는 NH_4OH에 의한 중량법, Fe^{2+}를 $KMnO_4$로 적정하는 용량법, Fe^{2+}와 ortho-phenanthroline 반응을 이용한 비색법 등이 있다. 여기서는 시료에서 얻은 회분을 염산으로 처리한 후 Fe^{2+}의 상태로 환원시킨 다음, $KMnO_4$ 용액으로 적정하는 용량법(적정법)에 대해 설명한다.

$$5FeCl_2 + KMnO_4 + 8HCl \rightarrow 5FeCl_3 + MnCl_2 + KCl + H_2O$$

5 N의 $KMnO_4$ 1 mL은 Fe 5×55.85 mg = 279.25 mg에 상당하므로 0.1 N $KMnO_4$ 1 mL은 Fe 5.585 mg에 상당한다.

시약과 기구

1. 시료
2. 10 % HCl 용액
3. 0.1 N $KMnO_4$ 용액
4. 10 % KCNS 또는 NH_4CNS

방 법

2～3 g의 시료에서 얻은 회분을 10% HCl에 녹인 후 여과한다. 이 여과액을 물중탕(수욕) 위에서 증발건조시키고 다시 소량의 10% HCl 용액에 용해시킨 다음, 여과하여 규산을 제거한다. 여과액에 증류수를 가하여 300 mL가 되게 한 후, 소량의 아연과 10% KCNS 또는 NH_4CNS 용액 2～3방울을 넣고 용액의 빨간색이 없어질 때까지 가열한다. 그 다음, 300 mL의 증류수를 가하여 여과한다. 이 여과액(A mL)의 일정량(B mL)을 취하여 0.1 N $KMnO_4$ 표준용액으로 적정한다. $KMnO_4$ 용액의 색이 30초 동안 유지되는 점을 적정의 종말점으로 한다.

계 산

- 시료 중의 철(Fe)의 함량(Fe mg %) :

$$\text{Fe (mg \%)} = 5.585 \times V \times F \times \frac{A}{B} \times \frac{100}{S}$$

V : 0.1 N $KMnO_4$ 용액의 적정소비량(mL)
F : 0.1 N $KMnO_4$ 용액의 역가
S : 시료 채취량(g)
5.585 : 0.1 N $KMnO_4$ 용액 1 mL에 상당하는 Fe의 양(mg)

10.2.4 염소(Cl) 정량

10.2.4.1 Mohr 법

원 리

식염(NaCl)을 첨가하지 않은 천연식품에서는 항상 Na < Cl이다. 식염정량은 염소(Cl)를 정량하여 식염량을 추정하는 방법을 이용한다. Mohr법은 K_2CrO_4를 지시약으로 한 침전적정으로 염소를 함유한 용액에 K_2CrO_4 용액을 가하고 뷰렛으로부터 $AgNO_3$ 용액을 떨어뜨리면 염소는 전부 AgCl의 백색침전으로 된다.

$$NaCl + AgNO_3 \rightarrow AgCl\downarrow + NaNO_3$$

또한 $AgNO_3$는 K_2CrO_4와 반응하여 크롬산은(Ag_2CrO_4)의 적갈색 침전이 생기므로 적정의 종말점을 알 수 있다(크롬산은은 염화은보다 용해도가 크다).

$$2AgNO_3 + K_2CrO_4 \rightarrow Ag_2CrO_4 + 2KNO_3$$

Mohr법은 간단하여 식품에 널리 적용되나 용액의 pH가 6.5~10.5의 범위가 아니면 오차가 크게 생기는 단점이 있다.

시약과 기구

1. 시료
2. 0.1 N $AgNO_3$ 용액
3. 10% K_2CrO_4 용액

방 법

시료(NaCl 함량이 5% 정도인 식품은 10 g, 10% 식품은 5 g)를 취하여 증류수 20 mL를 가한 다음 균질기(homogenizer) 등으로 마쇄한 후, 최종부피가 100 mL이 되게 한다. 이 시료용액 10 mL를 삼각플라스크에 취하고 10% K_2CrO_4 지시약 1 mL를 가하고 0.1 N $AgNO_3$ 용액으로 적정한다. 처음에는 염화은의 백색침전이 생기고 나중에 크롬산은의 적갈색이 된다. 플라스크를 흔들어주며 질산은을 떨어뜨려 적갈색이 생길 때까지 계속한다.

계 산

• 시료중의 염소(Cl) 함량(Cl mg %) :

$$Cl\,(mg\,\%) = 3.546 \times V \times F \times D \times \frac{100}{S}$$

• 시료중의 식염(NaCl) 함량(%) :

$$NaCl(\%) = 0.00585 \times V \times F \times D \times \frac{100}{S}$$

V : 0.1 N $AgNO_3$ 용액의 적정소비량(mL)
F : 0.1 N $AgNO_3$ 용액의 역가
D : 희석배수
S : 시료 채취량(g)
3.546 : 0.1 N $AgNO_3$ 용액 1 mL에 상당하는 Cl 양(mg)
0.00585 : 0.1 N $AgNO_3$ 용액 1 mL에 상당하는 NaCl 양(g)

10.2.4.2 Vohard 법

원 리

Vohard법은 질산산성의 Cl^- 이온을 함유한 용액에 과량의 $AgNO_3$를 가하여 반응 후 남은 Ag^+ 이온에 Fe^{3+} 이온을 지시약으로 가하여 KSCN 용액으로 적정한 다음 Cl^- 이온의 함량을 구하는 방법이다. $AgNO_3$와 제2철염 질산산성 용액에 KSCN 용액을 떨어뜨리면 AgSCN의 백색침전이 생성된다.

$$Cl^- + \text{과량 } AgNO_3 \rightarrow AgCl\downarrow + NO_3^- + \text{여분 } AgNO_3$$
$$AgNO_3 + KSCN \rightarrow AgSCN + KNO_3$$

이 용액에 과잉의 KSCN이 존재하면 KSCN은 제2철(Fe^{3+}) 이온과 반응하여 적등색의 $Fe(SCN)_6^{3-}$를 생성하므로 적정의 종말점을 알 수 있다.

$$Fe_2(SO_4)_3 + 6KSCN \rightarrow Fe[Fe(SCN)_6] + 3K_2SO_4$$

식품의 경우, 유기물을 분해한 시료를 질산에 녹여 이 적정법을 응용한다.

시약과 기구

1. 시료
2. 10% Na_2CO_3
3. 진한 질산
4. 철명판 지시약 — 철명판[$NH_4Fe(SO_4)_2 \cdot 12H_2O$] 10 g에 증류수 85 mL와 진한 질산 2 mL을 가한 용액
5. 0.1 N $AgNO_3$
6. 0.1 N KSCN

방 법

시료를 2%로 희석한 다음 여기서 10 mL를 삼각플라스크에 취하고 진한 질산 0.5 mL를 가하여 플라스크를 격렬하게 흔들어 주면서 뷰렛으로부터 0.1 N $AgNO_3$ 용액을 떨어뜨린다. $AgNO_3$의 백색침전이 응결하여 투명한 상층액이 생긴 후 소

량을 다시 떨어뜨린다. 이 백탁한 용액에 nitrobenzene 5 mL를 가하면 백탁이 nitrobenzene에 흡착되어 용액은 투명해진다. 여기에 철명판 지시약 1 mL를 가하여 0.1 N KSCN 용액으로 적정한다. 적정의 종말점은 1분 동안 흔들어도 적등색(적갈색)이 소실하지 않는 점으로 한다.

계 산

- 시료중의 염소(Cl) 함량(Cl mg%) :

$$\text{Cl (mg \%)} = 3.546 \times (F_1 V_1 - F_2 V_2) \times D \times \frac{100}{S}$$

- 시료중의 식염(NaCl) 함량(%) :

$$\text{NaCl (\%)} = 0.00585 \times (F_1 V_1 - F_2 V_2) \times D \times \frac{100}{S}$$

V_1 : 0.1 N $AgNO_3$ 용액의 첨가부피(mL, 보통 20 mL)
F_1 : 0.1 N $AgNO_3$ 용액의 역가
V_2 : 0.1 N KSCN 용액의 적정 소비량(mL)
F_2 : 0.1 N KSCN 용액의 역가
D : 희석배수
S : 시료 채취량(g)
3.546 : 0.1 N $AgNO_3$ 용액 1 mL에 상당하는 Cl 양(mg)
0.00585 : 0.1 N $AgNO_3$ 용액 1 mL에 상당하는 NaCl 양(g)

제 11 장
비타민 분석

식품 중의 비타민 정량은 시료가 입수되는 대로 즉시 실시해야 한다. 만일 제조된 시료가 장시간 공기와 햇빛에 노출되거나 구리 등의 금속과 접촉하게 되면 비타민은 쉽게 분해된다. 또한 비타민 분해 효소가 존재할 때에는 이 효소의 작용을 억제 또는 차단시켜야 한다. 비타민 함량은 개체 또는 개체의 부위에 따라 차이가 심하므로 각 시료를 여러 부위에서 많이 채취하여 잘 혼합해서 정량하여야 한다. 과실, 야채 등은 재배, 저장 조건 그리고 채취 조건에 따라 비타민 함량이 달라지므로 주의하여야 한다. 시료를 보존할 경우에는 수분 함량이 적은 시료는 습기, 광선 및 온도 등에 각별히 주의하여야 하며 일반적으로 갈색병에 넣어 냉암소에 보관한다. 수분이 많은 시료는 냉장 상태보다 냉동된 상태에서 보관한다.

11.1 비타민 A의 정량

원 리

식품 중의 비타민 A는 동물성 식품에서 비타민 A 자체로, 식물성 식품에서는 carotene으로 함유되어 있다. 비타민 A는 carotene 등의 프로비타민 A를 포함하며 비타민 A와 carotene은 서로 다른 방법으로 정량한다. 비타민 A는 클로로포름에 녹인 $SbCl_3$(삼염화안티몬의 클로로포름용액)를 가하면 반응하여 청색을 나타낸다. 이 반응을 Carr-Price 반응이라 하며 비타민 A의 비색정량에 이용된다. 이 반응은 발색이 불안정하지만, 비타민 A의 특이적 반응으로 감도가 높다. 식품의 종류에 따라 반응방해 물질을 제거하여야 하며, 시료용액에 소량의 수분이 존재할 때는 정량에 방해가 되기 때문에 탈수시켜야 한다.

시약과 기구

1. 시료
2. 클로로포름
3. $SbCl_3$ 용액 — $SbCl_3$ 20 g을 100 mL의 클로로포름에 용해시켜 갈색병에 밀봉, 저장한다.
4. 1N KOH · 에탄올용액 — KOH 28 g을 소량의 증류수로 용해시킨 후 에탄올로 최종부피가 500 mL가 되게 한다.
5. Na_2SO_4
6. 비타민 A 표준품 — 1 mg에 비타민 A 1 I.U. 함유 물질

방 법

1. 검화 및 추출

시료(비타민 A 200~300 I.U.)를 검화용 플라스크에 넣고 10배 정도의 1N KOH · 에탄올용액과 소량의 아스코르브산(비타민 C) 결정을 가한다. 한쪽 끝을 봉한 모세관 여러 개를 넣고 환류냉각기가 부착된 수욕상에서 80℃에서 30분 동안 가열하여 환류시킨다(그림 11-1). 이것을 냉각한 다음 KOH · 에탄올 용액과 동량의 증류수로 플라스크 혼합물을 분액깔대기에 세척하여 넣는다. 30~40 mL의 에테르로 플라스크를 세척하며 이 세척용액도 분액깔대기에 넣는다. 분액깔대기를 천천히 흔들고 나서 물층과 에테르 층을 나눈다. 물층(하층)을 별도의 분액깔대기에 취하여 에테르 30 mL를 가한 후 흔들어 물층과 에테르층을 분리시켜 에테르층은 앞의 분액깔대기에 옮기고 물층은 다른 분액깔대기에 취하는 조작을 여러번 반복한다. 에테르층에 50 mL의 증류수를 가하여 흔들어 방치한 다음 물층의 제거 조작을 3회 반복한다.

2. 시료 용액의 제조

비이커에 에테르층을 옮기고 여기에 Na_2SO_4 10～15 g을 넣어 저어주면서 에테르층의 물을 제거한다. 이 에테르층을 가지달린 플라스크에 옮겨 에테르를 감압하여 증류, 제거시킨다(그림 11-2). 플라스크 내의 잔유물을 클로르포름 5 mL로 용해시켜 25 mL 메스플라스크에 옮기고 클로르포름으로 플라스크를 여러 번 세척한 후 메스 플라스크에 넣어 클로르포름으로 최종부피가 25 mL이 되게 한다.

3. 표준곡선의 작성 및 측정

표준비타민 A용액을 클로르포름에 용해시켜 각각 1 mL 중에 5, 10, 15, 20, 25 I.U.의 비타민 A를 함유한 클로르포름 용액을 만든다. 이들 표준용액에서 각각 1 mL를 비색계의 cell에 취하여 $SbCl_3$ 용액 5 mL를 가하고 비색시켜 620 nm에서 흡광도(O.D)를 측정한다. 제조한 시료용액 1 mL를 취하여 비색계의 cell에 넣어 표준곡선의 작성처럼 발색시켜 흡광도를 620 nm에서 측정한다.

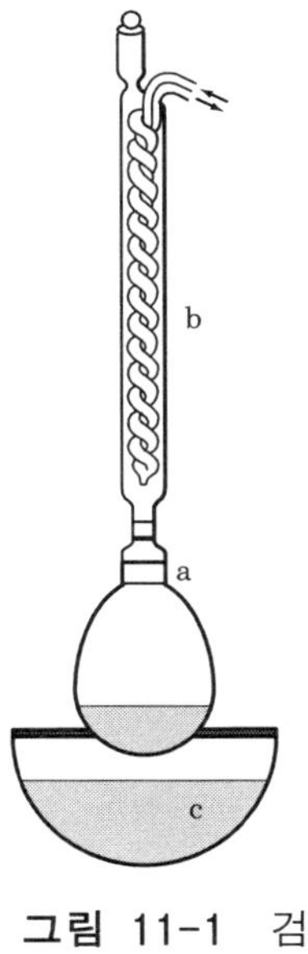

그림 11-1 검화장치

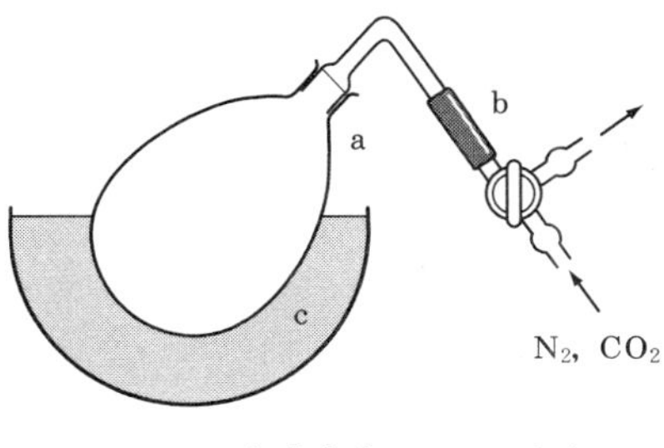

그림 11-2 용매 증류제거장치

계 산

• 식품 100 g 중의 비타민 A 함량(I.U./100 g) :

$$\text{비타민 A(I.U./100 g)} = A \times \frac{25}{S} \times 100$$

A : 표준곡선에서 1 mL 중의 비타민 A(I.U.)
S : 시료 채취량(g)

11.2 β-Carotene의 분리와 정량

원 리

식물성 식품 중에 존재하며 프로비타민 A의 작용을 하는 것은 α-와 β-carotene이 대부분이며 그 외에 cryptoxanthine과 미량의 γ-carotene이다. 이들 중 비타민 A로서의 생리적 작용이 가장 강한 성분이 β-carotene이며 다음 α-carotene은 β-carotene의 50% 정도, cryptoxanthine은 25% 정도의 비타민 A로서의 효력이 있다. 일반적으로 비타민 A의 효력을 나타내는 carotenoid로서 β-carotene을 정량하여 식품 중의 프로비타민 A의 함량으로 나타낸다. 정량에는 우선 시료를 분쇄, 마쇄 혹은 유화해서 에테르와 석유에테르의 혼합액으로 carotene을 추출한다. KOH · 메탄올 용액으로 추출유를 검화하여 불검화물을 석유에테르로 추출하고 석유에테르를 증류제거한 후 n-hexane에 용해시켜 산화알루미늄 크로마토그래피에 의하여 carotene을 다른 색소로부터 분리한다. 이 β-carotene의 n-hexane 용액을 450 nm에서 흡광도를 측정하여 β-carotene 표준물질의 흡광도와 비교 또는 흡광계수로부터 carotene의 양을 산출한다.

시약과 기구

1. 시료
2. 메틸알코올 — 무수메틸알코올 1 L에 $KMnO_4$ 0.5 g, KOH 1 g을 첨가하여 증류한다.
3. 석유에테르
4. n-hexane
5. 에테르
6. 활성화산화알루미늄(알루미나)
7. 에테르 · ligroin 혼합용매 — a : 에테르 5% + ligroin 95%

b : 에테르 25% + ligroin 25%

c : 에테르 50% + ligroin 50%

8. 아스코르브산나트륨 용액 — sodium ascorbate 10 g을 증류수 100 mL에 녹인다.
9. KOH · 메탄올 용액 — KOH 18 g을 증류수 10 mL에 녹이고 무수메틸알코올을 가하여 100 mL로 한다.
10. β-carotene 표준액 — 10 mg β-carotene/100 mL n-hexane
11. 검화장치
12. 용매증류 제거장치

방 법

1. 검화와 침출

① 지방함량이 적은 시료 : 0.1 mg의 β-carotene을 함유한 20 g 이하의 마쇄시료를 석유에테르 100 mL와 에테르 100 mL의 혼합액으로 격렬하게 진탕하여 색소를 추출한다. 추출액을 유리 여과기로 흡인여과하여 잔사를 에테르 20 mL로 여러번 세척하고 세척액과 추출액을 합쳐서 에테르로 일정량을 만든다. 이 추출액의 1/4～1/5 용량(β-carotene 20㎍ 정도)을 취하여 감압하에 용매를 증발시킨다. 잔류분은 n-hexane 10 mL에 용해하여 칼럼크로마토그래피에 건다(그림 11-3).

② 유지가공품, 유제품류 — 마가린, 버터, 분유 : carotene 0.1 mg에 상당하는 5 g 이하의 시료를 검화 플라스크에 취하여 sodium ascorbate 용액 2 mL, KOH · 메탄올 용액 15 mL를 가한다. 이것을 적절히 흔든 다음 냉각제로 메탄올 100 mL를 가하여 검화액을 분액깔대기에 옮기고 검화플라스크는 메탄올 40 mL로 세척하여 검화액과 합한다. 실온으로 내려 석유에테르 100 mL를 가한다. 이 혼합액을 잘 진탕시켜 10～20분 정도 방치하고 석유에테르층을 취하여 다른 분액깔대기로 옮겨서 1/10의 증류수로 세척한다. 세척한 석유에테르를 메스플라스크에 옮기고 석유에테르로 일정용량으로 하여 감압하에서 건고될 때까지 증발시킨다. 그 잔류분을 10 mL의 n-hexane에 용해시키고 이 용액을 크로마토그래피에 건다.

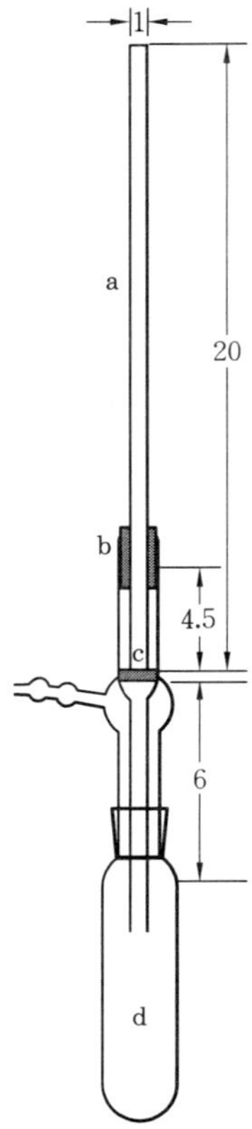

그림 11-3 carotene의 크로마토그래프 장치

2. 크로마토그래피 분리

n-hexane에 용해시킨 10 mL의 시료용액을 칼럼에 유입시키면 carotene은 산화알루미늄층의 상부에 흡착된다. 나머지 시료용액을 세척하여 넣으면서 n-hexane 40 mL를 칼럼에 흘려 넣어 비 흡착물질을 세척하여 제거한다.

- 분획 1 : 혼합용매 *a* 100 mL 용출 — cis형의 β-carotene과 α-carotene 포함
- 분획 2 : 혼합용매 *b* 500 mL 용출 — 전체 trans형의 β-carotene과 α-carotene 포함
- 분획 3 : 혼합용매 *c* 50 mL 용출 — γ-carotene 포함

β-carotene을 포함하는 분획 2를 감압하에서 증발시켜 에테르와 ligroin을 제거하여 잔류분을 n-hexane에 녹여 carotene 농도 20μg/10 mL 정도의 β-carotene 용액을 만든다.

3. 측 정

시료용액을 cell에 취하여 453 nm에서 흡광도를 측정한다. 또는 300 nm에서 500 nm에 이르는 흡수스펙트럼을 측정하고 β-carotene 표준품의 흡수스펙트럼(그림 11-4)과 비교하여 확인한다.

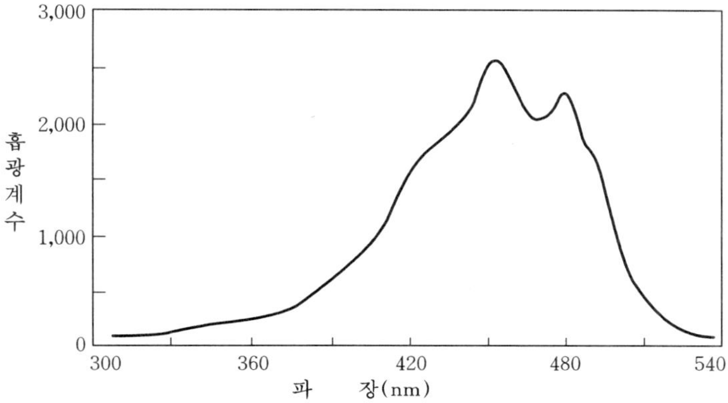

그림 11-4 n-hexane 용액 중의 β-carotene의 흡수스펙트럼($E^{1\%}_{1cm}$)

계 산

$$\beta\text{-carotene의 농도}(\mu g/100\ mL) = E \times \frac{1,000}{2,592}$$

E : 453 nm에서의 흡광도(O.D)

2,592 : 453 nm에서의 β-carotene의 n-hexane 용액의 흡광계수

$$\beta\text{-carotene 함량}(\mu g/100\ g) = C \times \frac{V}{S}$$

C : β-Carotene의 농도

V : 시료 용액의 부피(mL)

S : 시료 채취량(g)

1 I.U. = 1μg/0.6

11.3 비타민 B_1의 정량

원 리

티오크롬(thiochrome) 형광법은 천연물 중의 미량으로 존재하는 비타민 B_1(thiamine)의 함량을 형광도를 이용하여 측정하는 방법이다. 유리하는 비타민 B_1을 알칼리성에서 형광을 나타내는 티오크롬으로 구조를 변화시킨다. 식품 속의 티아민은 다른 성분들과 결합되어 있는 상태로 존재하므로 적절한 처리로 티아민을 유리시켜야 한다. 산성에서 가열하여 비타민을 추출하고 냉각시킨 뒤에 효소처리로 유리형의 티아민을 생성한다. 그 다음 칼럼(column)을 통과시켜 티아민 이외의 비형광물질을 제거하고 티아민을 농축시킨다. 비타민 B_1을 알칼리성에서 $K_3Fe(CN)_6$로 산화하면 청자색의 형광성 물질인 티오크롬이 형성된다. 이것을 이소부틸알코올에 옮겨서 그 형광의 강도를 측정함으로써 비타민 B_1의 양을 결정한다.

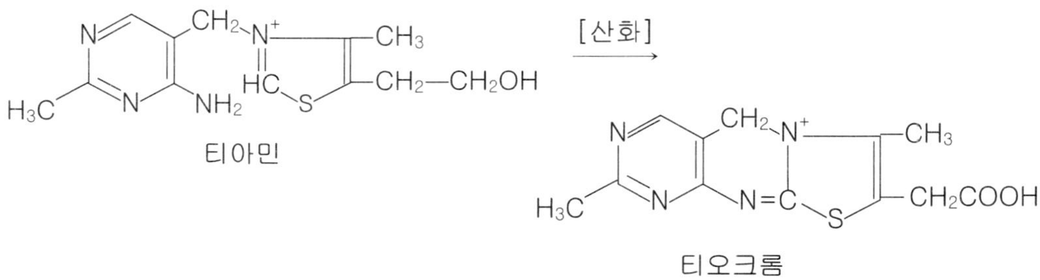

시약과 기구

1. 시료
2. 15% NaOH
3. 산화제 — 1% $K_3Fe(CN)_6$ 4 mL를 15% NaOH와 혼합하여 최종부피가 100 mL이 되게 한다.
4. 이소부틸알코올
5. 티아민 표준용액 — 티아민·HCl을 20% 알코올(pH 3.5~4.3)에 녹여 10μg/mL의 농도가 되게 한다. 이 용액 100 mL에 0.1 N HCl 50 mL를 가하고

100℃에서 30분 동안 가열한 후 냉각시켜 0.1 N HCl 100 mL를 가하여 1μg/mL의 농도가 되게 한다. 유리티아민 함유시료 용액의 농도는 0.2μg/mL로 한다.

6. 0.1 N HCl
7. NaCl
8. 원심분리용 시험관
9. 형광광도계

방 법

1. 시료용액의 제조

시료(1～10 g)에 10배 정도의 0.1 N HCl을 가하고 100℃에서 흔들면서 가열한다. 냉각시킨 후 0.2～5.0μg/mL의 농도가 되게 0.1 N HCl로 희석한다.

2. 산 화

4개의 원심분리용 시험관(A, B, C 및 D)(그림 11-5)에 NaCl 1.5 g을 넣고 시험관 A와 B에는 시료용액 5 mL 씩을, C와 D에는 티아민 표준용액 5 mL를 가한다. 시험관 A와 C에 $K_3Fe(CN)_6$ 용액 3 mL 씩을, 시험관 B와 D에는 15% NaOH 3 mL 씩을 가해 흔들어 준 후 이소부틸알코올 13 mL를 가하여 15초 동안 격렬하게 흔들어 준다. 모든 원심분리관에 이소부틸알코올을 소량 가한 후 2분 동안 흔들어 준 다음 1,000 rpm 정도의 속도로 원심분리한다.

3. 측 정

각 원심분리시험관에 상층액 10 mL를 cell(또는 cubette)에 넣고 티오크롬의 형광을 365 nm와 435 nm에서 측정한다. 원심분리관 A, B, C 및 D의 상층액의 형광을 측정한 것을 각각 A', B', C' 및 D'으로 한다(티오크롬은 자외선으로 분해되기 때문에 재빨리 측정한다).

계 산

$$티아민 \cdot HCl(\mu g/5\ mL) = \frac{A'-B'}{C'-D'}$$

그림 11-5 원심분리시험관

11.4 비타민 B_2의 정량

원 리

비타민 B_2는 리보플라빈(riboflavin) 또는 락토플라빈이라 불리며 우유, 육류, 계란 등에 많이 함유되어 있다. 비타민 B_2는 중성의 물에는 소량 용해되고 강산 또는 알칼리에 잘 용해되며 산성에서는 비교적 안정하나 알칼리성에서는 쉽게 분해된다. 비타민 B_2의 측정방법에는 유리형으로 만든 다음 직접 그 황색의 흡광도를 측정하는 방법과 리보플라빈 자체의 형광을 측정하는 리보플라빈 형광법, 그리고 알칼리성에서 광분해하여 형광도가 강한 루미플라빈(lumiflavin)으로 전환시켜 측정하는 루미플라빈 형광법 등이 있다.

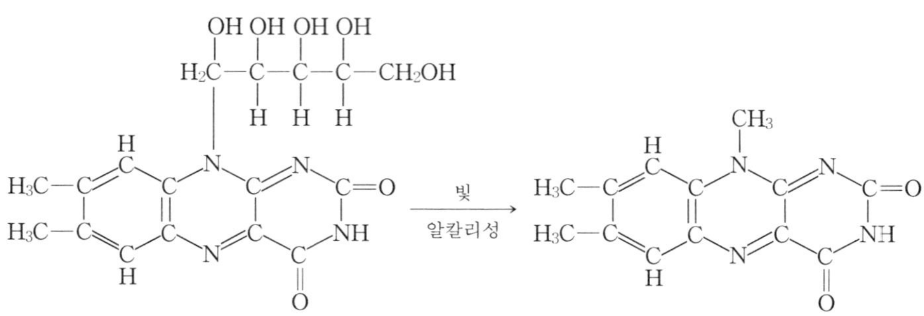

비타민 B_2(리보플라빈) 루미플라빈

루미플라빈 형광법은 루미플라빈을 산성으로 하여 클로로포름으로 추출한 후 클로로포름층의 형광을 측정하여 비타민 B_2의 양을 결정한다. 이 방법은 다른 방법에 비해 감도와 정밀도가 대단히 우수하지만 철의 함량이 높은 식품에서는 철을 제거하는 전처리 과정이 필요하다. 여기서는 루미플라빈 형광법을 설명한다.

시약과 기구

1. 시료
2. 클로로포름 — 형광이 있는 것은 증류, 정제시킨다.
3. 비타민 B_2 표준용액 — 비타민 B_2를 1% 초산으로 100μg/mL의 농도가 되게 하고 이 용액을 1% 초산으로 희석해 0.01μg/mL와 0.1μg/mL의 농도의 표준용액을 만든다.
4. 1N NaOH
5. 빙초산
6. 형광광도계

방 법

1. 시료용액의 제조

시료 0.1～0.5 g에 80℃의 증류수 3～5 mL를 가한 후 80℃에서 3～5분 동안 가열한 후 마쇄한다. 이것을 원심분리관에 넣고 증류수를 가해 20 mL로 하고 15분 동안 80℃에서 가열한 후 냉각시켜서 원심분리시킨다. 상층액을 시료용액으로 사용한다.

2. 광분해

원심분리관 A에는 시료용액 1 mL와 증류수 1 mL를 넣어 바탕시험관으로 하고 B에는 시료용액 1 mL와 표준용액 1 mL를 넣는다. 두 시험관에 각각 1N NaOH 2 mL를 가한 후 광분해시킨다. 광분해시 시료시험관을 담근 물중탕의 상부 또는 주변에 반사경(또는 백지)을 두르고, 형광등(또는 500 W 전구)을 장치한다(그림 11-6). 백열등의 경우에는 전구로부터 20 cm 아래의 시험관들을 30～40분 동안, 형광등의 경우에는 2시간 동안 조사해준다.

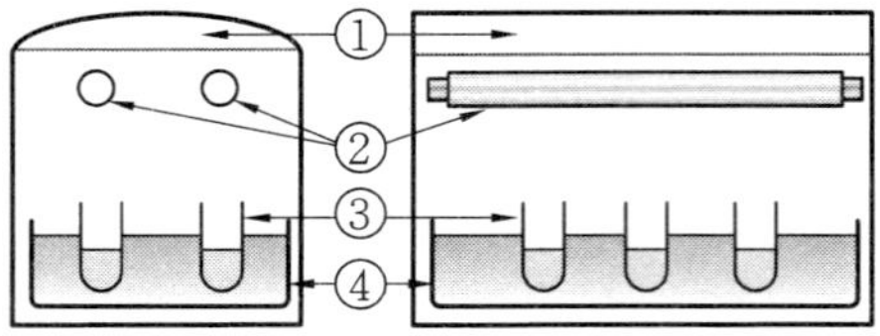

① 반사경 ② 형광등
③ 원심침전관 ④ 수조(원심침전관 스탠드)

그림 11-6 Riboflavin 광분해장치

3. 클로로포름 추출

시험관 A와 B에 빙초산 0.2 mL를 가해서 산성으로 만들고 클로로포름 6 mL씩을 가하여 얼음에서 식히면서 흔들어 준 다음 그 중 5 mL를 cell A'와 B'에 취한다. 어림시험용으로 시료용액 1 mL와 증류수 1 mL를 C에 넣고 빙초산 0.2 mL를 가하여 흔든 후, 1 N NaOH 2 mL와 클로로포름 6 mL를 가하고 흔든 다음, 25 mL를 C'에 취한다. 어림시험용액의 형광이 강한 때는 0.1 N $KMnO_4$ 용액 0.1 ~ 0.2 mL를 가하고 2분 이내에 0.6 mL의 3% H_2O_2 용액으로 탈색시킨 후 추출한다.

4. 형광 측정

Cell A', B' 및 C'을 형광광도계로 측정시의 눈금은 각각 f_1, f_2 및 f_3이다(f_1은 f_2의 1/2 정도, f_1이 f_2에 가까운 값이면 시료용액을 묽힌다).

계 산

$$\text{비타민 } B_2(\mu g\%) = 0.1 \times \frac{f_1 - f_3}{f_2 - f_1} \times \frac{V}{S} \times 100$$

f_1 : 대조(바탕)시험 값
f_2 : 시료용액과 표준용액의 값
f_3 : 어림시험 값
V : 추출부피(mL)
S : 시료 채취량(g)
0.1 : 표준용액 1 mL에 함유된 비타민 B_2의 μg

11.5 비타민 C의 정량

11.5.1 Hydrazine(히드라진) 비색법

원 리

비타민 C는 인체에 필요한 비타민 중 가장 중요시하며 아스코르브산(ascorbic acid)이라고도 불린다. 비타민 C는 영양적인 성분의 중요성 이외에, 그 산화환원반응으로 인하여 항산화제 또는 식품의 보존제 및 안정제 등 중요한 첨가제의 하나로 알려져 있다. 비타민 C의 정량법은 환원형의 아스코르브산과 산화형의 디히드로아스코르브산(dehydroascorbic acid)의 총량을 동시에 측정하는 방법으로 히드라진(hydrazine) 비색법과 형광법 등이 있다. 히드라진 비색법에서 비타민 C를 적당한 산화제로 디히드로아스코르브산으로 전환시키면 이 산화형 비타민 C는 디니트로페닐히드라진(DNP, dinitrophenylhydrazine)과 작용하여 적색의 오사존(osazone)을 형성한다.

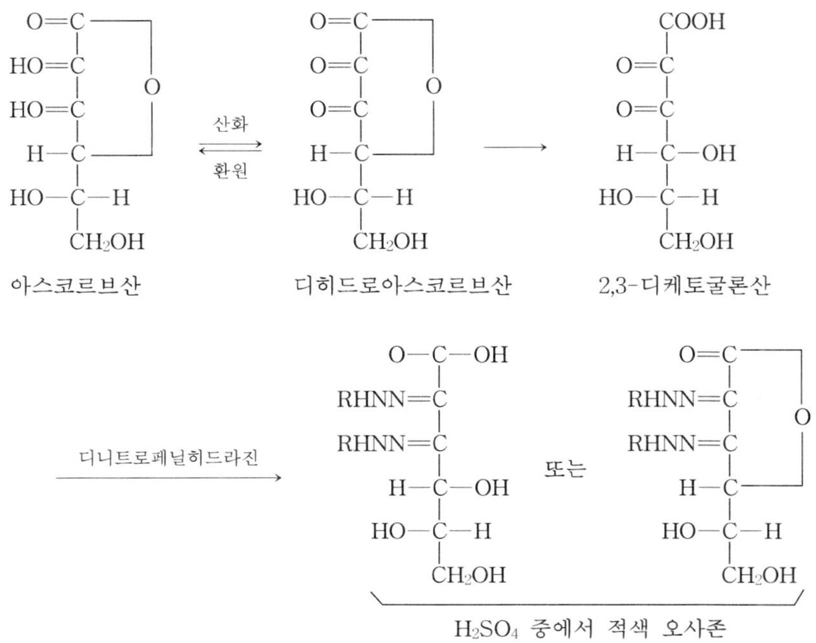

이 오사존에 황산을 가하여 탈수시키면 적색의 부수물인 bis-2,4-DNP로 전환되어 안정한 정색반응을 나타내며 이것을 520 nm에서 흡광도를 측정한다. 시료 중의 비타민 C를 산화시키지 않고 측정하면 이 차이에 의해 산화형과 환원형의 비타민 C의 함량을 측정할 수 있다.

시약과 기구

1. 시료
2. 0.2% 인도페놀(indophenol)용액 — 2.4-dichlorophenolindophenol을 더운물에 녹여 거른다(냉장보관).
3. Thinourea phosphate 용액 — thiourea 2 g을 2% HPO_3(메타인산) 50 mL에 녹인 후 증류수로 100 mL이 되게 한다(사용직전 만들 것).
4. 5% 인산용액
5. 85% 황산
6. DNP 용액 — 2.4-dinitrophenol 2 g을 9N H_2SO_4 100 mL에 녹여 거른 후, 냉암소에 보관한다(2주 정도 사용가능).
7. 비타민 C 표준용액 — 비타민 C 100 mg을 2% HPO_3에 녹여 100 mL로 만든 후 이 용액의 0.25, 0.5, 1.0, 1.5, 2.0 및 2.5 mL를 각각 2% HPO_3로 100 mL가 되게 한다.
8. Clark의 인산염 완충용액(pH 7.0) — 0.2 M KH_2PO_4 5 mL에 0.2 N NaOH 29.6 mL를 섞는다.
9. 분광광도계

방 법

1. 시료용액의 제조

시료 1~10 g에 5배 부피의 5% 인산용액을 가하고 실리카를 넣어 마쇄 후 감압여과시킨다. 찌꺼기를 소량의 증류수로 세척하여 여과액과 세척액을 합쳐서 2% 인산을 함유한 추출용액을 만든다.

2. 산 화

시험관 A, B 및 C에 각각 시료용액 2 mL를 넣고, 각각 총비타민 C 븐석용, 산화형비타민 C 분석용 그리고 바탕시험용으로 한다. A에 0.2% 인도페놀용액 1방울을 가하여 홍색으로 되면 3개의 시험관에 각각 피오우레아 인산용액 2 mL 씩을 가한다.

3. 오사존의 생성

A와 B에 DNP 용액 1 mL 씩을 가하고 37℃에서 3시간 동안 방치한 후 C와 함께 얼음으로 냉각시키면서 3개의 시험관에 각각 85% 황산용액 5 mL를 조심스럽게 첨가하고 혼합한다. C에 DNP 용액 1 mL를 가하고 3개의 시험관 모두 실온에서 30～40분 동안 방치시킨다.

4. 흡광도 측정

비타민 C 표준용액에 대해서 위에 동일한 방법으로 처리하여 510～540 nm에서 흡광도를 측정하여 표준곡선을 만든다. 시료용액의 경우, C를 바탕시험(대조시험)용액으로 하여 A와 B의 흡광도를 측정한다.

계 산

$$\text{총 비타민 C 함량(mg\%)} = C_1 \times \frac{V}{2 \times S} \times 100$$

$$\text{산화형디히드로아스코르브산 함량(mg\%)} = C_2 \times \frac{V}{2 \times S} \times 100$$

아스코르브산 함량(mg%)

= 총 비타민 C 함량(mg%) − 산화형 디히드로아스코르브산함량(mg%)

C_1 : 표준곡선의 비타민 C의 양(mg, 총 비타민 C의 경우)

C_2 : 표준곡선의 비타민 C의 양(mg, 산화형비타민 C의 경우)

V : 시료용액 총부피(mL)

S : 시료 채취량(g)

11.5.2 Indophenol(인도페놀) 적정법

원 리

비타민 C는 알칼리로 쉽게 산화되며 금속이온들이 촉매작용을 하므로 분석공정은 낮은 pH 또는 킬레이트제의 존재하에 실행한다. 인도페놀 적정법에서는 아스코르브산이 색소인 2,6-디클로로페놀인도페놀에 의해 산화되어 디히드로아스코르브산으로, 색소는 환원되어 무색으로 된다. 이 색소용액에 비타민 C액을 적정하여 용액의 적색이 소실되는 점을 종말점으로 하고, 색소의 적정부피로부터 비타민 C의 함량을 구할 수 있다. 색소는 중성에서 청색이나, 산성에서는 적색이 된다.

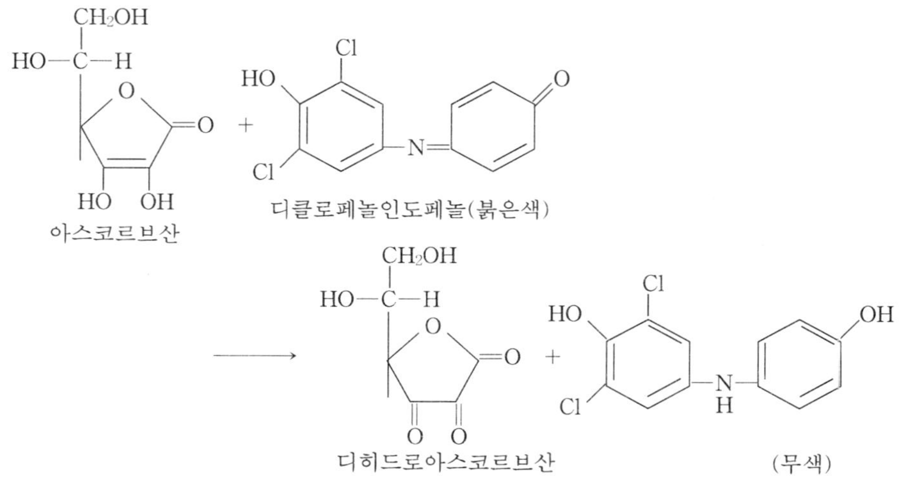

시약과 기구

1. 시료
2. 2,6-Dichlorophenolindophenol 용액 — 2.6-디클로로르페놀인도페놀 0.1 g을 증류수 195 mL에 용해시킨 후 Clark의 인산염용액(pH 7.0) 5 mL를 가해 섞어 갈색병에 보관한다(1주일 정도 사용가능).
3. 1% 옥살산
4. 아스코르브산 용액 — 아스코르브산의 농도가 0.5 mg/mL가 되게 1% 옥살산용액에 녹인다.
5. 막자사발

방 법

1. 시료용액의 제조

• 과일 : 과일을 압착하여 과즙을 만들고 가제로 거르고 이 거른액 5 mL(5 g)에

1% 옥살산으로 희석하여 50 mL로 만든다.

• 야채류 : 5 g의 야채를 1% 옥살산용액 10～15 mL와 함께 막자사발에 넣고 파쇄한 후 여과한다. 찌꺼기에 10～15 mL의 1% 옥살산 용액을 가해 여과한 후 여과액을 더하고 증류수를 추가하여 50 mL로 만든다.

• 열처리 시료용액 : 야채류 5 g을 증류수와 함께 비이커에 넣고 조리시간처럼 가열한다. 가열한 야채에 1% 옥살산용액을 소량 가하여 파쇄하고 파쇄액을 여과하여 50 mL로 만든다.

2. 적 정

• 색소표준용액 : 2,6-디클로르페놀인도페놀 용액 2 mL를 아스코르브산 용액으로 적정하여 색소용액 1 mL에 의해 산화되는 아스코르브산의 mg 수를 정하며 색소의 붉은색이 소실될 때를 종말점으로 한다.

• 시료용액 : 2 mL의 색소용액을 비이커에 넣고 각 시료용액으로 적정한다. 색소표준용액의 적정에서 얻은 값과 비교하여 시료용액 속의 아스코르브산 함량을 구한다.

계 산

$$\text{아스코르브산 함량(mg/g)} = \frac{A \times B}{C \times D}$$

A : 색소의 사용부피(mL)

B : 색소 1 mL에 의해 산화된 아스코르브산의 양(mg)

C : 시료용액의 적정부피(mL)

D : 희석배수(시료용액 1 mL에 해당하는 시료량, g)

11.6 비타민 D의 정량

원 리

식품중의 비타민 D의 정량은 대단히 어려운데 이는 식품 중에 포함된 비타민 D의 함량이 극히 적거나, 비타민 D의 정량을 방해하는 물질인 비타민 A, E, carotenoid, sterol류 등이 다량 존재하여 이들의 복잡한 제거과정을 거쳐야 하기 때문이다. 또한 비타민 D에 선택적으로 반응하는 특이적인 정색(정성)반응이나 감응장치 및 검출기가 없어왔다. Nield 시약(acetyl chloride를 포함한 $SbCl_3$의 클로로포름 용액)을 사용하는 비색법도 공존하는 비타민 A, carotenoid, sterol류 등이 정색반응을 하여 정량을 방해하고 이들의 제거과정도 매우 복잡하다. HPLC(High Performance Liquid Chromatography)의 급속한 발전과 함께 비타민 D도 HPLC로 미량으로 간단하고 신속히 정량할 수 있다. HPLC방법으로 100 g 속에 40～50 I.U.(1μg=40 I.U.)의 비타민 D를 포함하는 식품의 분석은 가능하다. 분석원리는 시료를 알칼리로 검화한 후에 불검화물을 벤젠으로 추출하여 벤젠을 제거하고 1단계의 분취형 HPLC에 적용하여 비타민 D획분을 분취한 다음, 2단계의 분석형 HPLC에 의해 얻은 크로마토그램상의 비타민 D의 피크높이를 동일한 방법에 의해 얻은 비타민 D 표준품의 피크높이와 비교하여 정량한다. 여기서는 HPLC방법에 대하여 설명한다.

시약과 기구

1. 시료
2. Acetonitrile(CH_3CN)
3. Hexane
4. Benzene
5. Isopropanol
6. Methanol
7. 알데히드 없는 에탄올 — 에탄올 1 L에 50% KOH 용액 5 mL 및 아연(Zn) 5 g을 가하여 3시간 동안 환류시켜 증류한다.
8. 비타민 D 표준품 — 비타민 D_2(ergocalciferol) 또는 비타민 D_3 (cholecalciferol)
9. Fraction collector
10. HPLC

방 법

1. 검화 및 불검화물 추출

고형시료는 믹서 등으로 잘게 분쇄하여 1～10 g(비타민 D 2 I.U. 이상)을 검화 플라스크에 넣고 10% pyrogallol 에탄올용액 40 mL를 가하여 흔들어 섞고 현탁시킨다. 90%(w/v) KOH 용액 10 mL를 가한 후에 환류 냉각기가 부착된 수욕상에서 30분 동안 가열하여 검화시킨다. 검화가 끝나면 냉각시켜 실온에서 벤젠 100 mL를 가하고 유리마개를 하여 15초 동안 격렬하게 흔들어 섞은 다음 분액깔대기에 옮긴다(침전물은 검화 플라스크에 남긴다). 분액깔대기에 1N KOH 용액 50 mL를 가하여 진탕 혼합한 후에 방치시켜 물층은 버리고 벤젠층에 0.5N KOH 용액 50 mL를 가하여 진탕 혼합시키고 동일한 방법으로 물층을 버리고, 벤젠층을 50 mL의 증류수로 여러 번 세척해서, 세척액이 페놀프탈레인을 지시약으로 한 알칼리반응이 나타나지 않을 때까지 계속한다. 분액깔대기를 수분 동안 방치하여 물을 전부 분리하여 버리고 벤젠층은 여과지로 여과한다.

2. 분취형 HPLC

위에서 얻은 벤젠용액 80 mL를 플라스크에 넣고 40℃ 이하의 온도로 용매를 감압유거한다. 얻은 잔류물에 헥산 5 mL를 가하고 그 중 4.5 mL를 마개가 붙은 시험관에 가하여 감압으로 용매를 유거시킨다. 잔류물에 acetonitrile : methanol (1 : 1) 혼합용액 500μL를 가하여 용해시키고 이 용액 200μL를 취하여 분취형 HPLC에 넣고 fraction collector로부터 비타민 D획분을 분취한다.

- 분취형 HPLC 조건
  - 칼럼 : 7.5 mm × 300 mm
  - 충전제 : Nucleosil 5 C_{18}
  - 이동상 : acetonitrile : methanol(1 : 1)
  - 유속 : 2.0 mL/min
  - 잔류시간 : 16～19 min(비타민 D 획분)

3. 분석형 HPLC

위에서 얻은 비타민 D 획분의 용매를 감압 유거하고 잔류물에 0.4% isopropanol-Hexane 용액 200μL를 가하여 용해하고 이 용액 100μL를 분석형 HPLC에 주입하여 얻은 크로마토그램상의 비타민 D의 피크높이(P_{sa})를 측정한다.

- 분석형 HPLC 조건

  칼럼 : 4.6 mm × 250 mm

  충전제 : Zorbax SIL

  이동상 : 0.4% isopropanol-Hexane

  유속 : 1.6 mL/min

  잔류시간 : 22.8 min(비타민 D)

4. 비타민 D 표준품 처리

비타민 D 표준품(비타민 D_2 또는 D_3)을 에탄올에 용해시켜 4 I.U./mL의 비타민 D 표준용액을 만들어서 이 용액 1 mL에 대하여 앞의 과정을 수행하여 얻은 크로마토그램상에서 비타민 D 표준품의 피크높이(P_{st})를 측정한다.

계 산

- 시료 100 g 중의 비타민 D 함량 :

$$\text{비타민 D 함량(I.U/100 g)} = \frac{P_{sa}}{Pst} \times \frac{C}{S} \times 100$$

P_{sa} : 시료의 비타민 D의 피크높이
P_{st} : 비타민 D 표준품의 피크높이
C : 표준용액의 비타민 D 농도(I.U./mL)
S : 시료 채취량(g)

11.7 비타민 E의 정량

원 리

비타민 E(tocopherol)에는 여러 동족체가 있으며 기본 구조를 가진 것을 tocol이라 하고, 이것의 측쇄에 이중결합이 들어 있는 것이 tocotrienol이다. 이 양자에 몇 개의 methyl기가 붙어 methyl 유도체로 이루어진 것이 tocopherol류이다.

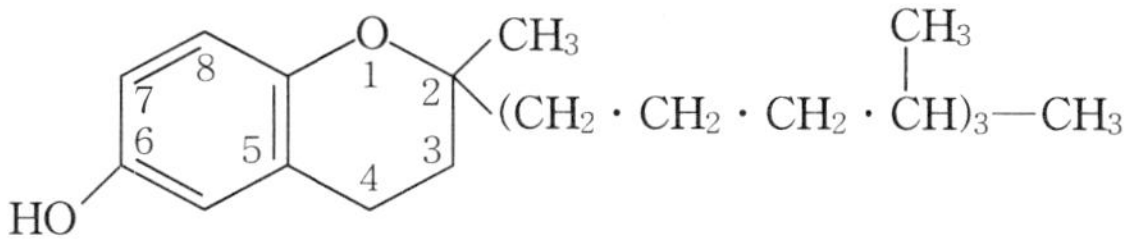

(tocol)

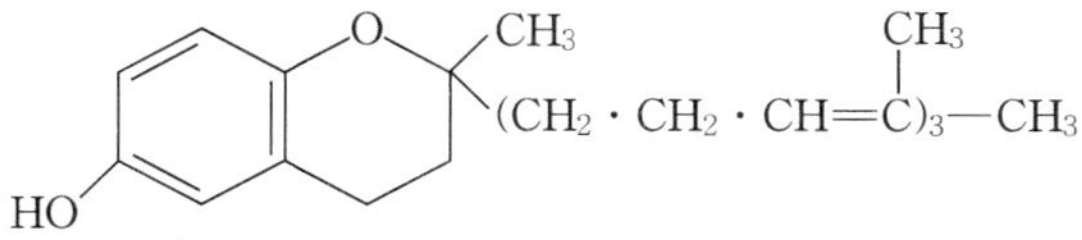

(tocopherol)

Tocol	Methyl기의 위치	Tocopherol	Methyl기의 위치
α-tocopherol	5, 7, 8	δ_1-tocopherol	5, 7, 8
β-tocopherol	5, 8	ε-tocopherol	5, 8
γ-tocopherol	7, 8	ζ_2-tocopherol	5, 7
δ-tocopherol	8	η-tocopherol	7

Tocopherol류의 정량에는 비색법, GC(gas chromatography), HPLC 방법 등이 있다. 여기서는 HPLC 방법에 대해 설명한다. McMurray는 HPLC로 식품시료를 건조, 분쇄한 후에, 이들을 0.1 N HCl을 함유한 에탄올 용액으로 처리한 다음, 에테르로 추출하고 이 추출용액을 KOH로 검화시켜 불검화물을 모아서 이 속에 함유된 토코페롤을 측정한다. HPLC방법은 간편성과 α, β, γ, δ를 분리하는 특성으로 널리 사용되는 정량법이다. 야채, 과일 등의 토코페롤의 측정에서 chlorophyll, carotenoid류는 직접 정량을 방해하지 않으나, 칼럼에 흡착하여 칼럼을 오염시키고 그 기능을 저하시킨다. 이 때는 시료를 검화시키고 불검화물을 모아서 크로마토그래피로 분리하거나 알루미나 칼럼 등을 사용하여 chlorophyll을 제거하고 토코페롤 획분만을 크로마토그래피로 분석한다.

시약과 기구

1. 시료
2. n-hexane
3. Isopropyl ether
4. 6-Hydroxy-2,2,5,7,8-pentamethyl chronann-trimethyl hydroquinon 24 g, isoplein 10 g, $ZnCl_2$ 2.4 g, 빙초산 240 mL, 황산 8방울을 환류냉각기

가 부착된 반응용기 중에서 115~118℃에서 1시간 동안 가열한다. 냉각 후에 얼음물 중에 방치하여 생성된 결정을 여과한 다음 n-hexane을 사용하여 재결정시킨다.

5. HPLC

방 법

식품시료로부터 추출한 지질을 n-hexane으로 용해하고 그 용액에서 1~10μL를 syringe로 HPLC에 주입 분석한다. 또한 이 hexane 용액으로 각 토코페롤 동족체가 50~400μg/mL의 농도로 되게 한다.

- HPLC 분석조건

칼럼 : 2.1 mm × 250 mm

충전제 : Zorbax SIL

이동상 : n-hexane-isopropyl ether(98 : 2)

유속 : 0.9 mL/min

검출기 : 형광검출기(여기파장 298 nm, 흡수파장 325 nm)

표 11-1 토코페롤 동족체의 retention time

토코페롤 동족체	RT(분)	상대 RT
α-tocopherol	9.4	0.64
내부표준물질	14.8	1.00
β-tocopherol	18.8	1.27
γ-tocopherol	22.6	1.56
δ-tocopherol	37.8	2.55

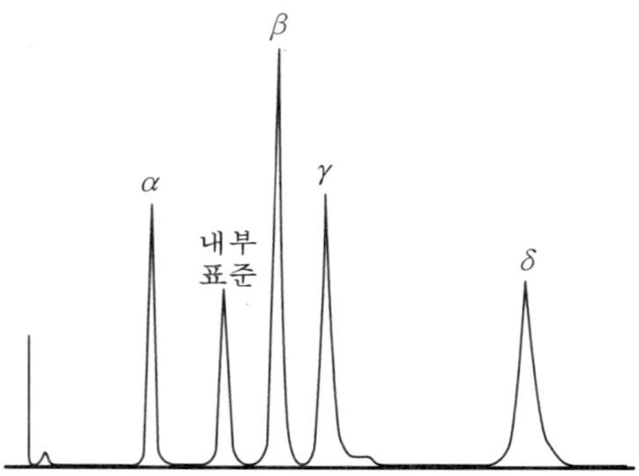

그림 11-8 토코페롤 동족체의 고속액체 크로마토그램

제 3 편

식품재료의 실험

제 12 장
색소 변화 실험

식품은 각기 고유의 빛깔을 갖고 있으며 그 선도에 따라서 빛깔이 다르게 변하므로 식품의 색은 기호적인 요인으로 식욕과 밀접한 관계가 있으며 또한 식품의 신선도, 즉 식품의 품질을 결정하는 하나의 척도가 된다.

천연적색소의 변화는 색소 이외의 다른 성분(vitamin, amino acid, protein, sugars, 향기성분, 정미성분)의 변화를 초래한다. 이처럼 중요한 식품의 색소는 식품의 운반, 가공, 저장과정에서 산소, 광선, 열 등의 여러 요인에 의해서 쉽게 변화하므로 이에 관한 성질을 이해하여 조리, 가공할 때에 천연의 빛깔을 유지하도록 하여야 한다.

색소원설에 의하면 식품의 빛깔을 나타내는 발색단(chromphore)으로는 아조 라디칼(-N=N-), 카보닐 라디칼(=C=O), 에틸렌 라디칼(-C=C-), 니트로 라디칼($-NO_2$), 니트로소 라디칼(-NO), 티오카보닐 라디칼(=C=S) 등이 있으며, 조색단(auxochrome)으로는 -OH 라디칼, $-NH_2$ 라디칼이 있다. 색소성분을 분류하면 다음과 같다.

1. 식품재료에 의한 분류

1) 식물성 색소(plant pigments) : 클로로필(녹색), 카로테노이드(황적색), 플라보노이드(무색, 황색), 안토시아닌(청, 적, 자색), 탄닌(차색)

2) 동물성 색소 : 헤모글로빈(혈색소), 미오글로빈(근육색소), 카로테노이드 색소(연어, 송어), 잔노필(도미), 아스타산틴(새우, 게)

2. 용해성에 의한 분류

1) 지용성 색소 : 클로로필(녹황색), 카로테노이드(황, 황등, 등, 적등, 적, 자적색)

2) 수용성 색소 : 안토시아닌(등적, 적, 적자, 자, 자청, 청색), 안노잔틴(무색, 담황색, 황갈색, 갈색), 탄닌(갈색, 자갈색, 청갈색)

3. 화학구조에 의한 분류

1) tetrapyrrole 유도체 : 클로로필, 헤모글로빈, 미오글로빈(4개의 피롤핵이 서로 메칠리덴 라디칼(-CH)에 의해 결합하고 2중결합이 모두 공액한 구조인 porphin ring을 갖는 물질)

2) 이소프레노이드 유도체 : 카로테노이드(이소프레노이드의 중합체의 골격을 갖으며 다수의 공액 이중결합을 갖는 물질)

3) benzo-α-pyrane 유도체 : 안토시아닌, 플라보노이드

4) 가공색소 : 카라멜, 멜라노이드, 탄닌(식품갈변의 원인물질)

12.1　Chlorophyll(클로로필)

클로로필은 식물의 엽록체(chloroplast) 속에 카로테노이드와 3.5 : 1(어린잎, 홍엽은 카로테노이드나 안토시안이 클로로필보다 많이 함유하므로 황색이나 등적색을 갖는다)의 비율로 존재하는 색소로 광합성을 하며 vitamin-C를 함유하므로 영양적으로 중요하다. 또한 클로로필의 특유의 녹색은 채소류나 과실류의 신선함을 나타내고 또한 식욕을 촉진한다.

클로로필은 녹색 색소로서 단백질과 결합하여 클로로플라스틴, 혹은 필로로클로린이라고 불리우는 색소단백질로 존재한다. 클로로필은 클로로필 a, b, c, d, e 등이 있으며 고등식물에는 클로로필 a와 b의 비율이 3 : 1로 존재한다. 또한 클로로필 a, b는 600 mμ의 분광광도에서 정량할 수 있다. 클로로필의 변화는 다음과 같다.

1. Chlorophyllase에 의한 변색

Chlorophyllase는 클로로필에 존재하는데 식물조직이 손상되면 chlorophyllase가 유리되어 클로로필에 작용하여 피톨 라디칼을 분리시켜 선명한 녹색의 클로로필라이드를 생성한다. 이 때에 알칼리가 존재하면 초록색의 클로로필린이 생성되고 산에 의해서는 갈색의 페어포르바이드가 된다. Chlorophyllase는 불용성의 클로로필을 수용성인 클로로필라이드로 변화시킨다.

2. 산에 의한 변색

1) 채소를 blanching할 때에 60～80℃에서 가장 많이 클로로필이 식물체내의 유기산의 작용을 받아 포르피린에 결합하여 있는 Mg^{2+}가 H^{+} 이온과 치환되어 갈색의 페오피틴으로 변화되고 오히려 100℃에서는 적게 생성된다. 페오피틴은 에테르, 아세톤, 벤젠, 클로로포름에 쉽게 녹는다. 또한 blanching할 때에 소량의 열탕보다도 다량의 열탕을 사용하는 것이 클로로필의 분해가 적으며, 급히 고온으로 가열하는 것이 서서히 가열하는 것보다 클로로필의 분해가 적다. 또한 채소류의 blanching할 때는 냄비 뚜껑을 열고 유리되는 유기산을 휘산시키면 어느 정도 갈변을 방지할 수 있다.

2) 클로로필 a는 클로로필 b보다 페오피틴으로 쉽게 변한다. 페오피틴에 산이 계속 작용하거나 강산이 작용하면 피톨기가 떨어져 갈색의 페어포르바이드가 생성되는데, 그 예로 배추김치나 오이김치의 엷은 갈색은 발효 중 생성된 젖산, 초산에 의한 변색이다.

3. 알칼리에 의한 변색

클로로필은 알칼리($NaHCO_3$, 초목회)와 가열하면 마그네슘은 유리되지 않고 phytyl ester 결합이 가수분해되어 분리되고 선녹색의 클로로필라이드가 생성되는데 이 때에 알칼리 농도와 가열온도를 높이면 메칠에스텔기가 가수분해되어 짙은 청녹색의 클로로필린(수용성 클로로필, 클로로필라이드 a의 Na염, K염)이 된다.

4. 클로로필과 금속의 반응

클로로필은 구리, 철 등의 금속이온이나 그들의 염과 함께 가열하면 클로로필

분자 중의 마그네슘 이온은 금속이온과 치환되어 불용성의 안정한 선녹색의 구리 클로로필, 선명한 갈색의 철클로로필 등을 형성한다. 이들을 진한 알칼리(NaOH)로 가수분해하여 수용성의 구리클로로필린의 Na염으로 만들어 식품 착색제로 이용한다.

녹색채소류의 가공·조리과정 중 생성되는 산에 의해서 녹갈색의 페오피틴에 구리가 첨가되면 페오피틴의 수소이온이 구리이온으로 치환되어 선녹색의 동클로로필이 된다. 이 원리를 이용하여 완두콩 통조림이나 오이김치의 녹석을 보존한다.

5. 기타 클로로필의 변화

지질산화효소에 의한 변색 : 두류 중 완두의 엽록소 탈색은 지질산화효소와 이로 인하여 생성된 리놀산, 산화수소물의 공동작용으로 클로로필이 분해되어 무색의 생성물로 된다.

12.1.1 클로로필의 변화에 대한 실험

시약과 기구

1. 1% 초산용액(CH_3COOH)
2. 1% 탄산수소나트륨 용액($NaHCO_3$)
3. 1% 황산구리 용액($CuSO_4 \cdot 5H_2O$)

방 법

시험관 4개에 녹색의 식물잎을 2조각씩 넣고 상기 시약과 증류수를 5 mL 씩 넣고서 같은 시간 동안 자비시켜 색변화를 관찰한다.

결 과

클로로필의 변화

종 류	CH_3COOH	$NaHCO_3$	$CuSO_4 \cdot 5H_2O$	H_2O	비고
예	황갈색 → 갈색	선녹색	진녹색	갈녹색	
실험					

12.1.2 클로로필의 정량

시약과 기구

1. 분광광도계 : 클로로필 a, b는 600 mμ 부근에서 파장분해 폭 약 3 mμ, cell은 에테르를 사용할 수 있는 기밀공전을 갖춘 유리제
2. 세척관 : 구경 20 mm의 유리관의 한 끝에 이보다 구경이 작은 유리관을 용융접착시키고 그 아래 끝에 작은 구멍을 뚫어 분액여두의 상부 구멍에서 액층 중에 삽입하고 관 속에서 에테르, 아세톤 추출액을 세공을 통하여 액층 속으로 유출시켜 아세톤을 에테르로부터 제거하는데 사용한다.
3. 믹서와 균질기
4. 아세톤
5. 85% 아세톤・에테르혼합액
6. Na_2HPO_4
7. 탄산칼슘($CaCO_3$)
8. 분액깔대기
9. 석영모래

방 법

1. 추출

사용할 유리제품을 Na_2HPO_4 용액으로 세척 후 산을 제거한다. 시료가 건조물일 때는 분쇄하고 생약인 경우는 잘게 썰어서 혼합하여 2~10 g을 칭량하여 유발에서 탄산칼슘 0.1 g과 혼합하여 석영모래를 넣고 갈아 85% 아세톤・에테르혼합액을 넣고 조직이 미세하도록 분쇄한다.

분쇄된 혼합물을 buchner funnel로 흡입여과하고 잔유물을 85% 아세톤으로 씻어 세액을 여액에 합친다. 다시 잔유물을 유발에 넣고 85% 아세톤을 가하고 다시 분쇄하여 여과하고 세척하는 조작을 반복하여 잔유물과 세척액이 녹색이 나타날 때까지 한다. 전 세척액과 여액을 합하여 적당한 용량의 플라스크에 옮겨 넣고 85% 아세톤을 가해 일정량으로 한다.

일정량 중 25~50 mL를 에테르 50 mL를 넣은 제1 분액깔대기에 넣고 혼합시킨 후 주의하면서 물을 지용성의 색소가 분명히 에테르층에 이행할 때까지 넣고 흔들어 혼합하여 정치한 후 물층을 버린다.

제1 분액깔대기의 아래구멍을 세척관 속에 넣고 세척관의 하단은 믈 약 100 mL를 넣은 제2 분액깔대기의 물층 깊이 넣어 둔다. 제1 분액깔대기로부터 에테르 용액을 흘려 떨어뜨리면 용액은 세척관의 선단으로부터 작은 방울이 되어 제2 분액깔대기에 방출되어 아세톤이 물로 제거되어 에테르 용액이 상층에 모인다. 에테르의 유하가 끝나면 제1 분액깔대기 및 세척관을 소량의 에테르로 씻는다.

두 분액여두의 위치를 바꾸고 제2 분액깔대기 중의 물층을 버리고, 제1 분액깔대기에 새로 물 100 mL를 넣고 세척관을 넣은 후 위의 조작을 5~10회 반복하여 완전히 제거한 후 에테르 용액을 100 mL 메스플라스크에 옮기고 에테르를 넣어 녹인 후 일정량으로 하여 시료 용액으로 한다.

12.2 Anthocyan(안토시안)

안토시아닌계의 색소는 딸기, 포도, 가지 등의 과채류와 꽃, 단풍의 빨강색이나 청색 또는 보라색의 수용성 색소로 가공, 저장 중에 쉽게 퇴색(discoloration)되어 식품의 품질을 저하시킨다.

안토시아닌은 배당체로 산, 알칼리, 효소 등에 의해서 가수분해하면 당류(sugars, glucose, galactose, rhamnose)와 아글리콘(비당질)인 안토시아니딘으로 분리되는데 이때 양자를 합한 것을 안토시안(화청소)이라 한다.

산성에서는 적색, 중성에서는 보라색, 알칼리성에서는 청색, 철이나 알미늄과 결합하여 안정한 착염을 형성한다.

시약과 기구

1. 0.5% 초산 용액(CH_3COOH)
2. 0.5% 중탄산나트륨 용액($NaHCO_3$)
3. 0.5% $FeSO_4(NH_4)_2$

방 법

시험관 4개에 안토시안(화청소)가 많은 가지의 과피를 시험관에 2조각씩 넣고 상기 시약과 증류수 5 mL 씩 넣은 후에 색변화를 비교 관찰한다.

결 과

안토시안의 변화

종 류	CH_3COOH	$NaHCO_3$	$FeSO_4(NH_4)_2$	H_2O	비고
예	적색	청자색	자색	갈색	
실험					

12.3 Tannin(탄닌)

과채류(차, 감, 밤)의 상처부위의 갈변과 철제칼로 절단할 때의 흑갈색은 탄닌류에 의한 변색으로 탄닌은 카테킨류, 류코안토시아닌류, 클로로제닌산류로 대별 할 수 있고 카테킨류, 류코안토시아닌류가 중합한 형태로 존재하기도 한다.

1. 탄닌의 종류

1) 카테킨류 : 떫은맛은 없고 쓴맛을 나타낸다(감, 차엽, 사과, 배, 복숭아, 포도, cacao콩, 연뿌리). 폴리제놀라제로 빠르게 산화되어 갈변하며, 물, 알코올, 아세톤, 에칠아세테이트에 잘 녹고 에테르에 녹는 성질이 있어 탄닌과 구별할 수 있다.

차엽에는 카테킨, 갈로카테킨의 gallate로 존재하는데 아갈린류는 떫은맛이 있다.

감의 탄닌은 디오스피린(류코델피니딘의 모노글리코사이드)에 류코시아니딘 또는 ι-갈로카테킨과 이들의 gallate가 함유된 회합형 탄닌이다.

2) 류코안토시안류 : 차엽, 콩, 포도, 배, 사과, 복숭아, 살구, 버찌 등에 분포

3) 클로로제닌산류 : 카페인산와 큐닌산이 결합한 형태로 존재하며 물, 알코올, 아세톤에 녹으며 쓴맛을 나타낸다. 자외선 상태에서는 청색형광을 나타내고 암모니아에서는 강한 황록색을 갖는다.

2. 탄닌류의 변색

1) 탄닌류의 산화 : 습기(수분)가 있는 장소에 녹차를 보관하면 서서히 갈변하는 것은 카테킨류가 수분을 함유하는 상태에서 산소에 의해 자동산화되어 갈변하며 또한 비타민 C의 산화로 풍미의 악변과 클로로필의 분해가 일어난다.

2) 녹변 : 클로로제닌산이 함유된 우엉근 튀김의 녹변은 알칼리(팽창제)와 반응하여 생성되며 pH에 따라 황녹색, 청색으로 변색한다.

3) 홍변 : 서양배, 사과, 밤의 당절임, 양파 퓨레, 연근 초절임 등의 류코안토시안을 함유하는 가공품에서 일어나는 홍변은 류코안토시안을 산성에서 가열할 때 옥소니움 구조를 갖는 플로바펜이 생성되어 일어나는 변화로 가열온도와 가열시간을 낮추고 pH를 높이면 어느 정도 방지할 수 있다.

4) 금속에 의한 변색 : 탄닌류는 Sn^{2+}, Zn^{2+}과는 옅은 회색, Ca^{2+}, Mg^{2+}과는 적갈색의 침전, Fe^{2+}와는 옅은 갈색이나 옅은 청색, Fe^{3+}와는 암갈색이나 짙은 청색을 나타낸다.

녹차를 우릴 때 경수중의 Ca^{2+}, Mg^{2+}와 탄닌의 결합으로 적갈색의 침전물이 생성되어 차맛이 변하므로 연수를 이용하면 좋다.

철제칼로 감을 깎으면 암갈색이나 암청색으로 변색된다.

과채류 철제통조림에서 용출되는 Fe은 류코안토시안이나 클로로제닌산과 같은 탄닌류와 결합하여 갈색이나 청색으로 변색하는데 혐기적인 경우는 Fe^{2+}(ferrous ion)로, 호기적인 상태에서는 Fe^{3+}(ferric ion)로 되어 탄닌과 결합한다.

철에 의한 변색을 방지하려면

- 철 이온의 용출이나 탄닌과의 결합을 방지한다.
- 철이온의 산화를 방지하기 위해서는 pH를 낮추거나, 비타민 C의 첨가 또는 chelating agent를 첨가한다.

시약과 기구

1. 5% 초산 용액(CH_3COOH)
2. 5% 중탄산나트륨 용액($NaHCO_3$)
3. 5% $FeSO_4(NH_4)_2$

방 법

100 mL용 비이커에 차잎을 약 2 g을 넣고 탄닌을 침출한 후 시험관 4개에 탄닌 침출액 2 mL 씩을 넣고 상기 시약과 실온에서 방치하거나 물중탕에서 가열하여 그 변화를 비교 관찰한다.

결 과

탄닌의 변색

종류	CH_3COOH	$NaHCO_3$	$FeSO_4(NH_4)_2$	H_2O 방치	H_2O 가열	비고
예	황녹색	청자색	흑갈색	담황색	녹갈색	
실험						

12.4 Myoglobin(미오글로빈)

미오글로빈은 동물의 육색소로 헴 1분자와 글로빈 1분자가 결합한 색소로 페로프로토포르피린(파이틴)의 중심부의 철이온(ferrous ion, Fe^{2+})이 단백질인 글로빈의 히스티딘기의 이미다졸환의 질소원자와 결합하여 킬레이트 화합물을 형성한다.

헴은 4개의 피롤환의 질소원자가 공여체(donor)로서 4배위자의 킬레이트제가 된다. Fe^{2+}는 배위자수가 6이므로 나머지 2개의 배위자는 이미다졸환의 질소원자와 물의 산소원자이다. 여섯 번째의 배위자인 H_2O는 O_2, CO_2, CO, NO 등과 가역적으로 교환할 수 있다. 미오글로빈 등 헴 색소는 철 이온(Fe^{2+})을 중심원자로 한 정팔면체구조의 착화합물을 이룬다.

1. 미오글로빈의 산소화

신선한 육류의 색인 미오글로빈(Mb, Fe^{2+})은 적자색을 나타내나 공기와 접촉되면 분자상의 산소와 결합하여 선명한 적색의 옥시미오글로빈(O_2-Mb)으로 되는데 이때는 미오글로빈의 중심원자의 Fe^{2+}가 그대로 있는 단순한 배위자 교환으로 산소화라 한다.

옥시미오글로빈(O_2-Mb)를 공기 중에 보관하면(산소분압이 낮은 상태) 육류의 내부에서 중심원자의 철2가 이온이 철3가 이온으로 서서히 산화되어 갈색의 메트

미오글로빈(Met-Mb)으로 된다. 이 반응은 가역적으로 갈색의 메트미오글로빈(Met-Mb)을 혐기적인 상태로 보관하면 육류자체의 환원작용에 의해서 다시 미오글로빈(Mb, Fe^{2+})으로 되돌아간다.

$$\underset{(\text{암적색})}{\text{myoglobin}} \underset{\text{환원}}{\overset{\text{산화}}{\rightleftharpoons}} \underset{(\text{선홍색})}{\text{oxymylglobin}} \underset{\text{환원}}{\overset{\text{산화}}{\rightleftharpoons}} \underset{(\text{갈색})}{\text{metmyoglobin}} \underset{\text{산화}}{\overset{\text{환원}}{\rightleftharpoons}} \underset{(\text{암적색})}{\text{myoglobin}}$$

2. 육류의 적색 발색

육류의 소금절임(curing)할 때 사용하는 발색제는 질산염(KNO_3, $NaNO_3$)과 아질산염(KNO_2, $NaNO_2$)인데, 질산염은 육류 중에 존재하는 질산환원균(*Achromobacter dentricum*, *Micrococcus epidermis*, *Micrococcus nitrificans*)에 의하여 아질산염으로 환원되고, 다시 육류중의 gylcogen의 분해로 생성되는 젖산에 의해 유리의 아질산(NO_2)으로 되어 발색촉진제로 첨가한 ascorbic acid에 의해서 다시 환원되면, 산화질소(-NO)가 만들어져 미오글로빈의 Fe^{2+}에 니트로소 라디칼(-NO)가 결합하여 가열에도 안정한 선홍색의 니트로소미오글로빈(NO-Mb)이 생성된다. 또한 니트로소 라디칼(-NO)에 헤모글로빈이 결합하면 선홍색의 니트로소헤모글로빈(NO-Hb)이 생성된다.

KON_3	$\xrightarrow{\text{bacteria}}$	KNO_2	$\xrightarrow{\text{lactate}}$	HNO_2	$\xrightarrow{\text{lactate}}$	NO
K-nitrate		K-nitrite		nitrous acid		nitric monooxide
초석		아질산염		아질산		nitroso radical

$$\xrightarrow{+\text{myoglobin}} \underset{(\text{선홍색})}{\text{nitrosomyoglobin}} \xrightarrow{\text{heating}} \underset{(\text{변성에 안정한 적색색소})}{\text{cooked cured meat color(CCMC)}}$$

아질산염이 Met-Mb, O_2-Mb을 미오글로빈으로 환원하기도 하며, 육류중에 함유되는 환원형-Mb, O_2-Mb을 산화하여 Met-Mb으로 만들기도 한다.

니트로소미오글로빈은 가열하면 단백질부분의 글로빈이 열변성을 일으켜 변성글로빈 니트로실헤모크롬으로 되지만 선홍색을 보존한다. 열에 안정한 적색색소를 cooked cured meat color(CCMC)라 부르는데 이 반응은 산성도가 높을수록 빨리 진행된다.

3. 저장 변색

동물을 도살 후 냉각이 불충분한 육류를 저장하면 혐기적인 환경으로 이상발효에 의해 보수성, 결착성이 나빠지고 이취를 갖게 되며 식미가 저하되는 적동색의 질식육이 되는데 이는 충분한 공간의 내장고에서 15℃로 예냉한 후 0~2℃로 냉장하면 방지할 수 있다.

소세지의 녹변은 비타민 C의 첨가, 아질산염의 부족, 젖산균 등의 세균에 의해서 일어나며 헴의 포르피린 핵의 산화에 의해 생성되는 녹색 색소에는 choleglobin과 verdoglobin(verdoheme)이 있다.

생다랑어를 증자할 때 담녹색, 회녹색으로 변색되는 청변(청육, off- color, greem color)은 계란 알부민의 시스테인, TMAO(trimrthylamine oxide, 8 mg % 이상), Met-Mb의 3성분에 의해서 청변한다.

게통조림의 청육(blue meat) 선도가 떨어지는 원료나 혈액제거가 불충분한 경우 발생되기 쉽다. 헤모시아닌의 구리와 육질을 증숙할 때 발생되는 유화수소(H_2S)에 의해서 유화동(CuS)이 생성되어 일어나는 것으로 사료된다. 이는 신선한 원료를 충분히 방혈하면 막을 수 있다.

시약과 기구

1. 질산나트륨($NaNO_3$)
2. L-아스콜빈산

방 법

동물의 근육 중 지방이 거의 없는 부분의 살 20 g을 자제절구로 압착하여 육즙을 얻어 시험관 4개에 같은 양을 넣고 압착, 가열 후 질산나트륨($NaNO_3$) 0.5 g을 넣는다. 여기에 L-아스콜빈산 0.5 g을 넣고, 색변화를 비교 관찰한다.

결 과

미오글로빈의 변화

종류	압착 후	가열 후	질산나트륨	L-아스콜빈산	비고
예	선적색	갈색	선적색	선홍색	
실험					

제 13 장
식품의 갈변화

식품을 가공, 저장, 조리과정 중에 고유의 빛깔이 빛이나 열 등에 의해 산화하여 퇴색하거나 변색을 일으키는 경우와 유지의 중합, 당의 카라멜화 반응 같이 무색의 식품성분이나 성분사이에 화학반응을 일으켜 유색물질을 형성하고 더욱 반응이 진행되면서 옅은 황색이나 붉은색을 띄다가 갈변한다.

갈변화는 사과, 배, 청주, 분유, 식초, 건조어, 식용유, 양송이 같이 외관과 풍미를 나쁘게 하고 비타민, 아미노산 등을 변화시켜 품질을 저하하는 경우와 홍차, 홍삼, 비스케이트, 빵, 커피, 간장, 된장, 맥주, 위스키 같이 빛깔과 향미에 영향을 주어 식품의 품질을 향상할 수도 있고 또한 apple juice, potato chip 같이 약간의 착색이 바람직한 경우도 있다.

식품의 갈변화를 크게 나누어 보면 효소적갈변(enzymatic browning)과 비효소적갈변(nonenzymatic browning)으로 나눌 수 있다.

13.1 효소적갈변(enzymatic browning)

효소적갈변은 사과, 배, 복숭아, 바나나, 밤, 감자, 가지, 양송이 등을 박피를 하거나 파쇄할 때 일어나는데 과실이나 채소 중에 함유된 카테킨, 갈레이트, 클로로제네이트, 피로카테킨, 티로신 등의 폴리페놀 화합물을 갖는데, 식물체가 손상되면 식물체내에 존재하는 이들을 산화하는 폴리페놀옥시다제에 의해 폴리페놀 화합물이 반응하여 갈색 색소인 멜라닌을 생성하는 갈변과 tyrosinase에 의한 갈변 및 아스콜빈산산화효소에 의한 갈변이 있다.

1. 효소적 갈변의 억제법

1) 가열 처리(blanching)

2) 최적조건의 변동 : 폴리페놀옥시다제의 최적 pH는 5.7~6.8이므로 구연산, 아스콜빈산, HCl으로 pH를 3 이하의 산성으로 조정, -10℃ 이하에서 저장한다.

3) 산소의 제거 : CO_2, N_2 등 불활성 기체를 충전하거나 L-아스콜빈산, erythrobate를 첨가하거나 소금물, 설탕물에 담그어 산소 접촉을 막아 갈변을 방지한다.

4) 효소의 제거

5) 기질의 제거 : 박피 후 물에 담그면 폴리페놀 화합물에 의한 갈변을 방지

6) 환원제 : 아스콜빈산, SO_2 gas, 아황산염의 첨가

시약과 기구

1. 5% 아세트산(식초산) 용액(CH_3COOH)
2. 5% 중탄산나트륨 용액($NaHCO_3$)
3. 5% 염화나트륨(소금) 용액(NaCl)
4. 5% L-아스콜빈산 용액

방 법

시료인 사과를 시험관에 들어갈 수 있는 크기로 가능한한 빨리 절단하여 시험관 7개에 동량을 넣은 다음 방치, 가열 후 5% 소금 용액(NaCl), 5% 아세트산 용액(CH_3COOH), 5% 중탄산나트륨 용액($NaHCO_3$), 5% L-아스콜빈산 용액을 첨가하여 방치한 후 5% L-아스콜빈산 용액을 넣고 색의 변화를 비교 관찰한다.

결 과

효소적 갈변

종류	방치	가열	NaCl	acetate	$NaHCO_3$	아스콜빈산	방치후 아스콜빈산
예	갈변	무색	무색	무색	담황색	무색	담황색
실험							

13.2 비효소적갈변(nonenzymatic browning)

비효소적 갈변(non-enzymatic browning)은 원래 무색의 성분 또는 무색의 성분사이에 화합반응을 일으켜 유색물질로 변하여 그 반응이 계속 일어나면서 갈변하는 현상이다. 비효소적 갈변은 마이엘링 반응, 카라멜화 반응, 아스콜빈산의 산화반응으로 나누는데 식품에는 이들 3가지 반응에 관여하는 성분을 모두 갖고 있으므로 갈변이 발생할 가능성이 있으며 1가지 반응보다는 대부분 혼합하여 일어난다.

13.2.1 아미노카보닐 반응(maillard reaction)

1912년 maillard가 글리신의 아미노 라디칼(-NH_2)와 포도당의 카보닐 라디칼(CO)을 가열하면 갈색색소의 멜라노이딘이 생성되는 반응으로 아미노카보닐 반응, 또한 발견자의 이름을 붙여 마이엘링 반응, 반응의 최종산물에 의해 멜라노이딘 반응이라고도 한다.

아미노 라디칼로는 유리아미노산, 펩티드, 단백질, 아민 같은 질소화합물이 반응에 관여하고, 카보닐 라디칼로는 알데히드, 케톤, 당분해나 지방산화로 생성된 카보닐 화합물이 결합하여 아미노카보닐 반응이 일어난다.

아미노카보닐 반응은 색, 향, 맛에 커다란 영향을 주며 당과 아미노산의 상호작용에 의해서 반응성이 큰 ε-아미노산인 리신(limiting 아미노산)같은 아미노산이 파괴되어 영양가의 손실이 크다.

이 반응으로 커피, 홍차, 카라멜, 오트밀, 쿠기, 식빵, 된장, 간장 등은 특유의 빛깔, 풍미, 방향을 얻는다. 그러나 지나친 갈변은 불쾌한 변화를 일으킨다.

이 반응은 카라멜화 반응과 달리 상온, 즉 자연발생적으로 일어남이 다르다.

1. 아미노카보닐 반응을 촉진하는 인자

1) 온도의 영향 : 산소가 존재할 때에 10℃ 올리면 갈변은 3~5배 촉진되고, 80℃ 이상에서는 산소가 없어도 갈변한다.

2) pH의 영향 : pH 3 이하에서는 갈변속도가 매우 느리나, pH 3 이상에서는 pH가 높을수록 갈변속도가 빨라진다. 케톤당은 pH 3 이하에서도 불안정하여 갈변이 일어난다.

3) 당의 종류 : 5탄당이 육탄당보다 반응성이 크고 10배 정도 갈변속도가 빠르다.

멜라노이딘 생성율 : 리보스 > 아라비노스 > 크실로스 > 갈락토스 > 만노스 > 포도당 순이다.

4) 아미노 화합물 : 아미노산, 펩티드, 단백질, 아민이 갈변에 관여하는데, 아민 > 염기성인 리신의 ε-아미노산 > 그 외의 아미노산 > 펩티드 > 단백질 순으로 갈변한다.

5) 카보닐 화합물 : α,β-불포화 알데히드와 훌후랄은 갈변되기 쉽고, 케톤류들은 갈변이 어렵다.

6) 반응물질의 농도 : 멜라노이딘 생성량은 환원당의 농도에 비례하고 유리 아미노 라디칼을 갖는 질소화합물의 농도와 반응 경과시간의 자승에 각각 비례한다.

7) 수분, 금속, 빛에 의한 영향 : 수분 10~15%에서 잘 일어나고, Fe, Cu는 환원제의 산화를 촉매함으로 갈변을 촉진하고, 자외선도 갈변을 촉진한다.

2. 아미노카보닐 반응의 방지법

아미노카보닐 반응을 억제하려면 산소제거, 수분감소, 저온저장, pH 감소(3 이하), 반응물질 희석, 반응물질의 제거(포도당 대신 설탕을 사용), 반응활성물질의 제거(Fe, Cu), 갈변방지제인 아황산염을 첨가(아황산염이 알데히드 라디칼과 부가화합물을 형성하여 갈변 반응이 방지)한다.

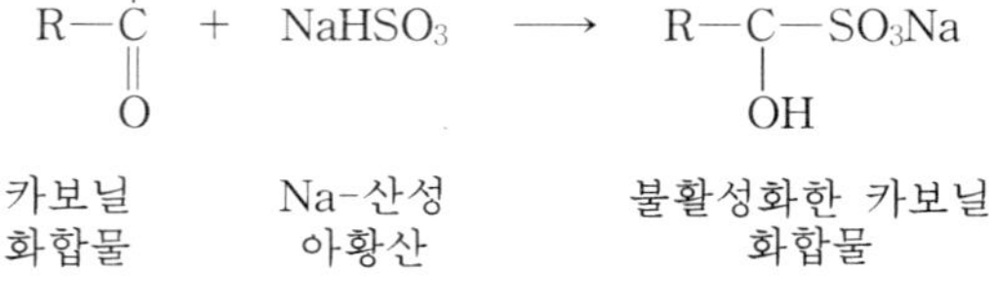

아황산염에 의한 아미노카보닐 반응의 방지

시약과 기구

1. 5% 포도당 용액(pH 3) : 5 g의 포도당을 0.1 M의 초산완충액(pH 3)에 녹여 100 mL로 한다.
2. 5% 포도당 용액(pH 8) : 5 g의 포도당을 0.1 M의 인산완충액(pH 8)에 녹여 100 mL로 한다.
3. 5% 글리신 용액(pH 3) : 5 g의 포도당을 0.1 M의 초산완충액(pH 3)에 녹여 100 mL로 한다.
4. 5% 글리신 용액(pH 3) : 5 g의 포도당을 0.1 M의 인산완충액(pH 8)에 녹여 100 mL로 한다.
5. 5% 포도당 용액(pH 3) + 5% 글리신액(pH 3)
6. 5% 포도당 용액(pH 8) + 5% 글리신액(pH 8)

방 법

시험관 6개에 상기 용액을 2 mL 씩 넣고 동일 시간 가열한 후 색의 변화를 관찰한다.

결 과

아미노카보닐 반응에 의한 변화

종류	5% 포도당 (pH 3)	5% 글리신 (pH 3)	5% 포도당 (pH 8)	5% 글리신 (pH 8)	pH3포도당 +글리신	pH8포도당 +글리신
예	무색	담황색	담황색	황갈색	황색	갈색
실험1						

13.2.2 카라멜화 반응

카라멜화 반응은 아미노카보닐 반응과 달리 아미노 화합물이나 유기산이 존재하지 않는 상태에서 당류를 융점(180~200℃) 이상으로 가열하면 산화와 분해에 의한 중합, 축합으로 갈변물질을 형성하는 반응을 카라멜화 반응이라 한다.

카라멜은 간장, 된장, 합성청주, 양주, 청량음료, 과자류 등의 갈색 착색료로 이용되며, 카라멜화 반응은 식품의 색과 풍미에 중요하다.

카라멜화 반응에 필요한 pH는 6.5~8.2이며, 자연발생적으로 일어나지 않는다.

또한 카라멜화 반응은 산성 또는 알카리성에 따라서 반응형식이 다르다.

1. 산 분해(acidic degradation)

aldose(포도당, 만노스) 또는 케톤당(fructose)이 1, 2-enol을 생성한 후, 탈수 반응을 거쳐 3-deoxyaldose-2-ene, 3-deoxyosulose을 거쳐 osulose-3-ene 등의 중간반응 단계를 거쳐 5-hydroxymethyl-2- furaldehyde(5-HMF)이 되고, 훌후랄 유도체는 케톤당의 산화생성물과 함께 산화되어 환원제, 후란 유도체, 리벌린산(levulinic acid), 락톤류 등을 형성한다.

훌후랄 유도체, 환원제, 락톤류, 케톤당의 산화 생성물 등은 반응성이 큰 물질로 산화, 중합, 축합에 의해 흑색이나 흑갈색의 휴민을 형성하는데 이 휴민 물질을 카라멜이라 한다. 5탄당은 2-furaldehyde를 생성한다.

2. 알카리 분해

1, 2-enol이 형성된 후 탄소 3개를 갖는 글리세르알데히드, 3탄당 엔돌 화합물로 분해되는데, 반응에서 생성된 알데히드와 케톤의 중간체는 서로 중합, 축합반응을 하여 흑갈색이나 흑색의 휴민 물질을 생성하는 것으로 추정하나 형성된 색소의 유사성에 의해 아미노카보닐 반응과 비슷한 반응기구를 가질 가능성이 높다.

시약과 기구

1. 설탕

방 법

시험관에 설탕 0.5 g을 넣은 후 가열시간에 따른 색, 냄새의 변화를 비교 관찰한다.

결 과

카라멜화 반응에 의한 변화

종 류	1분간 가열		3분간 가열		비 고
	냄 새	색	냄 새	색	
예	누른내	황색	탄내	흑갈색	
실험					

제 14 장 재료 실험

14.1 쌀 실험

14.1.1 쌀의 도정도 판정

쌀의 도정도(degree of milling)는 쌀겨층이 벗겨지는 정도에 따라 완전히 벗겨진 것을 10분 도미로 하고 쌀겨층의 절반이 벗겨지면 5분 도미로 표시하는 방법이다. 정백율 또는 도정율(milling ratio)은 도정된 정미량이 현미량의 몇 %에 해당되는가를 나타내는 방법이다.

도감율은 도정에 의해서 줄어드는 양, 즉 쌀겨, 배아 등으로 떨어져 나가는 도감량이 현미량의 몇 %에 해당하는가를 나타낸다.

도정도, 도정율, 도감율 사이에는 도정도수가 높을수록 도감율은 높아지나 도정율은 적어진다. 이들의 관계는 표 14-1과 같다.

표 14-1 도정도, 도정율, 도감율과의 관계

도 정 도	도정율(%)	도감율(%)	비 고
현미	—	0	
5분도미	96	4	
7분도미	94	6	
백미(10분도미)	92	8	

도정도 결정법은 색에 의한 방법, 도정시간에 의한 방법, 도정회수에 의해서 결정하는 방법, 전력소비량에 의한 방법, 쌀겨층의 벗겨진 정도에 따른 방법, MG 염색법 등이 있다.

1. 쌀겨층의 벗겨진 정도에 따른 도정도 결정방법

시약과 기구

1. 확대경
2. 도정도별 쌀

방 법

확대경으로 쌀겨층이 벗겨진 정도에 따라서 도정도를 판정한다.

판 정

쌀겨층의 박리도에 따른 도정도 기준

도정도	쌀겨층의 박리정도
5분도미	측면부의 겨층이 어느정도 벗겨진 정도
6분도미	측면부의 겨층이 완전히 벗겨진 정도
7분도미	배부의 겨층이 완전히 벗겨진 정도
8분도미	하단부의 겨층이 완전히 벗겨진 정도
9분도미	등부와 상단부의 겨층이 완전히 벗겨진 정도
10분도미(백미)	고랑의 겨층이 완전히 벗겨진 정도

2. MG염색법

육안으로 도정도를 결정하는 것은 쌀의 품종에 따라서 색깔도 다르고 광선의 세기 등에 영향을 받게 되어 그 오차가 많으므로 염색을 하여 염색된 조직의 비율을 비교하여 도정도를 결정하므로 오차를 어느 정도 줄일 수 있다. 이 방법은 약간 복잡하나 정확하다.

시약과 기구

1. Grünwald 시약 : 에오신과 메칠렌블루를 메탄올에 녹이는데 쌀은 2배 희석

하고, 보리는 3배 희석하여 사용한다.

2. 도정도별 쌀과 현미
3. 시험관
4. 페트리 디쉬

방 법

시험관에 도정도가 다른 쌀 10알과 쌀알이 잠길 수 있는 양의 염색약을 시험관에 넣고 30분간 가볍게 흔든 다음 염색약을 따라 버리고 물로 2~3회 씻은 후 흰 종이나 페트리 디쉬에 실험할 쌀알을 올려놓은 후, 도정도를 알고 있는 표준품의 염색과 비교하여 도정도를 판별한다.

판 정

염색법에 의한 도정도 판정 기준

종 류	판 정 색	종 류	판 정 색
과 종 피	청 색	현 미	청 녹 색
호 분 층	엷은녹색, 엷은청색	5분도미	엷은 청색
배 유 부	엷은청홍색, 엷은홍색	7분도미	엷은 청홍색
배 아	엷은 황녹색	10분도미, 백미	홍색, 홍청색

14.1.2 찹쌀과 멥쌀의 판정

전분을 산으로 분해하면 포도당이 생기고, 맥아를 분해하면 맥아당이 생긴다. 멥쌀은 아밀로스(15~30%)와 아밀로펙틴(70~85%)으로 구성되어 있으며, 찹쌀은 아밀로스는 거의 없고 아밀로펙틴으로 구성되어 있다.

아밀로스 사슬은 포도당 6분자로 1회전하는 나사구조를 가지며, 아밀로펙틴은 포도당 6~8분자마다 분지되는 형태로 말단은 17~27개의 포도당을 갖고 있으므로 요오드반응이 적자색~자색을 나타낸다.

아밀로스는 요오드분자들과 내포화합물을 형성하여 특유의 색을 나타내는데 포도당의 중합도에 따라서 무색 청색까지 다양한 색을 갖는다. 아밀로스 분자 중에 내포된 요오드분자는 포도당의 중합도에 따라 표 14-2와 같은 요오드의 정색을 나타낸다.

표 14-2 포도당 중합도와 요오드의 정색

중합도	3.8	7.4	12.9	20.2	29.3	34.7
정색	무색	연한적색	적색	자색	청자색	청색

시약과 기구

1. 루골액 : 요오드화 칼륨(KI) 1 g과 요오드(I_2) 0.7 g을 증류수 50 mL에 용해한다.
2. 자제절구
3. 시험관
4. 찹쌀 및 멥쌀

방 법

시료를 자제절구에서 마쇄하여 미량을 시험관에 넣고 소량의 물을 가하여 교반 후 가열하여 호화(gelatinization), 냉각시킨 다음 루골액을 각각 1～2방울 넣어 착색시켜 요오드의 정색을 관찰한다.

판 정

요오드의 정색

	멥 쌀	찹 쌀
예	청 색	적자색
실험		

14.1.3 햅쌀과 묵은 쌀

식품재료에는 그 자체에 효소(amylase, lipase, 과산화효소)가 존재하나 저장기간이 길어지면 효소의 활성이 떨어지고 식품의 품질도 저하한다. 햅쌀에는 과산화효소의 활성이 높아서 녹적색을 나타내나, 묵은 쌀은 과산화효소의 활성이 약하여 적갈색을 나타내거나 아예 염색이 안 된다. 쌀을 저장할 때에 상온 저장보다는 저온저장을 하면 과산화효소인 과산화효소의 활성이 어느 정도 존재하므로 염색이 된다.

시약과 기구

1. 1% 쿠아이아콜 용액($CH_3O \cdot C_6H_4 \cdot OH$)
2. 1% 과산화수소 용액(H_2O_2)
3. 햅쌀, 묵은 쌀
4. 시험관
5. 피펫

방 법

시험관에 시료용 쌀 100알과 1% 쿠아이아콜($CH_3O \cdot C_6H_4 \cdot OH$) 용액 5 mL와 1% 과산화수소 용액($H_2O_2$) 2~3방울을 넣고 잘 흔든 후 3분이 지나서 색을 관찰한다.

판 정

쌀의 선도율

녹적색 쌀알수	판 정
80 이상	상 품
50~79	중 품
50 이하	하 품

14.2 밀가루의 습부량 및 건부량 측정

글루텐 함량은 밀가루의 종류와 등급을 결정하는 중요한 요소로 건부량(dry gluten)으로 강력분은 13% 이상, 중력분은 10~13%, 박력분은 10% 이하이다.

시약과 기구

1. 각종 밀가루
2. 2% 염화나트륨 용액

3. 건조기
4. 저울
5. 증발접시
6. 자제절구
7. 약수저
8. 피펫
9. 비이커
10. 헝겊

방 법

밀가루 10 g을 증발접시나 자제절구에 담고 2% 소금 용액 5.5 mL을 넣고서 약수저로 잘 반죽하여 실온에서 약 1시간 동안 물에 침지한 후 헝겊에 담아 가볍게 주물러서 전분을 제거한다. 비이커의 맑은 물에 헝겊에서 떨어지는 물이 탁하지 않을 때까지 세척한다. 헝겊에 남은 글루텐을 잘 띄어서 약 1시간 동안 물에 담그어 두었다가 손바닥으로 눌러 물기를 제거하고 미리 중량을 알고 있는 증발접시에 담아 중량을 재어 습글루텐량으로 한다. 이 습글루텐을 100℃의 건조기에서 항량이 될 때까지 건조시켜서 냉각 후 중량을 달아서 건부중량으로 한다.

계 산

$$\text{습부량(\%)} = \frac{\text{습글루텐량}}{\text{시료의 중량}} \times 100$$

$$\text{건부량(\%)} = \frac{\text{건글루텐량}}{\text{시료의 중량}} \times 100$$

14.3 두유의 응고실험

콩을 마쇄하여 흰죽 모양의 두미(豆糜)를 15~30분간 끓여 압착여과한 여액을 두유라 한다. 이 두유의 온도가 70~180℃로 조절한 후 두부응고제 염화칼슘($CaCl_2$)을 원료콩 20 *l*에 10~15%의 수용액 2 *l* 정도, 황산칼슘($CaSO_4 \cdot H_2O$)는 270~300 g을 물 2 *l*에 용해하여 넣고, gluco-δ-lactone은 0.3% 정도 넣는다.

두유가 응고하는데 약 15분 정도이며 두유가 응고하면 식기 전에 헝겊을 깐 두부상자에 두유를 넣어 15~20분 압착하여 응고시킨 뒤 두부를 칼로 잘라 물 속에 3시간 정도 침지시켜 간수를 제거한다.

단백질에 대한 양이온의 응고작용은 $Al^{3+} > Mg^{2+} > Ca^{2+} > K^{+}$ 순서이다.

1. 두유응고제

10% 황산알미늄($Al(SO_4)_3 \cdot H_2O$)

10% 염화칼슘($CaCl_2$)

10% 황산칼슘($CaSO_4 \cdot H_2O$)

10% 염화마그네슘($MgCl_2$)

시약과 기구

1. 콩
2. 버너
3. 스텐 3중 냄비
4. 비이커
5. 자제절구
6. 온도계
7. 피펫

방 법

시료인 대두를 겨울은 24시간, 봄가을은 12시간, 여름은 5~6시간 물에 담그어 불린 후 자제절구나 믹서로 마쇄하여 가열한 후 압착하여 두유를 제조한다. 두유를 약 100 mL 씩 비이커에 담고 상기 두유응고제를 따로따로 1 mL 씩 넣고 응고하는 모양을 관찰하면서 용액이 투명할 때까지 넣는다.

결 과

두유응고제의 응고력

종류	$Al(SO_4)_3$	$CaSO_4$	$CaCl_2$	$MgCl_2$	비고
예	가장 응고력 강함	응고력 강	응고력 강	응고력 보통	Al>Ca>Mg
실험					

14.4 펙틴량의 측정

펙틴질은 페틱산, 펙틴산, 프로토펙틴으로 나누는데 과실, 야채에 많이 함유되어 있다.

1. 펙틴산(pectic acid)

α-D-갈락튜로닌산이 100~800개 정도 α-1, 4 결합으로 길게 연결된 polygalacturonic acid로 카복실 라디칼에 메칠에스타형이 전혀 존재하지 않는다. 유리카복실 라디칼이 있기 때문에 칼슘 또는 그 밖의 양이온과 결합물을 만들며, 칼슘과 결합한 경우는 불용성의 calcium pectate가 되어 침전한다.

2. 펙티닌산

페틱산의 유리카복실 라디칼의 10~20%에 상당하는 부분이 메칠에스터의 형태를 이루는 수용성의 polygalacturonic acid를 펙틴산이라 한다. 펙틴산은 메칠에스터화 되어 있지 않는 유리카복실 라디칼이 완전히 염의 형태를 형성하는 중성염, 유리카복실 라디칼의 일부분만 염의 형태를 이루고 나머지는 산성염 그대로 또는 혼합물로 존재한다.

3. 프로토펙틴(protopectin)

물에 불용의 펙틴 전구물질로서 덜 익은 과실 등의 식물체 내에서는 펙틴결합끼리 Ca이나 Mg을 매개로 하여 셀룰로즈, 헤미셀룰로즈 등과 결합하여 3차원의 망상구조(three-dimensional network)를 이루고 있는 것으로 그 분포는 거의 세포벽에 한정되며 과실이 익어감에 따라 그 일부가 프로토펙티나제의 작용에 의해 가용성 펙틴 등으로 가수분해된다.

4. 펙틴의 겔 형성

① 페틱산(polygalacturonic acid)의 -COOH 라디칼이 완전히 메칠에스터화하면 메톡실 라디칼(-OCH_3)의 중량분율은 16.32%이다. 메톡실 라디칼이 7% 이상

의 것을 고 메톡실펙틴, 7% 이하의 것을 저 메톡실펙틴이라 한다. 천연의 펙틴은 9~11%가 메칠에스터화 되어 있다.

② 고 메톡실펙틴은 산성(pH 2.0~3.46)에서 당을 50% 이상 넣으면 jelly화 한다. 저 메톡실펙틴의 경우는 당이 존재하지 않아도 다가성의 금속이 존재하면 펙틴 분자의 카복실기 사이에 금속이 다리를 놓고 겔의 망상구조를 만든다. 이것은 설탕을 넣을 필요가 없으므로 저열량식품으로서도 이용된다.

펙틴의 정량법은 알코올침전법, 아세톤침전법, 펙틴칼슘염법이 있다.

14.4.1 펙틴의 알코올침전법

시약과 기구

1. 95% 에탄올
2. 각종 과일
3. 시험관
4. 피펫
5. 여과지
6. 자제절구

방 법

과일을 자제절구에서 마쇄하여 여과지로 걸러 과즙 10 mL를 시험관에 넣고 95% 에탄올 10 mL를 넣어 교반 후 과즙의 펙틴이 에탄올에 의해 침전하는 상태를 관찰하여 판정한다.

판 정

펙틴 함량 판정

에탄올에 의한 침전상태	펙틴량
과즙이 큰 덩어리로 응고	아주 많음
과즙이 대부분 jelly 모양으로 굳어진다.	많음
침전물 시험관에 뜬다.	보통
침전이 적거나 전혀 생성 안된다.	적음

제 15 장
수질 실험

물은 식품공업 및 인간생활의 기본이 되는 요소이다. 음료, 간장, 주류공업에서는 일반적으로 중성 또는 알칼리성이며, 유기물이나 질소화합물을 함유하지 않는 것이 좋고, pH, 과망간산칼륨($KMnO_4$) 소비량, 질산태 질소의 검정 등을 중요시한다.

물에 용해되어 있는 미량성분 중에는 식품의 품질에 영향을 주는데 염소는 아밀라제 등의 효소의 활성을 촉진하며, K^+, PO_4^{3-}는 효소활성에 필요하다. 양조품은 센물을 사용할 때에 발효가 촉진되고 양호한 품질을 얻을 수 있다.

15.1 물리적 검사

1) 시료의 채취 : 공기와 접촉되는 표면이 아닌 수면에서 30 cm되는 곳에서 약 1.5～2 L를 채취하여 뚜껑을 막아 냉암소에 보관하여 빠른 시간내에 실험을 한다.

2) 성상 : 시료의 혼탁정도, 침전물, 색, 맛과 50～60℃로 가열하여 냄새성분을 검사한다.

3) pH : pH meter로 측정한다.

4) 증발 잔유물 : 칭량한 증발접시에 250 mL의 시료를 취하는데 부유물이 있으면 여과 후 물중탕 위에서 증발 건조시키고 다시 110℃의 건조기에서 항량이 될 때까지 건조시키어 다음 식에 의해서 검수 1 L 중의 mg(ppm)으로 산출한다.

증발 잔류물(ppm) = 건조 후 전체중량(mg) − 증발접시 중량(mg)× 4(희석 비율)

15.2 화학적 검사

15.2.1 암모니아태 질소

암모니아성 질소는 암모늄을 그 N량으로 표시하며 공장폐수, 하수, 분뇨 등으로 오염되기 쉬운 상태의 물에서 검출되기 때문에 오염수의 지표가 된다.

지하수에 중탄산철이나 그 외의 철염이 많으면 물속의 질산염류가 환원되어 생성되는 경우가 있으므로 음료수 실험에는 세균학적 실험도 병행하는 것이 좋다.

시약과 기구

1. 암모니아태 질소 표준액 : G. R. 염화암모늄(NH_4Cl) 0.3819 g을 1 L의 메스플라스크에서 용해하여 증류수를 가해 1 L로 한 후 100 mL를 취하여 1 L로 희석하면 이 용액 1 mL 중에는 0.01 mg의 질소를 함유하게 된다.
2. 네슬러 시약 : 요오드화수은(HgI_2) 10 g과 요오드화칼륨(KI) 5 g을 증류수 100 mL에 넣은 후 수산화칼륨(KOH) 20 g을 다시 넣고서 용해시키고 1～2시간 정치 후 상징액을 갈색시약병에 보존한다.

방 법

비색용 시험관에 암모니아태 질소 표준액을 0.1, 0.2, 0.3, 0.4, 0.5, 0.6, 0.7, 0.8, 0.9, 1.0 mL 씩 넣고 증류수를 넣어 50 mL로 한 후 검수를 50 mL를 넣는다.

표준액과 검수를 넣은 시험관에 네슬러 시약을 1 mL 씩을 넣고 10분간 방치한 후 검수의 색을 표준액과 비교관찰하는 비색정량을 한다.

계 산

비색정량에 의한 암모니아태 질소량은 해당하는 암모니아태 질소 표준액 mL 수(a)를 구하여 다음 식에 의해서 계산한다.

$$\text{암모니아태 질소(ppm)} = a \times \frac{V}{50} \times \frac{1000}{\text{검수 mL}} \times 0.01$$

15.2.2 아질산태 질소

아질산성 질소는 아질산염을 그 N량으로 표시한 것으로 암모니아성 질소의 산화나 질산성 질소의 환원 등으로 생성하는 것으로 오염의 중간과정을 나타내는 것으로 물의 오염 가능성을 아는 데 중요하다.

시약과 기구

1. 아질산태 질소 표준액 : 아질산은($AgNO_2$) 0.2746 g을 25 mL의 증류수에 용해한 후 염화나트륨(NaCl) 0.1 g을 소량의 증류수에 녹여서 넣고 염화수은(AgCl)의 침전을 여과한 후 증류수로 세척한다. 이 여액을 메스플라스크에 옮기고 전량을 250 mL로 한다. 이 액 1 mL 중에는 아질산태 질소량이 0.001 mg을 함유한다. 이 아질산성 질소 표준액은 세균에 의해서 분해되므로 클로로포름 1 mL를 넣어서 멸균병에 보존한다.
2. G. R. 아질산 시약 : α-나프틸아민($C_{10}H_7NH_2$) 0.5 g과 살파닐산($C_6H_4NH_2SO_3H$) 5 g, 구연산($C_2H_4(OH)_2(COOH)_2$) 45 g을 유발에서 분쇄, 혼합하여 갈색 시약병에 보관한다.

방 법

검수 50 mL를 비색용 시험관에 넣고 다른 비색용 시험관에는 0.1, 0.15, 0.2, 0.25, 0.3, 0.35, 0.4, 0.45, 0.5 mL의 아질산태 질소표준액을 넣고 증류수를 넣어 50 mL가 되게 한 후 특급아질산 시약을 0.3 g씩 넣어 10분 후의 색도를 표준액과 비교하여 비색정량한다.

계 산

비색정량에 의한 아질산태 질소량은 해당하는 아질산태 질소 표준액 mL 수(a)를 구하여 다음 식에 의해서 계산한다.

$$\text{아질산태 질소(ppm)} = a \times \frac{V}{50} \times \frac{1000}{\text{검수 mL}} \times 0.001$$

15.2.3 질산태 질소

질산태 질소는 질산염을 그 질소량으로 표시한 것으로서 여러 가지 질소 화합물이 산화되어 생성되는 것으로 물속의 이 양을 아는 것은 암모니아태 질소, 아질산태 질소 등과 함께 오염상태를 알기 위해 필요하다. 즉 질산태 질소가 검출되는 물은 오염이 오래된 것이다.

시약과 기구

1. 질산태 질소 표준액 : G. R. 질산칼륨(KNO_3) 0.721 g을 1 L 메스플라스크에 넣고 증류수로 녹여서 전량을 1 L로 하여 그 중 100 mL를 다시 1 L로 희석한다. 이 액 1 mL에는 질산태 질소가 0.01 mg 함유되어 있다.
2. 브롬수 : Br_2를 증류수에 포화시켜서 상등액으로 사용한다.
3. G. R. 질산시약 : α-나프틸아민 1 g, 살파닐산 10 g, 아연분말 1.5 g를 유발에서 잘 혼합하여 갈색병에 보관한다.

방 법

검수 50 mL를 플라스크에 넣고 포화 브롬수 0.5 mL를 넣고 끓여서 산화시키고 더욱 끓여 과잉의 브롬을 제거한 후 비색용 시험관에 넣고 증류수로 50 mL로 한다. 다른 비색용 시험관에 질산태 질소 표준액을 0.10, 0.15, 0.20, 0.25, 0.30, 0.35, 0.40, 0.45, 0.50 mL를 넣고 증류수로 50 mL로 한다. 검수와 표준액에 각각 G. R. 질산시약 0.3 g 씩을 넣고 20~30분간 방치 후 비색정량한다.

계 산

비색정량에 의한 질산태 질소량은 해당하는 질산태 질소 표준액 mL 수(a)를 구하여 다음식에 의해서 계산한다.

$$\text{질산태 질소(ppm)} = a \times \frac{V}{50} \times \frac{1000}{\text{검수 mL}} \times 0.01$$

15.2.4 유기물검사($KMnO_4$ 소비량)

검수중에 존재하는 산화되기 쉬운 물질에 의해서 $KMnO_4$가 소비되는데, 산화되기 쉬운 물질은 유기물, 제1철염, 아질산염, 황화물 등이 있다.

시약과 기구

1. 0.01N 옥살산($H_2C_2O_4$) 용액 : $H_2C_2O_4$ $2H_2O$ 0.06303 g을 1 L 메스플라스크에 넣고 증류수로 용해하여 전량을 1 L로 하여 갈색병에 보관한다.
2. 0.01 N 과망간산칼륨($KMnO_4$) 용액 : $KMnO_4$ 약 0.32 g을 1 L 갈색 메스플라스크에 넣고 증류수로 용해하여 1 L로 한다. 사용할 때마다 0.01 N 옥살산 ($H_2C_2O_4$) 용액으로 factor를 측정한다.

0.01N $KMnO_4$(과망간산칼륨) **용액의** factor **산출법**

증발접시에 0.01 N 옥살산($H_2C_2O_4$) 용액 10 mL와 증류수 50 mL, 황산 (H_2SO_4) 5 mL를 넣고 물중탕에서 70～80℃로 가열한 후 과망간산칼륨($KMnO_4$)을 적하한다. end point는 미홍색이 30초 동안 유지할 때까지 적정한다. 과망간산칼륨($KMnO_4$) 사용 mL 수를 a라 하면 factor는 다음과 같다.

$$F(KMnO_4 \text{ 용액의 factor}) = \frac{10}{a}$$

방 법

검수 100 mL를 300 mL 용 플라스크에 넣고 12 N 황산(H_2SO_4) 용액 5 mL를 넣은 후 0.01 N 과망간산칼륨($KMnO_4$) 용액 10 mL를 넣고 5분간 끓인 다음 갈색 뷰렛으로 0.01 N 옥살산($H_2C_2O_4$) 용액 10 mL를 넣어 탈색시킨 다음 0.01 N 과망간산칼륨($KMnO_4$) 용액으로 적정하여 미홍색이 30초 동안 유지할 때까지 적정한다.

계 산

$$\text{KMnO}_4 \text{ 소비량} = (F-10) \times \frac{1000}{\text{검수 mL}} \times 0.316$$

F : 0.01 N 과망간산칼륨($KMnO_4$) 용액의 factor

0.01 N $KMnO_4$ 1 mL = $KMnO_4$ 0.316 mg

15.2.5 경 도

경도는 총경도, 영구경도, 일시경도의 3종으로 총경도는 물중의 Mg, Ca의 총량이며, 영구경도는 물을 끓여도 없어지지 않는 경도이며, 일시경도는 탄산염과 같이 끓여서 석출하고 경도를 나타내지 않는 것이다.

총경도는 검수 중의 Mg, Ca에 해당하는 소비된 E. D. T. A. 용액을 염화마그네슘으로 측정하여 경도를 측정한다.

시약과 기구

1. 완충용액 : G. R. 염화암모늄(NH_4Cl) 67.5 g을 28% 암모니아수(NH_4OH) 570 mL에 용해하여 증류수로 1 L로 한다.
2. 0.01 M E D T A용액 : 에칠렌 디아민 테트라아세트산의 2 Na염 3.8 g을 메스플라스크에 넣고 1 L로 한다.
3. E B T지시약 : eriochrome black T 0.5 g과 hydroxyl amine hydrochloride(NH_2OH-HCl) 4.5 g을 90% 에탄올 100 mL에 넣고 용해하여 갈색병에 담아 냉암소에 보관하는데 유효기간은 약 4주간이다.
4. 0.01 M 염화마그네슘($MgCl_2$) 용액 : 가열하여 냉각한 산화마그네슘(MgO) 0.4032 g을 비이커에 넣고 증류수 약 10 mL로 혼합하여 증발접시에 놓고 10% 염산(HCl)을 떨어뜨려 용해한 후 물중탕 하에서 염산(HCl)의 냄새가 나지 않을 때까지 끓여서 건조시킨 후 증류수에 용해하여 1 L용 메스플라스크에 옮기어 1 L로 한다.

E D T A 시약의 factor 산출법

E D T A 용액 10 mL를 플라스크에 넣고 증류수를 가하여 100 mL로 만든 후

암모니움 완충용액 2 mL와 E B T 지시약 7~8방울을 넣은 다음 용액이 미홍색을 나타낼 때까지 염화마그네슘 용액을 떨어뜨린다. 소요된 0.01 M 염화마그네슘($MgCl_2$) 용액의 양을 a라 할 때

$$\text{EDTA 시약의 역가}(F) = \frac{a}{10}$$

0.01 M E D T A 시약용액 1 mL = $CaCO_3$ 1 mg

방 법

여과한 검수 100 mL를 플라스크에 넣고 10% 시안화칼륨(KCN) 용액 몇 방울, 0.01 M 염화마그네슘($MgCl_2$) 용액 1 mL, 암모니움 완충용액 2 mL, E B T indecator 5~6방울을 넣은 후 0.01 M E D T A 시약용액을 청색이 될 때까지 넣는다.

계 산

소요된 0.01 M E. D. T. A. 시약용액의 mL 수를 a라 할 때 총경도는 다음과 같다.

$$\text{총경도}(CaCO_3\ \text{ppm}) = (a \times F - 1) \times \frac{1000}{100}$$

15.2.6 염소이온

자연수는 일반적으로 염소이온을 함유하나 특히 오폐수, 하수 등에는 염소이온이 증가되므로 오염의 유무를 아는 방법으로 Mohr 씨법에 의해서 정량할 수 있다.

시약과 기구

1. 0.01 N 염화나트륨(NaCl) 용액 : G. R. NaCl 0.5845 g을 1 L용 메스플라스크에 넣은 후 증류수로 용해하여 1 L로 한다. 이 용액 1 mL는 염소이온을 0.3546 mg 함유한다.
2. 0.01 N 질산은(AgNO3) 용액 : $AgNO_3$ 1.7 g을 갈색 메스플라스크에 넣고 증류수로 용해하여 1 L로 한다.
3. 크롬산칼륨(K_2CrO_4) 용액 : K_2CrO_4 약 12 g을 250 mL 메스플라스크에 넣은 후 증류수로 용해하여 250 mL로 한다.

0.01 $AgNO_3$(질산은) 용액의 factor 산출법

G. R. $AgNO_3$ 약 1.7 g을 1 L용 갈색 메스플라스크에 넣은 후 증류스로 용해하여 1 L로 한다. 표정은 염화칼륨(KCl)을 100∼120℃에서 2시간 건조하여 데시케이터에서 냉각 후 0.37 g을 정확히 취해 500 mL 메스플라스크에 넣고 증류수로 용해하여 500 mL로 한다. 0.01 N 염화칼륨(KCl) 용액의 factor는 다음과 같다.

$$f_1 = \frac{\text{KCl의 사용량(0.37 g)}}{3.728}$$

0.01 N 염화칼륨(KCl) 용액 20 mL를 플라스크에 넣고 1% 크롬산칼륨(K_2CrO_4) 용액 5방울을 넣고 갈색 뷰렛으로 0.01 N 질산은($AgNO_3$) 용액을 AgCl의 침전을 함유한 황백색의 액이 오렌지색으로 될 때까지 적정한다.

소요된 0.01 N 질산은($AgNO_3$) 용액의 mL 수를 *A*, 사용된 0.01 N 염화칼륨(KCl) 용액 mL를 *B*라 할 때 $AgNO_3$의 factor는 다음과 같다.

$$\text{0.01 N 질산은}(AgNO_3)\text{ 용액의 factor}(F) = f_1 \times \frac{B}{A}$$

f_1 : 0.01 N 염화칼륨(KCl) 용액의 factor(0.37 g / 3.728)

방 법

검수 50 mL에 크롬산칼륨(K_2CrO_4) 용액의 0.5 mL를 넣고 갈색 뷰렛으로 0.01 N 질산은($AgNo_3$) 용액을 미홍색이 될 때까지 적정한다.

계 산

$$Cl^-(\text{ppm}) = A \times F \times \frac{1000}{\text{검수 mL}} \times 0.3546$$

F : 0.01 N 질산은($AgNO_3$) 용액의 factor

15.2.7 철 분

물중의 철분은 토질에 의해서 큰 영향을 받으며 또한 수도관의 산화로 인한 철분의 용출 및 폐수의 유입에 의한다.

시약과 기구

1. 철 표준액 : 황산 제1철 암모늄 $(NH_4)_2SO_4 \cdot FeSO_4 \cdot 6H_2O$ 0.7022 g를 증류수 약 50 mL에 용해한 후, 10% 황산(H_2SO_4)(G. R.) 약 20 mL를 넣고 가온하면서 0.1 N 과망간산칼륨($KMnO_4$) 용액을 넣어 미홍색이 되게 한 후 증류수로 1 L로 한다(0.2% H_2SO_4 1 L). 이 용액 1 mL는 철(Fe^{3+}) 0.1 mg을 함유한다. 비색측정할 때 원액을 희석하며 Fe^{3+} 0.01～0.1 ppm의 표준용액계열을 만든다.
2. 0.25% o-페난트롤린 용액 : o-페난트롤린 염산염($C_{12}H_8N_2 \cdot HCl \cdot H_2O$)의 결정 0.5 g를 200 mL의 증류수에 용해하여 냉암소에 보관한다.
3. 하이드로퀴논 용액 : 하이드로퀴논 0.2 g를 완충용액-B 20 mL에 용해하여 냉암소에 보관한다. 사용하다가 연한 착색이 일어나면 사용할 수 없다.
4. B. P. B 지시약 : 브로모페놀블루 0.1 g를 자제절구에 넣고 0.05 N- 수산화나트륨(NaOH) 3 mL와 잘 혼합한 후 증류수를 넣어 250 mL로 한다.
5. 2 M 아세트산 용액 : 아세트산 120 mL를 1 L 메스플라스크에 넣은 후 증류수로 용해하여 1 L로 한다.
6. 2 M 초산나트륨 용액 : 초산나트륨($CH_3COONa \cdot 3H_2O$) 272 g를 1 L 메스플라스크에 넣은 후 증류수로 용해하여 1 L로 한다.
7. 구연산암모늄 : 1% 수용액
8. 완충용액-A(pH 3.5) : 2 M 아세트산 용액 93.1 mL에 2 M 초산나트륨 용액 6.4 mL를 넣은 후 증류수로 용해하여 1 L로 한다.
9. 완충용액-B(pH 4.5) : 2 M 아세트산 용액 57 mL에 2 M 초산나트륨 용액 43 mL를 넣은 후 증류수로 용해하여 1 L로 한다.
10. 분광광도계(510 nm)

시료 분해액의 조제법

시료 10 mL를 증발접시에 넣고 끓고 있는 물중탕 위에서 건고한 후 전기로에 넣어 회화한다. 냉각 후 1 : 1의 염산(HCl) 약 1 mL를 넣고 끓고 있는 물중탕 위에서 증발 건고시킨다.

증발건고물에 1 : 3의 염산(HCl) 약 8 mL를 넣고 유리봉으로 교반하면서 물중탕 위에서 수분간 가온하여 잘 용해한 후 지름 7 cm의 여과지로 여과하여 여액을 100 mL 메스플라스크에 모아 보존한다. 여과지상의 불용물은 여과지와 함께 회화용의 증발접시에 넣어 회화한다.

회화 후 1 : 3의 염산(HCl) 약 2 mL를 넣은 후 증류수 약 5 mL를 넣어 희석한 다음 물중탕 위에서 수분간 가온한 다음 여과한 여액을 앞서 보관한 100 mL 메스플라스크의 여액과 합하여 증류수로 100 mL로 한다.

방 법

1) 시료 분해액 10 mL(Fe 0.05∼0.2 mg)을 25 mL용 메스플라스크에 넣고, 50 mL 플라스크에도 시료 분해액을 10 mL를 넣어 pH대조구액으로 한다.

2) 50 mL 플라스크에도 시료 분해액에 B. P. B 지시약 4방울을 넣고, 25 mL 메스플라스크의 시료액에는 하이드로퀴논 용액 1 mL와 0.25% o-페난트롤린 용액 2 mL를 넣는다.

3) 50 mL 플라스크에 2 M 초산나트륨 용액을 넣어 pH 3.5로 되고 액의 색이 황색에서 황녹색이 될 때까지 넣고 소요되는 2 M 초산나트륨 용액의 mL 수를 기록한다.

4) pH 3.5의 점은 50 mL 플라스크에 완충용액-A(pH 3.5)를 10 mL 취하고 B. P. B 지시약 4방울을 넣은 대조구의 색과 비교하여 알 수 있다. 만약 2 M 초산나트륨 용액을 떨어뜨림에 따라 백탁을 생성하면 대량의 철이나 알루미늄이 존재한다. 그러므로 구연산암모늄 용액 1 mL를 50 mL 플라스크에 넣어둔다.

5) pH 3.5로 하는데 필요한 2 M 초산나트륨 용액을 알게 되면 25 mL 메스플라스크에도 이것과 같은 mL의 2 M 초산나트륨 용액을 넣어 혼합하고 증류수로서 25 mL로 채워 한시간 이상 방치하면 홍색의 발색은 완전하고 48시간 동안 안정하므로 그 동안에 비색계로 측정한다.

6) 철표준액을 증류수로 정확히 10배로 희석하고 그 액 1, 2, 5, 10, 15, 20 mL를 25 mL 정도의 소형의 플라스크에 넣고 10 mL 이하는 증류수를 넣어 10 mL로 한다.

7) 6)과 같은 발색조작 방법으로 pH 3.5로 각 플라스크의 용액을 발색시켜서

흡광도(Z)를 측정하여 그림 15-1과 같은 표준곡선을 작성한다. 시료 중의 철량은 공시분해액 10 mL 중의 철량을 검량선에 의해서 구하고 다음 식을 이용하여 시료 100 g 중의 함량을 계산한다.

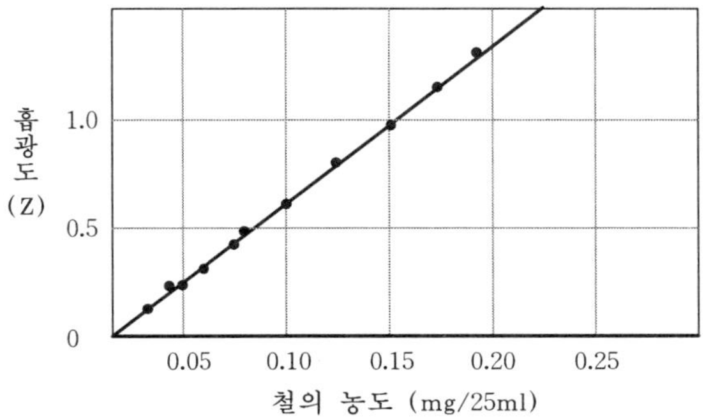

그림 15-1 철의 표준곡선

계 산

$$\text{Fe }\%(\text{mg}) = a \times \frac{V}{10} \times \frac{100}{W}$$

W : 시료채취량

a : 공시분해액 10 mL 중의 철량(mg)

v : 시료 분해용액 전량(mL)

15.2.8 납

물속의 납은 지질과 급수관에 의하며 허용한도는 0.1 ppm이다.

시약과 기구

1. 25% 염화암모늄(NH_4Cl) 용액
2. 10% 암모니아수(NH_4OH)
3. 포화유화수소액(H_2S)
4. 1%, 50% 아세트산암모늄(CH_3COONH_4) 용액
5. 질산납($Pb(NO_3)_2$) 표준액 : 질산납($Pb(NO_3)_2$) 0.1599 g를 메스플라스크에 넣고 증류수로 용해한 후 30% 아질산(HNO_3) 1 mL를 넣은 후 다시 증류수로 1 L가 되도록 한다. 이 용액 1 mL는 납 0.1 g를 함유하고 있다.

방 법

검수 1~3 L를 취해서 약 30 mL가 되도록 가열농축한 후 25% 염화암모늄(NH_4Cl) 용액 10~15 mL와 10% 암모니아수(NH_4OH) 몇 방울을 넣고 포화황화수소 용액을 통하여 수분간 끓인 후 여과한다.

침전은 미리 가온한 증류수로 몇 번 씻은 후 여과지와 함께 증발접시에 넣는다. 증발접시와 여과지 씻은 물, 95%의 황산(H_2SO_4) 5 mL를 넣고서 증기가 발생할 때까지 가열한 후 냉각한 다음 50% 에탄올 150 mL를 서서히 섞고 하룻밤 방치한 후 생성된 침전을 정량용 여지로 여과하여 묽은 에탄올로 잘 씻은 다음 침전을 정량용 여지와 함께 비이커 안에 넣고 50% 아세트산암모늄(CH_3COONH_4) 용액 20~30 mL를 넣고 끓여서 침전물을 용해하여 여과한다. 여과액은 미리 가온한 1% 아세트산암모늄(CH_3COONH_4) 용액으로 씻고 여과액과 씻어낸 용액을 메스플라스크에 넣어 냉각한 후 증류수로 100 mL로 한다.

공시험에 의한 정석 비율에 따라 그 적당량(B)을 비색관에 넣고 증류수를 넣어 50 mL로 한다.

별도로 동일한 비색관에 질산납($Pb(NO_3)_2$) 표준액 0.1, 0.2, 0.3, …… 1.0 mL를 차례로 넣고 각 관에 증류수를 넣어 50 mL로 한 다음 검수와 표준관의 각각에 50% 아세트산암모늄(CH_3COONH_4) 용액 1 mL와 포화황화수소 용액 10 mL 씩을 넣어서 발색시켜 검수의 색깔을 표준용액과 비교한다. 해당하는 질산납($Pb(NO_3)_2$) 표준액의 mL 수를 a라 한다.

계 산

다음 식에 의해 납의 함유량(ppm)을 계산한다.

$$\text{Pb(ppm)} = a \times \frac{100}{B} \times \frac{1000}{\text{검수 mL}} \times 0.1$$

제 4 편

식품의 부패시험법

제 16 장　어류의 신선도 판정법
제 17 장　우유의 신선도 판정법
제 18 장　계란의 신선도 판정법
제 19 장　통조림식품의 신선도 판정법

제 16 장
어류의 신선도 판정법

16.1 관능검사에 의한 신선도 판정법

음식물은 객관적으로 이화학적인 분석검사로 측정될 수 있다하여도 결국은 음식물을 섭취하는 사람의 감각과 심리작용에 의한 관능평가로 음식물의 품질이 결정된다. 이와 같이 식품의 기호성을 사람에 의하여 측정 평가하는 것을 관능검사(sensory test) 또는 관능평가(sensory evaluation)라고 한다.

관능검사의 결과는 검사자에 따라서 많은 차이를 가져올 수 있고 동일한 검사자인 경우도 검사 장소와 시간에 따라서 변동될 수 있다. 식품을 감각으로 느낀 내용을 표현할 때에 수량적으로 표시하기는 매우 어려우므로 관능검사의 합리적이고 정확한 판정결과를 얻으려면 시료조제를 가장 적절히 하여야 되고, 심사원(panel member)의 합리적인 구성, 가장 효과적인 실험계획, 가장 적합한 통계처리방법 등이 잘 이행되어야 한다.

1. 근육의 경도

사후경직(rigor mortis) 중에 있는 것은 아주 신선하다. 손가락으로 눌러보아서 사후경직 이후에 일어난 자기소화(autolysis)의 정도를 추정한다.

어류의 사후변화(postmortem changes)는 효소계의 작용에 의한 해당작용(glycolysis)을 거쳐 화학적인 변화에 이어서 근육의 사후경직 후 경직의 해제와 더불어 효소작용에 의한 자기소화로 육질이 연화되고 세균이 증식하여 선도저하가 일어나서 부패(putrefaction)하게 된다.

2. 아가미

신선한 어류는 선홍색 또는 암적색이고 조직은 단단하고 악취가 없고 해수어는 해수의 냄새가 난다. 선도저하에 따라서 아가미의 색이 적색－회색－회녹색으로 된다. 변색은 아가미의 주변부로부터 시작되며 전체가 변색된다. 냄새는 어류의 다른 부위보다 가장 빨리 나타나는데 선도가 저하됨에 따라서 냄새도 차츰 자극성을 나타내다가 불쾌한 부패취를 낸다.

3. 안 구

신선한 어류의 안구는 맑고 아름다우며 정상위치에 있으나 선도저하에 따라서 혼탁하여지고 내부로 침하되며 결국에는 탈락하게 된다.

4. 어류의 표피

신선한 어류의 표피는 광택이 있고 어종에 따른 고유의 색채를 갖는다. 그러나 선도저하에 따라서 차차 변색 또는 퇴색한다.

비늘이 탈락하기 쉬운 어종이 신선할 때는 비늘이 단단히 붙어 있으나 선도저하에 따라 비늘이 떨어지기 쉽고 또한 군데군데 벗겨진다.

어체 표면의 점액은 원래 투명하나 선도가 떨어지면서 진득진득하여지고 황갈색으로 변한다.

5. 복 부

신선한 어류는 내장이 단단하게 붙어 있으므로 손가락으로 눌러도 연약감이 없으나 선도저하에 따라서 연화, 팽창하여 홍문으로부터 장의 내용물이 노출하게되며, 내장은 자기소화되기 쉬우므로 녹아내리게 된다.

6. 어 육

신선한 어육은 투명하면서 광택이 있으나 오래되면 광택이 없어지고 불투명하게 된다. 또한 어육을 잘게 썰 때 신선한 것은 껍질부분이 활 모양으로 말려든다. 근육내부의 모세혈관도 처음에는 투명하나 시간경과에 따라서 불투명하게 되고 혈액이 육질에 침윤하게 된다.

신선한 어육은 뼈에서 발라내기 힘드나, 선도저하된 어육은 배골 주변의 육색이 적갈색으로 변하고 육과 뼈의 분리가 쉽다. 증기로 찐 어육은 이와는 반대이다.

7. 냄 새

신선한 해수어의 해수 냄새는 trimethylamine oxide(TMAO)가 세균의 환원작용에 의해서 생성한 trimethylamine(TMA)이며, 담수어의 담수의 냄새는 리신에 세균이 작용하여 생성한 피페리딘(piperidine)이나 리신과 아르기닌에서 형성한 δ-aminovaleraldehyde, δ-aminovaleric acid에 의한 냄새를 나타내지만 선도저하에 따라서 urea－NH_3를 생성하여 불쾌한 비린내를 나타내게되고 심하면 시스틴에 의한 CH_3SH, 암모니아(NH_3), 유화수소(H_2S), 트립토판에 의한 인돌, 스카톨을 생성하여 부패취를 나타내게 된다.

어류의 관능검사표

평가항목	근육경도	아가미	안 구	표 피	복 부	어 육	냄 새
신선어	단단하다	선홍색	맑고, 정상위치	고유광택	단단하다	투명, 광택	해수냄새
실험어							

16.2 세균학적 판정법

어패류에 부착한 세균수에 의해 선도를 판정하는 방법으로 Tarr (1944)에 의하면 어육 1 g 중의 세균수가 10^5 이하이면 신선하고, $10^5 \sim 10^6$이면 초기부패, $10^5 \sim 10^6$ 이상이면 부패한 것으로 구별한다.

시약과 기구

1. 믹서(균질기)
2. 현미경
3. 부란기
4. 건조기

5. 고압멸균솥
6. 백금이
7. 메칠렌블루
8. 무수알코올
9. 테트라클로로에탄
10. 결정아세트산

시료의 조제

시료 1～10 g를 무균적으로 취하여 멸균된 균질기로 10배량의 멸균 생리식염수로 균질화시킨다.

방 법

희석한 시료 0.01 mL를 slide glass 위에 떨어뜨리고 이것을 1 cm^2의 면적에 백금이로 균일하게 도말한 후 건조, 고정하고 Nuwman 염색약(메칠렌블루 1.0～1.2 g, 무수알코올 54 mL, 테트라클로로에탄 40 mL, 결정아세트산 6 mL)으로 순간 염색 후 잔여액을 버린 후 건조, 세척해서 검경한다.

총균수는 희석율과 한 시야 중의 평균 총균수로부터 산출한다.

판 정

어류의 세균학적 판정

	세 균 수	비 고
신 선 어	10^5 이하	
초기부패어	10^5～10^6	
부 패 어	10^5×10^6 이상	
실 험 어		

16.3 물리적 판정법

신속한 판정결과를 알 수 있는 방법이나 어종 또는 개체에 따른 차이가 많다. 어육의 경도를 측정하는 방법, 선도가 저하되면 전기저항이 감소하므로 전기저항을 측정하는 방법, 안구수정체의 혼탁도를 탄산마그네슘을 함유하는 유리제 표준품과 비교하는 방법, 어육압착즙의 점도를 측정하는 방법, 안구액을 원심분리하여 상등액의 굴절율을 측정하는 방법 등이 있다.

16.4 화학적 판정법

어육의 휘발성환원물질인 알데히드가 20 mg 당량을 초과하면 초기부패라 하나 어종에 따라서 차이가 많고, 히스타민과 인돌의 측정은 VBN의 증가보다 늦고 정량방법이 복잡하며 어종에 따라서 차이가 많으나 인돌은 부패 확인에는 적합하며 그 량이 0.0015 mg%를 초과하면 초기부패라 할 수 있다. 또한 어육은 사후 pH가 내려갔다가 선도의 저하와 더불어 다시 상승한다. 일반적으로 붉은살 어류는 pH 6.2～6.4, 흰살어류는 pH 6.7～6.8이 되었을 때를 초기부패로 판정한다. 새우류는 pH 7.7이면 선도가 좋고 pH 7.7～8.0이면 선도가 저하될 때고 pH 8.0 이상이면 식용으로 부적합하다.

16.4.1 휘발성 염기질소(VBN) 측정

어류는 어획직후의 근육 중에는 휘발성 염기질소(volatile basic nitrogen, VBN)가 극히 적으나 선도저하나 부패에 의해 주로 암모니아(NH_3)와 TMA (trimethylamine, $(CH_3)_3N$) 등의 생성에 따른 질소량, 즉 VBN을 측정하여 신선도를 판정한다. VBN 측정법은 Conway의 미량확산법과 증류법이 있으며 증류법은 다시 통기법 및 감압법으로 나눈다.

1. Conway 미량확산법

시약과 기구

1. 붕산흡수제 : 붕산 1g를 에탄올 20 mL에 용해하여 혼합지시약인 메칠레드 0.033% 및 브롬크레롤그린 0.066%를 함유하는 에탄올 용액 1 mL를 가한 후 증류수를 넣어 전량을 100 mL로 한다.
2. 탄산바륨 분해제 : 증류수 100 mL에 탄산바륨 50 g를 넣어 가온하여 용해

시킨다.

3. 0.01 N-황산(H_2SO_4) 표준액 : 1000 mL에 황산(H_2SO_4)의 0.01 g 당량인 0.4904 g를 함유하고 있다.

   95~96%의 진한 황산(H_2SO_4) 약 0.3 mL를 증류수를 절반쯤 넣은 1000 mL의 용량플라스크에 넣어 냉각시킨 후 표선까지 증류수로 채워 혼합한다. 표정은 탄산나트륨(Na_2CO_3)의 0.018 g를 정평하여 증류수에 용해하여 메칠레드 2방울을 넣고 위에서 제조한 0.01N-황산(H_2SO_4) 표준액으로 적색이 될 때까지 적정한다.
4. 20% TCA(trichloroacetic acid)
5. 와세린
6. Conway 미량확산장치(검측기)
7. 전기부란기
8. 균질기
9. Buchner funnel
10. 플라스크
11. spoit pipette
12. measuring pipette
13. 여과지 No.2

시료의 조제

검체 10 g을 평취하여 증류수 50 mL를 가하여 마쇄하여 소량의 증류수로 비이커에 씻어 넣고, 20%의 TCA 또는 20%의 과염소산액($HClO_4$) 10 mL를 넣어 교반 후 10분간 정치하여 단백질을 침전제거하고 Buchner funnel로 감압 여과 후 100 mL 플라스크에 20%의 TCA 용액으로 씻어 넣어 일정량(100 mL)으로 조절한다.

방 법

VBN 검측기의 내실에 붕산 1 mL를 넣고, 외실에는 검액 1 mL와 알칼리액 1 mL을 넣은 후 뚜껑과 검측기의 맞닿는 부분에 와세린을 바른 후 뚜껑을 닫는다. 검측기를 서서히 좌우로 기울여 알칼리액과 검체액을 잘 혼합한 후 37 ℃의 부란기에서 80분간 정치한 후 검측기를 열고 내실의 붕산액을 spoit pipette로 비이커에 옮겨 메칠레드 2방울을 넣고 적색이 될 때까지 0.01 N-황산(H_2SO_4) 표준액으로 적정한다.

계 산

$$\text{VBN(mg\%)} = 0.14 \times (a - b) \times F \times \frac{100}{S}$$

a : 소비된 0.01 N-황산(H_2SO_4) 표준액 적정값
b : 공시험에 소비된 0.01 N-황산(H_2SO_4) 표준액 적정값
S : 검액 1 mL에 상당하는 시료의 g수
F : 0.01 N-황산(H_2SO_4) 표준액의 역가

어육류의 휘발성 염기질소

	VBN mg%	비고
신선한 어육	5 ~ 10	
보통선도의 어육	15 ~ 25	
초기부패어육	30 ~ 40	
부패어육	50 이상	
실험어육		

16.4.2 trimethylamine(TMA, $(CH_3)_3N$)의 정량

TMA는 신선육에는 거의 존재하지 않으나 사후 TMAO가 세균의 환원작용에 의하여 생성된다. 또한 어육류는 가열에 의해 TMAO가 환원하여 TMA를 생성하므로 판정할 때에 주의하여야 한다. TMA의 증가율은 암모니아보다 커서 선도판정의 좋은 지표가 된다.

시약과 기구

1. TCA용액 : 4%, 20%의 트리클로로아세트산 용액
2. 20% 중성포르말린액
3. 톨루엔
4. 포화탄산칼륨용액
5. 무수황산나트륨(Na_2SO_4)

6. 피크린산 용액 : 피크린산을 무수톨루엔에 녹여 0.02%로 한다.
7. 플라스크
8. 자제절구
9. 원심분리기
10. 분광광도계

방 법

검체 10～20 g을 정평하여 자제절구에 넣고 증류수 50 mL를 넣고 30분간 교반 추출한 후 20%의 TCA 용액 10 mL를 넣어 단백질을 침전시키고 원심분리하여 세액을 모아 위의 상징액과 합하여 100 mL 플라스크에 넣고 증류수로 표선까지 채운다.

상기 용액 5 mL(TMA함량 2～20㎍ 정도)를 분액깔대기에 넣고 20% 중성포르말린액 1mL, 톨루엔 10 mL, 포화탄산칼륨용액 3 mL를 차례로 넣고 1분간 강하게 교반하여 5분간 정치한 후 톨루엔층을 공전 시험관에 옮겨 무수황산나트륨(Na_2SO_4) 0.5 g을 넣고 탈수한 후 피크린산 용액 5 mL를 넣고 피크린산을 생성시켜 420 mμ에서 흡광도를 측정한다.

계 산

$$\text{TMA mg} = 0.142 \times (a - b)$$

a : 본시험의 흡광치
b : 공시험의 흡광치

어육의 TMA함량

	TMA mg%	
일반어육	3 ～ 4	
가다랭이	1.5 ～ 2.0	
청 어	7	
실험어육		

16.4.3 수소이온농도에 의한 시험

식품에서 pH는 알칼리성과 산성의 강약의 표준이 된다. 물은 산의 H^+와 알칼리의

OH^-가 결합하여 형성되는 반응으로 다음과 같이 가역적이다.

$$H^+ + OH^- \rightleftharpoons H_2O \quad 또는 \quad 2H_2O \rightleftharpoons H_3O^+ + OH^-$$

수소이온농도가 수산이온과 같아서 $(H^+) = (OH^-) = 10^{-7}$일 때는 중성이고, $(H^+) = 10^{-7}$보다 커서 $(H^+) > (OH^-)$일 때는 산성이고, $(H^+) = 10^{-7}$보다 작아서 $(H^+) < (OH^-)$일 때는 알칼리성을 나타낸다. 즉 액성이 중성일 때는 pH = 7이고, 산성은 pH < 7이며 알칼리성은 pH > 7이다.

시약과 기구

1. pH 메터 : 0.01 단위 측정 할 수 있는 메터
2. pH paper
3. pH 4～9 표준완충용액

방 법

1) 증류수 중에 있는 pH 메터의 유리전극을 꺼내어 여과지로 수분을 제거한다.

2) 표준액을 담은 비이커에 유리전극을 담그고, 표준액(pH 4 & 7)에 따라서 조정나사를 조절하여 맞춘다.

3) 유리전극을 비이커에서 꺼내어 증류수로 3～4번 세척 후 여과지로 수분을 제거한다.

4) 시료액에 유리전극을 넣어 pH를 측정한다.

5) 유리전극을 비이커에서 꺼내어 증류수로 3～4번 세척 후 증류수에 담근다.

표준완충액의 온도에 따른 pH

온도(℃)	phthalate	중성인산염	붕산염
5	4.01	6.95	9.39
10	4.00	6.92	9.33
15	4.00	6.90	9.27
20	4.00	6.88	9.22
25	4.01	6.86	9.18
30	4.10	6.85	9.14
35	4.02	6.84	9.10

제 17 장
우유의 신선도 판정

우유의 어는점(freezing point)는 -0.540℃이고 끓는점(boiling point)은 1기압일 때에 100.55℃이며 1/2로 우유를 농축하면 101.05℃가 된다. 유지방은 14~16℃에서 고화하며 이것이 융화할 때에 열을 흡수하므로 일단 40℃로 가열하여 고화를 방지한 다음 27.5℃에서 측정한 우유의 비열(specific heat)은 17-1과 같다. 우유의 점도는 표 17-2와 같다.

표 17-1 우유의 비열

우유지방 %	14~16℃	27.5℃
0.2% 탈지유	0.9388	0.9455
3.17% 전유	0.9457	0.9351
19.18% 크림	0.9833	0.8443

표 17-2 우유의 점도

온도(℃)	점도	온도(℃)	점도
5	3.254	20	2.127
10	2.809	25	1.857
15	2.463	30	1.640

우유의 표면장력은 20℃에서 40~60 dyne/cm로 물의 표면장력 72.75 dyne/cm보다 낮다. 또한 굴절율(refractive index)은 20℃에서 sodium spectrum의 D선(589.3μm)으로 측정하여 물이 $nD^{20}=1.33299$일 때에 우유는 많

은 종류의 coloid 성분을 함유하므로 물보다 굴절율이 크다. 탈지유는 1.344~1.348이고, 유지방의 굴절율은 40℃에서 1.4537~1.4552이다.

17.1 우유의 신선도 측정법(clot-on-boiling test)

산도가 높으면 우유 중의 casein이 응고한다.

시약과 기구

1. 피펫
2. 비이커
3. 알코올 램프

방 법

시료 10~20 mL를 비이커에 취하여 알코올 램프 위에서 서서히 1~2분간 끓인다. 여기에 같은 양의 물을 넣어 희석하여 응고물 유무를 관찰한다.

결 과

우유의 신선도 측정

종 류	결 과
정상우유	응고물 생성안됨
산도 0.25% 이상의 우유	응고물 생성
초유, 이상유	응고
실험 유	

17.2 우유의 수소이온 농도

우유의 pH는 우유의 탄산, 신선도, 미생물의 종류 및 번식, 유방의 건강상태 등에 따라서 다르다. 즉 미생물에 의해 산이 생성되면 pH는 저하되고, 암모니아를 생성하면 pH는 상승한다. 우유의 pH는 온도에 따라서 차이가 많은데 20℃에서는

pH 6.64인데 우유의 온도가 고온에서는 인산칼슘이 불용성으로 되기 때문에 60 ℃일 때는 pH 6.23이 된다.

신선한 우유의 수소이온농도(Hydrogen ion concentration, pH)는 약 6.6이며, 정상우유의 pH는 6.4~6.6이다.

시약과 기구

1. pH 메터 : 0.01 단위 측정할 수 있는 메터
2. pH paper
3. pH 4~9 표준완충용액

방 법

1) 증류수 중에 있는 pH 메터의 유리전극을 꺼내어 여과지로 수분을 제거한다.

2) 표준액을 담은 비이커에 유리전극을 담그고, 표준액(pH 4 & 7)에 따라서 조정나사를 조절하여 맞춘다.

3) 유리전극을 비이커에서 꺼내어 증류수로 3~4번 세척 후 여과지로 수분을 제거한다.

4) 시료용액에 유리전극을 넣어 pH를 측정한다.

5) 유리전극을 비이커에서 꺼내어 증류수로 3~4번 세척 후 증류수에 담근다.

결 과

종류별 젖의 pH

종 류	pH	종 류	pH
신선우유	6.6	정상유	6.4~6.6
초유	6.0	면양유	6.41
유방염유	7.5	마유	7.22
20℃의 우유	6.64	인유	6.96
60℃의 우유	6.23	실험유	

17.3 우유의 비중 측정법

우유의 비중(Specific gravity)은 우유중에 용해 또는 분산하고 있는 물질의 양에 따라서 다르다. 단백질, 유당, 염류는 변화가 적으므로 탈지유의 비중은 변동이 적으나 우유지방은 그 함량이 변화하기 쉬워서 그 비중도 변화한다. 우유의 비중은 15℃에서 측정하거나 15℃로 환산하여 표시하는데 15℃ 이하는 1℃에 대하여 0.0002를 감하고, 15℃ 이상은 0.0002를 더하여 보정치로 한다.

시약과 기구

1. 우유용 비중계(중보메비중계) : 비중 1.015～1.045를 측정할 수 있는 비중계
2. 200 mL 메스실린더

방 법

1) 약 200 mL의 우유를 15℃(±5℃)로 가온 후 거품이 나지 않게 메스실린더에 넣는다.

2) 메스실린더에 우유용비중계를 서서히 넣어 비중계가 메스실린더의 측벽에 붙지 않고 떠 있을 때의 비중계 눈금을 읽는다.

표 17-3 우유의 비중

종 류	비 중	종 류	비 중
holstein의 우유	1.027～1.035(1.032)	산양유	1.0326
탈지유	1.0320～1.0365	돼지젖	1.0412
우유의 전고형분	1.3～1.4	토끼젖	1.0493
무지고형분	1.600～1.6380	인 유	1.0328

17.4 우유의 적정산도(유산표시법)

우유의 적정산도는 유산을 양(%)으로 표시하는데 우유에 지시약을 첨가한 후

중화점이 될 때까지 알칼리액으로 적정하여 이 때 소비된 알칼리 용액의 양(젖산의 당량)을 백분율로 환산하여 적정산도로 표시한다.

착유 직후의 젖산도를 자연산도(natural acidity) 또는 표현산도(apparent acidity)라 하며 우유의 자연산도를 신선한 우유의 적정산도로 표시하며 이 산도를 구성하는 유성분은 탄산가스 0.01%, 구연산염 0.01%, 유단백질(casein 0.06% : albumin 0.01%), 인산염 0.06~0.12% 등으로 우유의 적정산도는 간접적인 우유의 완충능력의 표현이라고 할 수 있다.

우유를 방치해 두었을 때에 생성되는 산도를 발생산도(developed acidity) 또는 진정산도(real acidity)라고 하는데 발생산도는 젖산발효에 의해서 유당으로부터 생성된 젖산에 의한 것이다. 발생산도는 자연산도와 같이 우유의 젖산도를 형성한다. 발생산도는 열에 대해서 우유를 불안정하게 하여 응고하기 쉽게 만든다. 즉 우유의 적정산도가 0.25%가 되면 약 85℃에서 응고되고, 0.56~0.58%가 되면 이 우유는 실온에서도 응고한다.

시약과 기구

1. 1% 페놀프탈레인 용액
2. 0.1N-NaOH
3. 뷰렛
4. 피펫
5. 비이커

방 법

1) 시료 우유 10 mL를 비이커에서 끓여서 CO_2를 제거시킨 증류수 10 mL를 넣어 희석한다.

2) 1% 페놀프탈레인 용액 0.5 mL를 넣고 0.1N-NaOH 용액으로 종말점이 30초 동안 홍색이 지속될 때까지 적정한다.

계 산

$$\text{산도(젖산)} = \frac{a \times f \times 0.009(b)}{S \times d} \times 100$$

a : 0.1N-NaOH의 적정 mL

b : 0.1N-NaOH 용액 1 mL에 상당하는 젖산의 양
f : 0.1N-NaOH의 역가
d : 시료의 비중
S : 시료의 채취량

우유의 산도

종 류	산 도(유산)
신선한 우유의 산도	0.15~0.18%
실험우유	

제 18 장
계란의 신선도 판정법

계란은 단일식품으로는 우유와 같이 영양적으로 가장 좋으나 칼슘은 우유보다 현저히 떨어지고 인은 풍부하다.

난단백질에는 methionin, cystein 등 함황아미노산이 많이 존재하며 약 계란 1개에는 6.5 g의 단백질이 있어 우유 200 g, 치즈 25 g, 쇠고기 35 g, 식빵 32 g과 맞먹는 단백질이 존재한다. 또한 계란에는 비타민 C 이외의 모든 비타민이 풍부하며, 난황(egg yolk)의 단백질과 지방의 소화율은 97~98%로 높다. 그러나 난백(egg white)에는 비오틴을 불활성화하는 아비딘과 트립신 저해제로 작용하는 오브뮤코이드가 있으며, 난황에는 콜레스테롤이 많아서 동맥경화와 고혈압에 문제시되고 있다.

신선란은 갓 낳은 계란으로부터 30일을 초과하지 않으며 적합한 온도와 습도에서 보존된 것을 말한다. 계란은 외부적, 내부적 품질요소로 대별된다.

18.1 외부적 품질요소

1) 계란의 크기(egg size) : 특란(extra-large)-61 g 이상, 대란(large)-55~60 g, 중란(medium)-48~54 g, 소란(small)-42~47 g, 경란(peewee)-42 g 이하로 구별한다.

2) 난형(egg shape) : 정상란은 타원형으로 nonios로 측정하여 장경과 단경의 비율이 4 : 3이다.

3) 난각질(texture) : 표면에 오물이 묻어 있지 않고, 울퉁불퉁 하지 않으며 난

각이 균일하고, 기공의 수는 129.1±1.1/cm^{2}이며 열려진 기공 수는 79.4±0.8/cm^{2}이다.

4) 난각의 두께 : 0.31～0.34 mm

5) 건전도(soundness) : 계란의 장축 방향에 압력을 가한다. 파괴에 필요한 압력으로 3.61～5.20 kg의 항파괴력을 갖는 계란을 정상란(sound)이라 한다.

그림 18-1 계란의 항파괴력 측정

6) 청결도(cleanliness) : 청결(clean)－흠이 없고 더럽지 않은 상태, 소오염(slight stains)－한 곳의 흠이 1/32보다 적고 흩어진 흠은 1/16보다 적은 계란, 중오염(moderate stains)－흠이 표면의 1/4보다 적은 계란, 불결(dirty)－흠이 1/4 이상 묻어 있는 계란

7) 난각색(shell color) : 백색, 갈색, 담색, 청색을 나타내며, 색의 강도는 초여름부터 가을철의 산란개시기는 색이 감소되었다가 연말까지는 점차 증가한다. 부패가 시작되면 난각 전체에 푸른빛을 띄면서 광택이 없는 색깔을 나타낸다.

8) 진음법 : 신선란은 내용물이 충만되어 계란을 귀에 대고 흔들어도 아무 소리도 없으나, 묵은 계란은 난황막이 얇아지고 수분이 증발되거나 내용물이 분해 또는 축소되어 출렁이는 소리가 난다.

9) 설감법 : 신선란은 기실이 둔단부에 위치하기 때문에 둔단부에 혀를 대어 보면 따스한 느낌을 주고, 첨담부는 차가운 느낌을 주지만, 오래된 계란은 양쪽 모두 냉감을 준다.

10) 비중(specific gravity) : 신선한 계란의 비중은 1.0784～1.0914이나 매일 0.0017～0.0018씩 줄어들기 때문에 신선도의 척도가 된다.

시약과 기구

1. 8% 소금 용액 : 식염 40 g을 물 500 mL에 용해하여 15 ℃에서 비중이 1.081를 갖는 소금물
2. 10% 소금 용액 : 식염 50 g을 물 500 mL에 용해하여 15 ℃에서 비중이 1.073를 갖는 소금물
3. 11% 소금 용액 : 식염 55 g을 물 500 mL에 용해하여 15 ℃에서 비중이 1.060를 갖는 소금물
4. 유리수조
5. 중보메비중계

방 법

내용을 볼 수 있는 유리제품의 수조에 소금물을 넣고 계란을 띄워서 판정한다.

1) 11% 소금 용액에 즉시 가라앉는 계란을 신선란(A급 계란)

2) 11% 소금 용액에서 떠오르고, 10% 소금 용액에서 가라앉는 계란을 보통란(B급 계란)

3) 10% 소금 용액에서 떠오르고, 8% 소금 용액에서 가라앉는 계란을 묵은 계란(C급 계란)

4) 8% 소금 용액에서 떠오르는 계란을 부패란으로 판정한다.

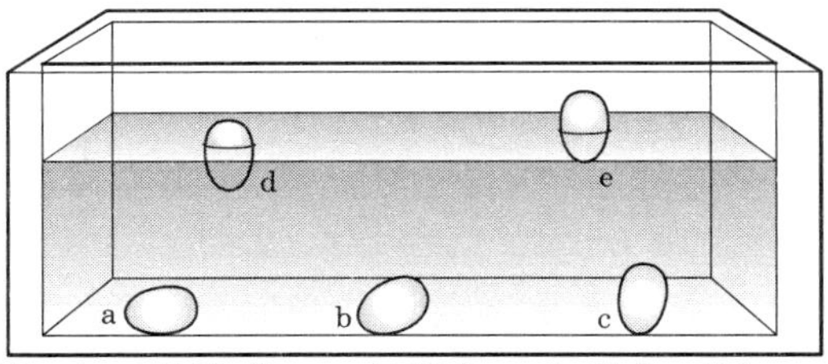

a. 산란직후 b. 1주일 후 c. 보통란 d. 묵은 계란 e. 부패란

그림 18-2 비중에 의한 계란의 선별법

18.2 내부적 품질검사

계란의 내용검사(interior inspection)는 계란을 할란하지 않고 투시검란(light

candling)에 의한 외부적인 검사로 기실, 난백, 난황 등을 관찰하는 방법과 유리판 같은 평평한 표면 위에 계란을 깨어 놓고 난백, 난황부를 검사하고 색깔, 혈반, 육반의 유무를 관찰한다.

18.2.1 투시검란법(Candling eggs for interior quality)

시약과 기구

1. 검란기(egg candler) : 전구는 60W이며 검란기 구경은 1 $\frac{1}{8}$ 인치이하.

방 법

계란을 엄지와 인지로 잡고 난각의 전면을 돌려가면서 투시한다. 계란을 잡는 위치는 둔단부를 위로하고 장축의 위치가 수직이 되도록 잡고 구경의 위 가장자리에 가까이 대고 보면서 손목을 틀어 계란을 빙빙 돌리면서 내용물을 회전시킨다. 투시검란할 때의 계란의 온도는 55～70°F로 한다.

1) 산란직후의 계란 : 기실의 높이는 3 mm 이내, 계란 내용물이 동요치 않고, 명홍색

2) 신선란 : 기실의 높이는 5 mm 이내, 계란 내용물이 동요치 않고, 명홍색

3) 보통란 : 기실의 높이는 10 mm 이내, 계란 내용물이 다소 진동하고, 명홍색

4) 부패란 : 암흑색, 이취, 난각의 빛이 불량하며, 난백이 녹색을 나타낼 때 초란이라 한다.

5) 이상란 : 혼혈란, 혼물란 등은 투시하면 적색점이 있다. 금이 간 계란은 저장할 수 없다.

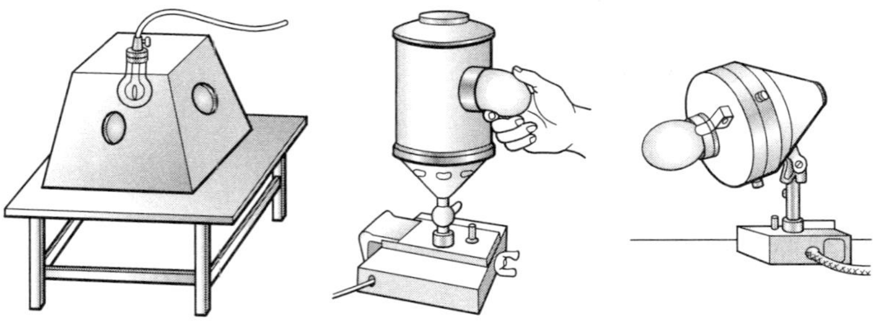

그림 18-3 계란의 투시검란

18.2.2 할란검사(egg bteaking test)

계란을 유리판 같은 평평한 표면위에 깨어 놓았을 때에 난황이 계란의 중심을 차지하고 계란을 회전시켰을 때에 약간만 움직이는 중심난황(well centered)이며 표면에 배반이나 어떠한 결점이나 결함이 없고, 점도 110~250, 표면장력 45~55, pH 6.2~6.6, 65℃부터 gel화하는 계란을 신선란이라 한다. 그 외의 평평하거나, 퍼지거나, 윤곽이 불분명하거나, 혈액이 보이면 좋지 않다.

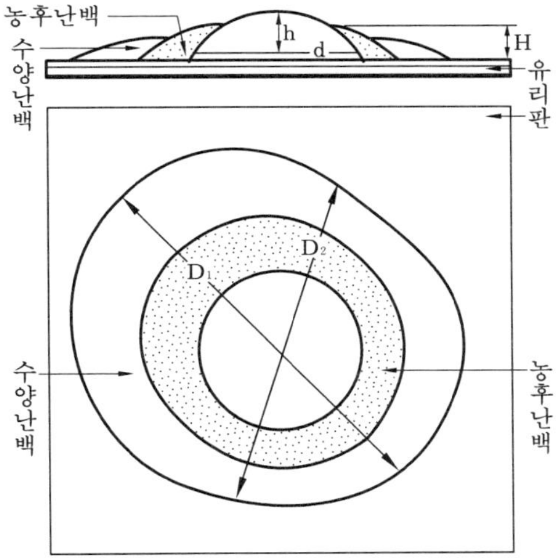

그림 18-4 유리판위의 할란

난백은 착색이나 이물질이 없는 난백은 청결난백(clear)으로 점도 3.5~10.5, 표면장력 55~65, pH 7.3~8.0, 60℃부터 gel화하는 계란을 신선란이라 한다.

계란을 유리판 같은 평평한 표면위에 깨어 놓고 난백, 난황부의 높이(mm)와 길이(mm)를 측정한다.

1. 난황계수(yolk index)

난황의 높이(mm)를 직경(mm)으로 나누는데 신선란의 난황의 높이는 17~19 mm이고 직경은 4.2~4.5 mm이며, 난황계수는 0.361~0.442이다. 난황계수가 0.3 이하는 묵은 계란이거나, 37℃에서 3일간, 25℃에서 8일간, 2℃에서 100일

이상 저장할 때의 난황계수이다. 또한 형상이 이상하거나, 2개의 난황이 존재하는 것, 변질된 것, 부화2～3일 째에 발견되는 혈액 혼입란 등은 이상란이다.

$$난황계수 = \frac{난황의\ 높이}{난황의\ 직경}$$

2. 난백계수(albumin index)

농후난백의 높이를 농후난백의 최장경(mm)과 최단경(mm)의 합하여 나눈 수치를 농후난백의 직경으로 하여 나눈다. 신선란의 난백의 높이는 4.3～7.6 mm이고 직경은 74～83 mm이며, 난백계수는 일반적으로 0.06정도이다.

$$난백계수 = \frac{난백의\ 높이}{난백의\ 직경}$$

제 19 장
통조림 식품의 신선도 판정법

식품재료의 합리적인 이용과 저장의 용이성, 간편한 운반 등 여러 가지의 장점 때문에 현재 많은 통조림 제품이 제조 및 유통되고 있다. 통조림식품의 신선도를 판정하는 기준을 보면 제조일, 타검, 가온 검사, 진공도 검사, 관능적 검사, 통조림의 팽창도 검사, 세균학적 검사 등이 있다.

19.1 통조림 마크

통조림은 그 뚜껑에 품명, 크기, 조리방법 등의 상태와 제조업자 명, 제조년월일을 로마자와 숫자로 3단으로 나누어 표시하고 있다.

이 마크는 제조업자가 달라도 같은 품명에 대해서는 똑같은 기호를 사용한다. 맨 위단에는 내용물을 나타내는 기호로 최초의 2글자가 품종 마크(김치 : KCH, 멸치 : AN)이며, 다음에 내용물의 상태[(유지통조림 : OL, 보일드 : BL)와 형태(큰 것 : L(large), 중간 것 : M(medium), 작은 것 : S(small), 특히 작은 것 : T(tiny)]를 표시한다.

형태를 나타낼 필요가 없는 것은 따로 기호를 쓰지 않을 수 도 있다.

가운데 단은 제조업자명이고, 맨 하단은 제조 년 월일을 나타낸다. 제조 년 월일은 4개의 숫자로 표시하는데 첫 자는 제조년도의 끝 자이고 두 번째는 제조 월인데 1~9월은 그대로 쓰고 10월은 O, 11월은 Y, 12월은 Z로 나타낸다.

세 번째와 네 번째는 제조일자인데 1~9일은 01~09로 10일 이후는 그대로 숫자로 표시한다. 우리나라에서는 제조년도의 끝자리 두 숫자를 쓰고 한 칸 띄워 월수와 일수를 숫자로 표시한다.

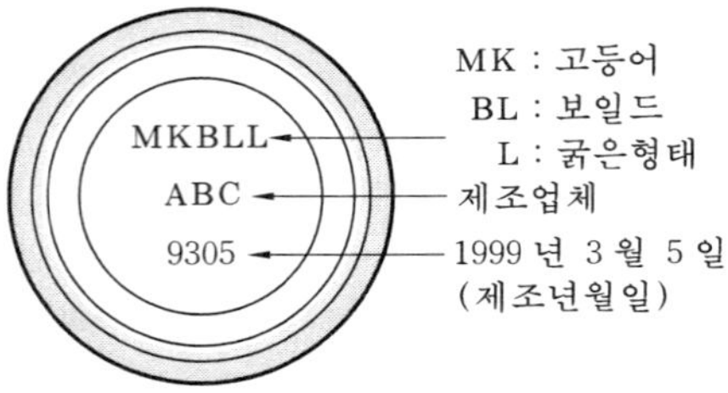

그림 19-1 통조림의 표시 예

시약과 기구

1. 각종 통조림
2. 통조림 품명과 표시 기호 임람 표
3. 조리방법 표시 표
4. 형태별 표시 표

방 법

통조림의 뚜껑 상단에 표시된 품명, 조리형태, 크기를 통조림 품명과 표시 기호 일람표, 조리방법 표시 표, 형태별 표시 표와 대조하여 확인하고, 중간 단에 표시된 제조업자 명을 확인하며, 하단에서 제조 년 월일을 확인한다.

표 19-1 통조림 품명과 표시 기호 일람표

원 료 명	Mark	원 료 명	Mark	원 료 명	Mark	원 료 명	Mark
양송이버터	MBB	사과슬라이스	APS	혼합주스	NMJ	갈치	HT
양송이 홀	MBW	포도(씨안뺀)	GS	농축주스	NCJ	굴	OY
그린피스	GPB	포도(씨뺀)	GE	꽃게	T	전복	AB
천연송이홀	NMB	온주밀감	MD	털게	E	오분자기	BA
김치	KCH	여름밀감	SO	왕게	P	소라	TP
깍두기	KDG	밤설탕조림	CHB	대게	C	골뱅이	BT
마늘장아찌	GFD	살구	AO	새우	SH	대합	SC
죽순홀	BSW	토마토	SPT	고등어	MK	백합	HC
딸기	STR	파인애플윤절	PRS	꽁치	MP	소라고동	R
락교절임	SCAP	옥수수홀	SWC	학꽁치	HB	개량조개	RC
들깻잎절임	WSLP	흰밥	WRF	전갱이	HM	새조개	CO
콩나물	SBSB	두부전	FBC	멸치	AN	맛조개	RA
백도홀	PWW	딸기잼	SJM	정어리	SA	반지락	SN
백도2절	PW	복숭아잼	PLM	참다랭이	TB	홍합	MS
황도	PY	사과잼	AJM	날개다랭이	TA	꼬막	BC
황도4절	PYA	귤잼	OJM	황다랭이	TY	피조개	AS
배	PE	포도잼	GJM	가다랭이	TS	오징어	SD
배윤절	PER	사과주스	NAJ	방어	YT	문어	OC
배2절	PEH	복숭아주스	NPJ	줄삼치	BO	쭈꾸미	PO
배4절	PEA	포도주스	NGJ	삼치	CM	꼴뚜기	WA
배슬라이스	PES	귤주스	NOJ	대구	CD	고래고기	WM
배다이스	PED	자두주스	NPLJ	갯장어	SE	어단	FD
사과	AP	살구주스	NAPJ	붕장어	CE	김	LA
사과윤절	APR	앵두주스	NCHJ	뱀장어	EL	까나리	SS
사과4절	APQ	파인애플주스	NPAJ	날치	FL	곱새기	D
사과다이스	APD	딸기주스	NSJ	양미리	NA		

표 19-2 통조림의 조리 방법 표시

조리방법	표시 기호	영 어 표 기	조리방법	표시 기호	영 어 표 기
보일드	BL	water and salt added	토마토담금	TO	packed in tomato sauce
가 미	FD	packed in(or seasoned with) soy sauce and sugar	머스타드담금	MD	packed in mustard sauce packed down in soy
			조 림	BD	sauce and sugar
유 지	OL	packed in(or seasoned with) vegetable(or olive)oil	스 튜	ST	stew
훈제유지	SO	smoked and oil added	제리담금	JY	packed in jellied soup

표 19-3 형태별 표시

종 류	관뚜껑 표시	영 어 표 시	비 고
다랭이	S	solid(fancy) pack	다랭이살을 통길이에 맞추어 살재임
	C	chunck pack	다랭이살을 1inch 입방으로 절단하여 살재임
	F	flake meat	다랭이살 부스러기를 살재임
	G	grated pack	다랭이살 부스러기를 곱게 갈아서 살재임
게	K	flake meat	붕괴된 살
	F	leg & flake meat	다리고기와 붕괴된 살
	L	leg meat	다리살
새우	W	wet pack	
	D	dry pack	
어육	P	spread pack	어육을 곱게 다져 평평하게 만들어 살재임
	T	fillet pack	어육을 fillet로 하여 살재임
패류	E	slice pack	조개육을 곱게 썰어서 살재임
	R	skewer pack	조개육을 꽂이에 꿰어 살재임

판 정

통조림 마크 판정

		품명	조리형태	크기	제조업자명	제조 년 월 일
예	표시기호	T	BL	M	ABC	98 609
	해 석	꽃게	끓임	중간크기	ABC업자	1998년 6월 9일
실험	표시기호					
	해 석					

19.2 타 검

타검법은 통조림을 배열한 후 뚜껑을 타검봉으로 두들겨 음향의 고·저, 청·탁 및 손에 전도되는 촉감 등에 의해서 내용물의 상태를 판정하는 방법이다.

일반적으로 높은 진공도를 갖는 통조림은 맑은 음을 나타내고, 진공도가 낮거나 진공상태가 아닌 경우는 탁한 소리를 낸다. 또한 진공도가 높을수록 타검 할 때에 소리가 높고 짧아진다. 내용물이 너무 많이 들어 있는 경우나, 내용물의 부족도 타검음의 경중으로 식별할 수 있다. 그러나 flat sour통은 타검으로 판별할 수 없다.

결 과

통조림의 타검 검사

	느낌	고음	저음	청음	탁음	경음	중음	장단	비고
타검결과									

19.3 진공도 측정

시약과 기구

1. 통조림용 진공계(vacuum can tester)
2. 항온기(incubator)
3. 통조림(can)

방 법

통조림진공계(vacuum can tester)의 끝에 있는 바늘을 관 뚜껑의 중앙부위(expansion ring)에 대고 재빨리 누르면 뚜껑이 뚫리면서 관의 내부와 진공계가 연결되어 관의 진공도가 진공계에 나타난다. 이 눈금은 대기압과 통조림의 내부압력의 차이로 표시된다.

절대진공도는 76 cm Hg이다. 일반적으로 38 cm Hg 이상의 진공도를 나타내면 좋은 통조림 제품이다.

결 과

통조림의 진공도

통조림 형태	진공도(cm Hg)	비 고
특수통조림	23.376	
401통조림	30.4	
301통조림	12.7	
125통조림	12.7	
97통조림	5.0	
실험통조림		

19.4 통조림의 팽창도 검사

1) flat-sour(平面酸敗) : 통조림 내부에 gas는 생성하지 않아서 외관은 정상이나 산만을 생성하는 *Bacillus sp*, *Lactobacillus sp*의 균에 의해서 변패된 통조림으로 타검으로도 판별할 수 없고 개관하여 내용물의 산도를 검사하여 알 수 있는데 이 때의 pH는 5.0 이하일 때가 많다.

2) flipper : 관의 뚜껑과 밑바닥이 거의 평평하나 한쪽 면이 약간 부풀어 있어 손끝으로 누르면 소리가 나면서 원상태로 되돌아가는 상태로 그 원인은 세균학적으로 gas 비형성세균에 의한 산패, 물리화학적인 원인으로는 충진과다(overfilling), 탈기부족, 밀봉 후 살균까지의 장시간 방치, 가벼운 수소가스팽창 등이 있다.

3) springer : flipper보다 심하게 상하의 한쪽 면이 팽창되어 있어 손끝으로 누르면 팽창하지 않은 쪽이 소리를 내면서 튀어나오는 상태로 그 원인은 세균학적으로 gas형성세균(gas producing bavteria)에 의한 진행과정에 있는 팽창이나 gas비형성세균에 의한 산패, 물리화학적인 원인으로는 충진과다(overfilling), 탈기부족, 밀봉 후 살균까지의 장시간 방치, 수소가스에 의한 팽창 등이 있다.

4) swell : 관의 상하 양면이 부풀어 있는 상태의 통조림으로 연팽창(soft swell)과 경팽창(hard swell)으로 나눈다. soft swell은 손끝으로 눌렀을 때에 약간 안으로 들어가는 느낌이 있고, hard swell은 손끝으로 눌러 보아도 전혀 안으로 들어가는 느낌이 없고 단단한 상태의 것을 말한다. 이 때의 압력은 3.5 kg/cm^2 정도이다.

팽창의 원인은 세균학적으로 살균 부족에 의한 Clostridium sp의 아포형성간균이나 효모에 의한 팽창과 밀봉불량에 의한 호기성이나 통성혐기성의 무아포세균에 의한 팽창의 경우와 물리화학적인 원인으로 충진과다(overfilling), 가열하는 동안의 팽창, 탈기부족, 밀봉 후 살균까지의 장시간 방치, 수소가스에 의한 팽창 등이 있다.

시약과 기구

1. 통조림용 진공계(vacuum can tester)
2. 항온기(incubator)
3. 통조림(can)

방 법

정상관과 비정상관 등을 비교・관찰한다.

결 과

통조림의 팽창도 검사

종 류	flat-sour(平面酸敗)	flipper	springer	swell	비고
실험 1					
실험 2					

19.5 가온검사

통조림의 원료 종류와 조림방법, pH 등에 의해 일정기간 동안 가온하여 세균에 의한 변질을 검사하는데 일반적으로 세균이 발육하기 알맞는 온도인 30~37℃의 항온기에서 1~3주 동안 넣어두고 팽창여부, 내용물 변화의 유무에 의한 변패할 관을 빨리 검출해내는 방법이다. 55℃에서는 7~14일간 실시한다.

시약과 기구

1. 통조림용 진공계(vacuum can tester)
2. 항온기(incubator)
3. 통조림(can)

결 과

통조림 가온 시험법

종	류	상 태	가온온도(℃)	시험기간
예	보일드	많은 액즙	36~37	7~14일
	보일드	적은 액즙	36~37	14~21일
	조미 통조림		36~37	14~21일
	Jam(점성이 큰 통조림)		36~37	14~28일
	과실통조림(산성)		25~30	14~21일
실험 통조림관				

19.6 관능검사

1) 향취 : 내용물을 소량 손바닥 위에서 문질러 그 냄새를 정상품과 비교

2) 색택 : 정상품과 색을 비교(적변, 흑변, 청변)

3) 조직 : 재료, 부위에 따른 차이와 선도, 제조방법에 따른 차이에 의한 변화를 정상품과 비교하여 판정

4) 미각 : 내용물의 조각을 혀에 올려서 맛, 냄새 등 향미(flaver)를 정상품과 비교 판별

5) 혼탁 : 변패의 원인이 될 수 있으므로 다른 증거를 참고로 하여 판정

6) 껍질 벗겨짐(loos skin) : 선도가 저하된 생선, 살균조건에 의해서 일어남

시약과 기구

1. 오프너
2. 통조림(can)

방 법

통조림을 오프너로 개관하여 오감(五感)에 의해서 관능검사 항목을 정상품과 비교 판정한다.

결 과

관능검사

종 류	향취	색택	조직	미각	혼탁	껍질벗겨짐
실험 1						
실험 2						

19.7 세균학적 검사

통조림의 상업적인 열처리과정(commercially adequate processing)에 견딜 수 있는 포자들도 정상적인 조건하에서 저장중인 통조림 식품 속에서는 성장을 할 수 없다. 따라서 이와같이 무균상태는 아니나 하나의 안전한 상품으로서 충분히 판매될 수 있는 통조림식품의 세균학적인 상태를 "상업적인 무균상태(commercially sterility)"라 하는데 이때도 클로스트리디움 보틀리늄(Clostridium botulinum), 구상균(cocci), 비포자형성간상균(non-sporing rods)은 통조림내에서 존재하여서는 안 된다.

내용물을 무균적으로 채취하여 시료를 조제한 후 직접검경, 접종배양, 순수분리,

분리세균의 내열성시험, 분리세균의 독성검사를 하여 그 결과로부터 살균공정의 적합이나 부적합 또는 변패의 원인을 판정한다.

시약과 기구

1. 현미경
2. 항온기(incubator)
3. 오프너
4. 알코올 램프
5. 통조림(can)
6. 알코올
7. 석탄산액

방 법

관의 외부를 깨끗이 세척 후 1,000배 승홍액, 5% 석탄산액에 약 30분간 담근 후 개관표면을 50% 알코올로 잘 씻은 후 무수알코올로 연소살균하여 구균함내에서 화염살균한 오프너로 개관한다. 이 때 실험할 관이 팽창되어 있으면 냉장고에서 냉각한 후 알코올솜으로 개관 부위를 씻어내고 연소살균은 하지않는다. 개관할 관은 밀봉부 검사를 하기 위해 뚜껑테두리를 따라 개관하지 않고 뚜껑 중심부에 지름 3 cm 정도의 구멍을 오프너로 만든다.

결 과

실험용 통조림 명 :

균의 존재유무 :

19.8 밀봉부 검사

시약과 기구

1. seaming micrometer
2. seaming scale

3. seaming gauge
4. 관(can)

방 법

쇠톱으로 권체부를 절단하고 권체 내부의 상태를 검사 후 seaming gauge를 사용하여 권체부의 길이와 두께, can hook(B.H), cover hook (C.H)의 길이를 측정한다. cover hook(C.H)의 주름잡힌 모양을 확대경으로 관찰한다.

1) lip : body hook이 cover hook과 서로 말려들어가 있지 않고 빠져나와 있는 것

2) vee : cover의 curl부가 말려 들어가지 않고 쳐져 있는 것

3) drooping : lap부에 있어서 밀봉의 하록이 약간 밑으로 쳐지는데 이곳의 밀봉 폭이 다른 곳의 밀봉 폭의 1.2배를 넘어서면 밀봉력이 떨어진 것을 말한다.

4) cut-over : 밀봉할 때 밀봉내부의 상부가 chuck flange 위로 밀리어 올라가 그 부분이 예리하게 모난 것

5) cut-seam : lap 밀봉부의 수하가 극단으로 클 때에는 제2 roll에 의하여 절단되는 수가 있는 것을 말한다.

6) slipped seam : chuck과 lifter에 의한 관고정력이 약하여 밀봉이 불완전하게 되는 경우

7) jumped seam : lap부에 있어서는 양철의 두께가 다른 부분에 비하여 두꺼우므로 roll의 압력이 약할 때는 이 부분의 압착상태가 불량하게 되는 경우

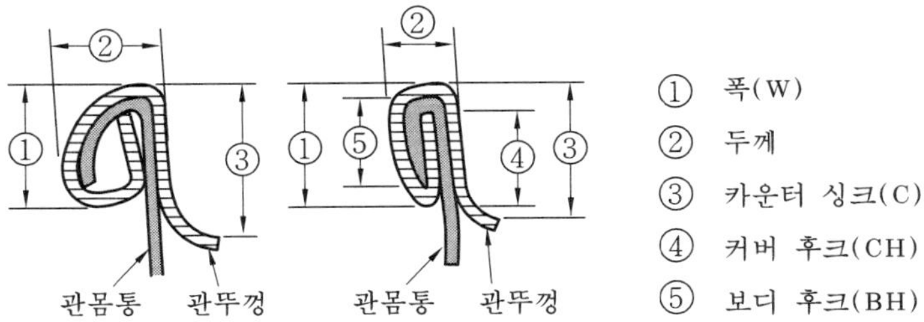

그림 19-2 2중 권체부의 상태

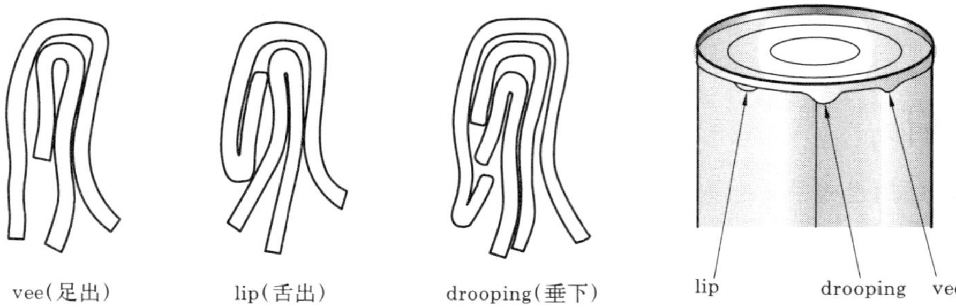

그림 19-3 밀봉부의 불량상태

결 과

통조림의 밀봉부 검사

종류	lip	vee	drooping	cut-over	cut-seam
실험 1					
실험 2					

19.9 내용물의 화학적인 검사

통조림내용물의 변패여부와 충진원료의 선도를 판정하기 위한 화학적 검사항목은 다음과 같다.

1) 통조림내용물의 반응(pH)

2) 변패생성물의 정량(VBN, indol(1.5 mg 이상은 부패), histamine, N_2, 적정산도)

3) 통조림용기, 식품첨가물에서 유래되는 중금속의 함량(주석, 납, 구리, 비소, 아연, 크롬, 철 등)

주석은 과실통조림에서 150 ppm 이하 허용하며, 철은 일정량 이상이 되면 유화흑변, 수소팽창, 갈변, 퇴색 등의 원인이 되므로 청량음료에서 0.4 ppm 허용하고, 구리는 green peas, tomato puree는 100 ppm, 청량음료는 2 ppm 이하 허용한다.

4) 통조림내의 가스조성(밀봉 불량관은 CO_2, N_2 gas가 존재, 냉각수 침입관은 CO_2, N_2, H_2 gas가 많고, 살균부족에 의한 팽창관은 H_2S, CO_2, N_2, H_2 gas가 증가하고, methane gas도 존재)

5) 식품첨가물인 방부제, 인공감미료, 인공색소의 함량

부 록

부록 1. 정량적 단위들

미터법 접두사

명 칭	기 호	곱셈 인수
킬로(kilo)	k	10^{3}
센티(centi)	c	10^{-2}
밀리(milli)	m	10^{-3}
마이크로(micro)	μ	10^{-6}
나노(밀리마이크로) nano(millimicro)	n(mμ)	10^{-9}
피코(마이크로마이크로) pico(micromicro)	p(μμ)	10^{-12}

길이의 단위－기본 단위, 미터(m)

명 칭	기 호	미터의 분수
센티미터	cm	10^{-2}
밀리미터	mm	10^{-3}
미크론(마이크로미터)	μ(μm)	10^{-6}
나노미터(밀리미크론)	nm(mμ)	10^{-9}
옹스트롬	Å (A)	10^{-10}

부피의 단위－기본 단위, 리터(L)

명 칭	기 호	리터의 분수
밀리리터	mL	10^{-3}
마이크로리터	μL	10^{-6}

질량의 단위－기본 단위, 그램(g)

명 칭	기 호	그램의 분수
킬로그램	kg	10^{3}
밀리그램	mg	10^{-3}
마이크로그램	μg	10^{-6}

순물질의 양의 단위-기본 단위, 몰(mole)*

명 칭	기 호	몰의 분수
밀리몰	mmole	10^{-3}
마이크로몰	μmole	10^{-6}
나노몰(밀리마이크로몰)	nmole(mμ mole)	10^{-9}
피코몰(마이크로마이크로몰)	pmole(μμ mole)	10^{-12}

* 영어로는 mol과 mole이 두루 사용된다.

순물질의 양의 단위-기본 단위, 당량(eq, Eq, E)

명 칭	기 호	당량의 분수
밀리당량	meq, mEq, mE	10^{3}
마이크로당량	μeq, μEq, μE	10^{-6}
노르말농도	N	

농도의 단위-기본 단위, 몰농도(M)

명 칭	기 호	몰농도의 분수
밀리몰	mM	10^{-3}
마이크로몰	μM	10^{-6}

그 밖의 농도 표시법

농 도	기 호	정 의
	[무게/무게]	
무게 백분율 = 무게 퍼센트	%(또는 wt%)	100g의 용액 속에 녹아 있는 용질의 g 수
천분율	‰	1,000g의 용액 속에 녹아 있는 용질의 g 수(1‰ = 0.1%)
백만분율(parts per million)	ppm	1,000,000g의 용액 속에 녹아 있는 용질의 g 수(또는 1,000g속에 녹아 있는 용질의 mg 수)
몰랄농도(molality)	m	1,000g의 용매 속에 녹아 있는 용질의 몰 수
	[부피/부피]	
부피백분율	vol%	100mL의 용액 속에 녹아 있는 용질의 mL 수

* mg/100mL를 흔히 mg%로 나타내는 경우가 있으나, 이러한 농도표시법은 현재 허용되지 않고 있으므로, 이것 대신에 ppm 또는 mM으로 표시하는 것이 좋다.

부록 2. pH 지시약*

상 품 명	화 학 명	산성색	변색범위 (pH)	알칼리 성 색	용 매	지시약의 농도(%)
Methyl violet 6B	Benzylated tetra-and pentamethyl pararosaniline-HCl	노랑	0.15~3.2	보 라	물	0.25
Thymol blue	Thymol-sulfonphthalen	빨강	1.2~2.8	노랑	20% 에탄올	0.1
Methyl yellow	imethylaminoazo-benzene	빨강	2.9~4.1	노랑	98% 에탄올	0.1
Bromphenol blue	Tetrabromophenol-sulfonphthalein	노랑	3.0~4.6	청자	20% 에탄올	0.1
Methyl orange	p-Dimethylamino-azobenzene sulfonic acid(Na 염)	빨강	3.1~4.5	오렌지	물	0.1
Congo red	Diphenyl-diazo-bis-1-naphthyl amine-4-sulfonic acid (Na 염)	청자	3.0~5.2	빨강	물	0.1
Bromcersol green	Tetrabromo-*m*-cresolsulfonph-thalein	노랑	3.8~5.4	청	20% 에탄올	0.1
Methyl red	Dimethylaminoazo-benzene-*o*-car-boxylic acid	빨강	4.2~6.3	노랑	60% 에탄올	0.2
Litmus	2, 6-Dibromo-2'-bromoindophenol	빨강	5.0~8.0	청	물	0.2
Bromcresol purple	Dibromo-*o*-cresol-sulfonphthalein	노랑	5.2~6.8	보라	20% 에탄올	0.1
Phenol red	Phenolsulfonphth-alein	노랑	6.6~8.2	청	20% 에탄올	0.1
Neutral red	2-Methyl-3-amino-6-dimethyl-amino-phenazien-HCl	노랑	6.8~8.0	노랑	70% 에탄올	0.1
Cresol red	*o*-Cresolsulfonph-thalein	노랑	7.0~8.8	빨강	20% 에탄올	0.1
Thymol blue	Thymol-sulfon-phthalein	노랑	8.0~9.6	청	20% 에탄올	0.1
Phenolphthalein	Thymol-sulfon-phthalein	무색	8.2~10.0	빨강	60% 에탄올	0.1
Thymolphthalein	Thymol-sulfon-phthalein	무색	9.3~10.5	청	80% 에탄올	0.1
Alizarin yellow R	3-Carboxy-4-hydroxy-4'-nitroazo-benzene(Na 염)	노랑	10.2~12.0	빨강	물	0.1

* 각종 지시약에 관한 자세한 설명은 The Merk Index 12th ed(1996) p. MISC-58-60 참조

부록 3. 완충용액

생물 완충용액들의 pKa값

완 충 용 액	분자량(M.W.)	pKa at 20℃
ACES	182.2	6.90
ADA, Free Acid	190.2	6.60
ADA, Sodium Salt	212.2	6.60
BES	213.2	7.15
Bicine	163.2	8.35
BIS-Tris	209.2	6.50
BIS-Tris Propane	282.4	6.80
Boric Acid	61.8	9.24
Cacodylic Acid	214.0	6.27
CAPS	221.3	10.40
CHES	207.3	9.50
Citric Acid	192.1	4.76[1]
Glycine Amide, HCl	110.6	8.20
Glycylglycine	132.1	8.40
HEPES, Free, Acid	238.3	7.55
HEPES, Sodium Salt	260.3	7.55
HEPPS	252.3	8.00
Imidazole	68.1	7.00
MES, Free Acid	195.2	6.15
MES, Sodium Salt	217.2	6.15
MOPS, Free Acid	209.3	7.20
MOPS, Sodium Salt	231.2	7.20
PIPES, Free Acid	302.4	6.80
PIPES, Sodium Salt	325.3	6.80
Potassium Phosphate, Dibasic	174.2	7.21[2]
Potassium Phosphate, Monobasic	136.1	7.21[2]
Sodium Phosphate, Monobasic	120.0	7.21[2]
Sodium Phosphate, Dibasic	142.0	7.21[2]
TAPS	243.2	8.40
TES, Free Acid	229.3	7.50
TES, Sodium Salt	251.2	7.50
Tricine	179.2	8.15
Trienthanolamine	185.7	7.66
Tris	121.1	8.30
Tris, HCl	157.6	8.30

1. $pK_{a1} = 3.14$; $pK_{a2} = 4.76$; $pK_{a3} = 6.39$(18℃).
2. 연산완충용액은 일염기염과 이염기염으로 만들어지며, 인산은 3개의 pK_a 를 갖는다. $pK_{a1} = 2.12$; $pK_{a2} = 7.21$; $pK_{a3} = 12.32$.

부록 4. Bertrand 당 정량표 (1)

당 (mg)	당의 양에 해당하는 Cu의 무게(mg)				
	반전당	글루코오스	갈락토오스	말토오스	락토오스
10	20.6	20.4	19.3	11.2	14.4
11	22.6	22.4	21.2	12.3	15.8
12	24.6	24.3	23.0	13.4	17.2
13	26.5	26.3	24.9	14.5	18.6
14	28.5	28.3	26.7	15.6	20.0
15	30.5	30.2	28.6	16.7	21.4
16	32.5	32.2	30.5	17.8	22.8
17	34.5	34.2	32.3	18.9	24.2
18	36.4	36.2	34.2	20.0	25.6
19	38.4	38.1	36.0	21.1	26.9
20	40.4	40.1	37.9	22.2	28.4
21	42.3	42.0	39.7	23.3	29.8
22	44.2	43.9	41.6	24.4	31.1
23	46.1	45.8	43.4	25.5	32.5
24	48.0	47.7	45.2	26.6	33.9
25	49.8	49.6	47.0	27.7	35.2
26	51.7	51.5	48.9	28.9	36.6
27	53.6	53.4	50.7	30.0	38.0
28	55.5	55.3	52.5	31.1	39.4
29	57.4	57.2	54.4	32.2	40.7
30	59.3	59.1	56.2	33.3	42.1
31	61.1	60.9	58.0	34.4	43.4
32	63.0	62.8	59.7	35.5	44.8
33	64.8	64.6	61.5	36.5	46.1
34	66.7	66.5	63.3	37.6	47.4
35	68.5	68.3	65.0	38.7	48.7
36	70.3	70.1	66.8	39.8	50.1
37	72.2	72.0	68.6	40.9	51.4
38	74.0	73.8	70.4	41.9	52.7
39	75.9	75.7	72.1	43.0	54.1
40	77.7	77.5	73.9	44.1	55.4
41	79.5	79.3	75.6	45.2	56.7
42	81.2	81.1	77.4	46.3	58.0
43	83.0	82.9	79.1	47.4	59.3
44	84.8	84.7	80.8	48.5	60.6
45	86.5	86.4	82.5	49.5	61.9
46	88.3	88.2	84.3	50.6	63.3
47	90.1	90.0	86.0	51.7	64.6
48	91.9	91.8	87.7	52.8	65.9
49	93.6	93.6	89.5	53.9	67.2
50	95.4	95.4	91.2	55.0	68.5
51	97.1	97.1	92.9	56.1	79.8
52	98.8	98.9	94.6	57.1	61.1
53	100.6	100.6	96.3	58.2	72.4
54	102.2	102.3	98.0	59.3	73.7

부록 4. Bertrand 당 정량표 (2)

당 (mg)	당의 양에 해당하는 Cu의 무게(mg)				
	반전당	글루코오스	갈락토오스	말토오스	락토오스
55	104.0	104.1	99.7	60.3	74.9
56	105.7	105.8	101.5	61.4	76.2
57	107.4	107.6	103.2	62.5	77.5
58	109.0	109.3	105.0	63.5	78.8
59	110.9	111.1	106.6	64.6	80.1
60	112.6	112.8	108.3	65.7	81.4
61	114.3	114.5	110.0	66.8	82.7
62	115.9	116.2	111.6	67.9	83.9
63	117.6	117.9	113.3	68.9	85.2
64	119.2	119.6	115.0	70.0	86.5
65	120.9	121.3	116.6	71.1	87.7
66	122.6	123.0	118.3	72.2	89.0
67	124.2	124.7	120.0	73.3	90.3
68	125.9	126.4	121.7	74.3	91.6
69	127.5	128.1	123.3	75.4	92.8
70	129.2	129.8	125.0	76.5	94.1
71	130.8	131.4	126.6	77.6	95.4
72	132.4	133.1	128.3	78.6	96.6
73	134.0	134.7	130.0	79.7	97.9
74	135.6	136.3	131.5	80.8	99.1
75	137.2	137.9	133.1	81.8	100.4
76	138.9	139.6	134.8	82.9	101.7
77	140.5	141.2	136.4	84.0	102.9
78	142.1	142.8	138.0	85.1	104.2
79	143.7	144.5	139.7	86.1	105.4
80	145.3	146.1	141.3	87.2	106.7
81	146.9	147.7	142.9	88.3	107.9
82	148.5	149.3	144.6	89.4	109.2
83	150.0	150.9	146.2	90.4	110.4
84	151.6	152.5	147.8	91.5	111.7
85	153.2	154.0	149.4	92.6	112.9
86	154.8	155.6	151.1	93.7	114.1
87	156.4	157.2	152.7	94.8	115.4
88	157.9	158.8	154.3	95.8	116.6
89	159.5	160.4	156.0	96.9	117.9
90	161.1	162.0	157.6	98.0	119.1
91	162.6	163.6	159.2	99.0	120.3
92	164.2	165.2	160.8	100.1	121.6
93	165.7	166.7	162.4	101.1	122.8
94	167.3	168.3	164.0	102.2	124.0
95	168.8	169.9	165.6	103.2	125.2
96	170.3	171.4	167.2	104.2	126.5
97	171.9	173.1	168.8	105.3	127.7
98	173.4	174.6	170.4	106.3	128.9
99	175.0	176.2	172.0	107.4	130.2
100	176.5	177.8	173.6	108.4	131.4

부록 5. 식품의 알칼리도, 산도

(+ : 알칼리성 식품, - : 산성식품)

식 품 명	식품 100g의 알칼리도, 산도	식 품 명	식품 100g의 알칼리도, 산도	식 품 명	식품 100g의 알칼리도, 산도
동물성식품		쌀겨	-85.20	오이	+ 2.16
닭고기	-10.4	밀기울	-36.41	고비	+ 1.61
말고기	- 6.60	메밀가루	- 7.72	**버섯류**	
돼지고기	- 6.10	빵	- 0.59	송이버섯	+ 6.40
쇠고기	- 5.00	**두류 및 가공류**		표고버섯	+17.45
모유	+ 0.43	콩	+10.21	**해초류**	
우유	+ 0.22	완두	- 2.49	다시마	+308.16
치이즈	- 4.30	잠두	+ 4.35	미역	+289.04
단백	+ 3.22	팥	+ 7.34	김	- 5.25
난황	-18.80	강낭콩	+18.82	**절임류**	
청어알	- 5.40	땅콩	- 5.40	야채절임	+ 1.25
가다랭이	-39.05	된장	0	단무지절임	+ 4.98
굴	- 8.01	두부	+ 0.13	**과실류**	
다랑어	-15.29	간장	0	밀감	+ 3.60
연어	- 7.90	**야채류**		수박	+ 2.07
뱀장어	- 7.52	시금치	+ 5.60	포도	+ 2.60
도미	- 8.56	양배추	+ 4.86	딸기	+ 5.62
마른오징어	-29.61	반디나물	+ 5.81	사과	+ 3.44
낙지	-12.79	아스파라거스	- 0.13	밤	+ 8.30
대합	- 7.52	무	+ 4.95	감	+ 2.67
미꾸라지	- 5.30	당근	+ 6.41	배	+ 2.61
전복	- 3.58	우엉	+ 5.05	바나나	+ 8.82
새우	- 3.19	토란	+ 7.72	건포도	+20.90
멸치	- 8.44	감자	+ 5.37	**기호품**	
잉어	- 8.77	고구마	+ 4.28	청주	- 0.48
문어	-12.79	백합	+ 6.21	술지게미	-12.00
곡류		연근	+ 3.84	맥주	- 1.10
현미	-15.48	죽순	+ 4.29	차	+ 1.60
백미	- 4.32	양파	+ 1.68	커피	+18.58
보리	- 3.53	쇠귀나물	- 1.93	포도주	+ 2.49
밀가루	- 3.45	호박	+ 4.35		
오우트밀	-17.32	가지	+ 1.93		

부록 6. 식품성분 분석표(1)

가식부분(E.P.) 100g당(Composition of foods, 100 grams, Edible Portion[E.P.])

식품명	수분	열량	단백질	지방질	탄수화물		회분	칼슘	인	철	비타민					
					당질	섬유					A	β-카로틴	티아민	리보플라빈	니아신	아스코브르산
	%	cal	g	g	g	g	g	mg	mg	mg	I.U.	μg	mg	mg	mg	mg
곡류및 그제품																
쌀																
현미	11.0	359	7.2	2.5	6.3	1.3	1.2	41	284	2.1	0	0	0.30	0.10	5.1	0
7분도미	12.3	352	6.9	1.1	78.7	0.3	0.6	24	175	0.9	0	0	0.19	0.05	2.7	0
백미	14.1	340	6.5	0.4	77.5	0.4	0.5	24	147	0.4	0	0	0.19	0.05	2.7	0
통일쌀, 백미	14.0	347	5.9	1.3	78.0	0.2	0.6	27	43	0.3	–	0	0.09	0.03	–	0
통일쌀, 7분도미	14.4	307	7.8	1.9	74.6	0.6	0.7	32	52	–	1.2	0	0	0.[illegible]6	0.04	
밀쌀	12.3	350	9.1	1.3	75.4	0.9	1.0	47	189	3.6	–	0	0.21	0.08	4.1	2.3
양쌀	14.5	355	6.5	0.8	77.3	0.3	0.6	6	150	0.5	0	0	0.06	0.03	1.4	0
율무쌀	10.4	3639	21.3	3.7	61.1	2.0	1.5	151	–	6.8	0	–	0.19	0.02	0	0
찹쌀	15.5	351	6.5	0.8	76.2	0.4	0.6	6	150	0.4	0	0	0.10	0.04	1.5	2.0
밥																0
흰밥	65.0	142	2.7	0.2	32.2	0.2	0.2	10	–	0.2	0	0	0.04	0.02	0.6	
보리밥	64.2	141	2.9	0.3	32.0	0.2	0.3	10	60	0.3	0	0	0.05	0.03	0.8	0
떡																0
개피떡	50.0	194	4.9	0.4	42.8	–	0.9	30	–	–	0	0	0.11	0.09	3.0	
찹쌀경단	45.2	223	7.0	0.4	47.9	–	0.8	40	–	–	0	0	0.06	0.06	3.4	0
수수경단	45.6	207	8.3	0.7	41.8	–	1.7	44	–	–	0	0	0.07	0.08	8.4	0
송편(검정콩속)	52.1	185	4.4	1.0	41.8	–	0.6	32	–	–	0	0	0.08	0.09	2.9	0
송편(팥고물속)	45.7	205	6.0	0.3	44.6	–	0.6	31	–	–	0	0	0.07	0.09	3.6	0
시루떡	45.9	206	6.2	0.2	44.9	–	1.2	50	–	–	0	0	0.07	0.05	1.4	0
찰시루떡	39.9	206	6.8	0.4	43.8	–	1.1	32	–	–	0	0	0.06	0.12	6.1	0
인절미(콩고물)	39.5	221	5.9	0.9	47.9	–	0.8	64	–	–	3	2	0.11	0.09	5.6	0
인절미(팥고물)	40.3	232	6.6	0.3	50.8	–	1.4	43	–	–	0	0	0.14	0.09	4.9	0
절편	40.6	215	4.0	0.3	48.9	–	0.5	37	–	–	0	0	0.05	0.08	3.8	0
증편	50.7	191	3.9	0.4	12.9	–	0.7	38	–	–	0	0	0.11	0.11	5.1	0
백설기	42.7	207	3.7	0.2	47.7	–	0.6	32	–	–	0	0	0.04	0.03	2.8	0
흰떡	46.9	210	3.9	0.3	47.8	–	0.5	35	–	–	0	0	0.06	0.03	3.6	0
보리																0
보리쌀	14.0	337	8.8	0.9	74.7	0.7	0.9	24	140	1.5	0	0	0.18	0.07	2.5	0
쌀보리	14.0	240	10.2	2.0	70.4	0.7	0.9	40	140	2.0	0	0	0.18	0.07	2.5	0
겉보리	13.8	331	10.6	1.8	68.2	2.9	2.7	43	360	5.4	0	–	0.31	0.10	5.5	0
납작보리	13.5	342	10.5	1.7	71.2	1.8	1.4	44	240	3.2	5	0	0.26	–	6.0	0
보리미숫가루	12.0	344	10.8	2.0	70.6	2.6	2.0	42	350	4.5	0	0	0.25	0.08	5.0	0
찹쌀미숫가루	5.1	392	9.0	1.7	83.2	0.4	0.6	39	83	2.0	0	0	0.11	0.07	1.0	0
밀																
밀	11.8	350	12.0	2.9	69.0	2.5	1.8	71	390	3.2	0	0	0.34	0.11	5.0	0
엿기름	9.2	367	27.9	9.7	47.0	2.1	4.1	65	1200	6.6	5	3	2.10	0.60	7.0	0

부록 6. 식품성분 분석표(2)

식품명	수분	열량	단백질	지방질	탄수화물		회분	칼슘	인	철	비타민					
					당질	섬유					A	β-카로틴	티아민	리보플라빈	니아신	아스코브르산
	%	cal	g	g	g	g	g	mg	mg	mg	I.U.	μg	mg	mg	mg	mg
밀가루																
강력분	14.5	354	12.0	1.3	71.3	0.3	0.6	18	120	1.2	0	0	0.22	0.06	1.5	0
중력분	14.5	354	8.6	1.1	75.0	0.30.	0.5	20	1109	1.1	0	0	0.200	0.05	1.4	0
박력분	14.0	356	8.5	1.0	75.9	2	0.4	21	5	0.9	0	0	.20	0.04	1.2	0
밀국수	13.7	326	9.8	1.3	69.6	0.3	5.2	41	120	1.9	0	0	0.21	0.05	1.2	0
삶은국수	72.0	116	2.6	0.3	24.8	0.1	0.2	5	25	0.3	0	0	0.04	0.01	0.2	0
중국국수	33.0	274	6.7	0.9	57.9	0.2	1.3	21	85	1.2	0	0	0.03	0.03	0.7	0
라면	2.6	581	9.3	20.4	63.5	0.3	4.0	20	110	1.1	0	0	0.20	0.05	1.4	0
식빵	26.1	296	11.2	1.4	59.7	0.5	1.1	14	77	1.2	0	0	0.22	0.07	1.0	0
찐빵	62.3	147	5.4	1.2	28.6	0.3	–	8	40	0.4	0	0	0.08	0.02	0.6	0
비스킷	10.8	380	10.2	6.1	71.1	0.2	0.7	21	67	0.9	0	0	0.30	0.05	1.2	1.2
건빵	13.3	374	9.3	4.4	73.0	–	–	14	–	–	0	0	0.32	0.18	2.6	–
셈베이	9.8	358	3.4	0.8	84.4	0.5	2.5	51	397	–	–	0	–	–	–	0
스파게티또는 마카로니	11.5	366	11.5	1.4	74.5	0.3	0.8	15	95	1.2	0	0	0.12	0.04	1.0	0
카스텔라	20.3	331	7.0	3.6	67.6	–	0.7	–	106	–	0	0	0.05	0.03	–	0
도넛	23.7	391	4.6	18.6	51.4	0.1	1.7	10	190	0.5	0	0	0.03	0.06	0.3	0
잡곡																
귀리	12.5	313	13.0	504	55.5	10.6	3.0	55	320	4.6	0	0	0.30	0.10	1.5	0
오트밀	11.5	369	13.5	4.8	67.3	1.1	1.8	30	360	3.4	0	0	0.20	0.08	1.1	0
기장	14.0	354	10.6	1.6	71.8	0.8	1.2	11	240	1.8	0	0	0.15	0.05	2.0	0
메밀	11.8	330	12.9	2.4	64.1	6.5	2.3	36	347	3.0	0	0	0.32	0.16	2.0	0
메밀가루	12.0	347	10.9	2.1	73.0	0.6	1.4	22	300	1.5	0	0	0.30	0.10	1.5	0
메밀묵	84.6	57	2.7	0.2	11.2	0.3	0.3	13	57	0.4	0	0	0.05	0.03	0.3	0
메밀국수	10.5	318	10.2	1.5	66.0	2.5	9.4	69	240	3.0	0	0	0.26	0.08	1.2	0
수수	12.0	336	10.3	4.7	69.5	1.7	1.8	9	330	3.0	0	0	0.35	0.10	6.0	0
찰수수	11.1	368	9.6	2.1	75.8	0.3	1.1	9	192	1.7	0	0	0.10	0.03	3.9	0
강냉이	12.0	355	9.2	3.9	73.7	1.6	1.2	10	256	2.4	510	0	0.38	0.11	2.0	0
조	13.0	306	10.5	3.5	63.7	7.0	2.9	21	240	5.0	0	0	0.40	0.10	4.5	0
찰조	12.1	366	9.3	3.1	73.0	0.9	1.6	15	217	2.2	–	0	0.21	0.06	1.6	0
피	9.2	349	10.4	3.6	68.7	6.2	1.9	49	330	5.1	0	0	0.26	0.10	4.0	0
호밀	12.5	331	12.7	2.3	68.9	1.9	1.7	38	330	3.0	0	0	0.47	0.20	1.7	0
전분류																
감자	81.2	72	24	0.5	14.4	0.5	0.9	5	42	0.6	0	0	0.06	0.03	0.5	15
감자튀김	4.2	562	3.6	43.8	45.0	0.9	2.5	18	74	1.6	0	0	0	0.02	0.5	0
고구마	64.6	134	1.1	0.3	31.7	0.6	0.6	28	29	0.8	182	109.2	0.13	0.05	0.6	20
말린고구마	23.5	301	1.8	0.8	69.6	2.2	2.1	40	90	1.6	0	0	0.18	0.09	1.2	0
도토리묵	88.1	45	0.2	0.1	10.9	0.5	0.2	12	314	0.2	0	0	0.02	0.04	0.5	0

부록 6. 식품성분 분석표(3)

식품명	수분	열량	단백질	지방질	탄수화물		회분	칼슘	인	철	비타민					
					당질	섬유					A	β-카로틴	티아민	리브플라빈	니아신	아스코브르산
	%	cal	g	g	g	g	g	mg	mg	mg	I.U.	μg	mg	mg	mg	mg
토란	79.6	79	2.2	0.3	16.9	1.0	1.0	26	43	0.5	0	0	0.09	0.03	0.7	10
칡뿌리	57.2	157	2.4	0.1	39.0	1.9	1.3	20	24	3.2	0	0	0.08	0.03	0.7	9
녹말																
옥수수녹말	15.0	342	0.1	0.1	84.7	0	0.1	4	10	2.5	0	0	0	0	0	0
감자녹말	1705	332	0.10.	0.1	82.1	0	0.2	10	38	1.5	0	0	0	0	0	0
고구마녹말	16.5	336	1	0.1	83.2	0	0.1	35	18	2.0	0	0	0	0	0	0
당면	13.2	353	2.1	2.1	83.0	0.1	0.3	41	–	2.1	0	0	0.05	0.10	–	0
당류																
껌	2.5	263	0	–	68.5	–	–	10	0	0.6	0	0	0	0	0	0
꿀	20	334	0.2	0	83.2	–	–	2	–	0	0	0	0.01	0.0[illegible]	0.2	3
당밀	17.9	277	2.5	–	69.6	–	10.0	250	70	10.0	0	0	0.12	0.18	0.2	0
백설탕	0.5	398	0	0	99.5	–	–	–	–	0	0	0	0	0	0	0
황설탕	2.1	373	0	0	96.4	0	1.5	85	19	3.4	0	0	0.01	0.03	0.2	0
흑설탕	7.0	353	1.5	0	89.9	–	1.6	293	39	9.0	0	0	0.02	0.04	0	0
빙설탕	0	387	0	0	100	0	0	1	1	0.1	0	0	0	0	0	0
포도당	10.0	331	0	0	90.0	0	0	2	1	0.1	0	0	0	0	0	0
산당화엿	9.3	351	0.4	0	90.3	0	–	133	29	1.2	0	0	0	0	0	0
흰엿	9.9	360	1.1	0.5	87.8	0	–	–	–	–	0	0	0	0.01	–	0
검은엿	13.8	345	1.3	0.3	84.2	0	–	–	–	–	0	0	0	–	–	–
물엿	16.9	332	0.4	0	82.5	0	–	35	–	–	0	0	0.01	0	–	0
잼																
딸기	26.2	291	0.4	0.2	72.0	0.6	0.6	48	23	0.4	0	0	0.01	0	–	15
살구	32.9	258	0.3	0.1	65.6	0.7	0.4	29	12	2.1	0	0	0.01	0.02	1.0	0
포도	24.8	288	1.9	0.1	72.0	0.6	0.6	83	30	3.7	0	0	0.02	0	0.2	0
사과	29.8	271	0.4	0.1	68.8	0.6	0.3	16	12	2.1	0	0	0.02	0.03	0.1	0
젤리	29.0	273	0.1	0.1	70.6	0	0.2	21	7	1.5	10	6	0.01	0.03	0.2	4
캔디	6.2	375	0.2	–	93.6	–	0.4	19	–	–	0	0	0	0	0	0
캐러멜	8.0	411	4.3	9.3	77.5	–	0.9	140	100	0.9	0	0	0.03	0.04	0.5	0
초콜릿	1.3	512	6.8	30.8	59.3	0.5	1.3	200	200	2.5	75	45	0.02	0.03	1.1	0
두류및종실류																
두류																
강낭콩	16.0	325	20.2	2.2	54.3	3.7	3.6	130	400	6.0	20	12	0.50	0.20	2.0	0
녹두	15.6	273	21.2	1.0	44.9	3.5	3.8	189	471	3.4	120	72	0.30	0.14	2.1	0
녹두묵	70.5	120	4.5	0.1	25.3	0.2	0.1	58	230	2.5	–	–	0.20	0.16	1.3	0
대두노란콩	6.2	410	41.3	17.6	21.6	3.5	5.8	127	490	7.6	10	6	1.03	0.30	3.2	0
검정콩	12.9	403	41.8	17.8	18.8	4.5	4.2	213	510	7.5	0	0	1.03	0.30	3.0	0
밤콩	12.2	399	26.7	15.5	38.2	4.6	2.8	120	480	6.0	10	6	1.03	0.30	3.2	0

부록 6. 식품성분 분석표(4)

식품명	수분	열량	단백질	지방질	탄수화물		회분	칼슘	인	철	비타민					
					당질	섬유					A	β-카로틴	티아민	리보플라빈	니아신	아스코르브산
	%	cal	g	g	g	g	g	mg	mg	mg	I.U.	μg	mg	mg	mg	mg
콩가루	5.0	426	38.4	19.2	29.5	2.9	5.0	190	500	9.0	15	9	0.40	0.15	2.0	0
탈지콩가루	8.0	322	49.0	0.4	33.6	3.0	6.0	220	550	8.4	0	0	0.45	0.15	2.0	0
콩조림	56.5	192	16.4	9.7	9.0	–	–	92	–	3.8	0	0	0.51	0.15	1.5	0
두유	90.8	42	3.6	2.0	2.9	0.2	0.5	15	49	1.2	0	0	0.03	0.02	0.5	0
두부	83.0	91	8.6	5.5	1.7	0.3	0.9	181	94	2.2	0	0	0.03	0.03	0.5	0
튀긴두부	44.0	346	18.6	31.4	4.5	0.1	1.4	300	230	4.2	0	0	0.02	0.02	0.5	0
비지	82.2	73	3.9	2.1	9.6	1.7	–	103	35	4.6	0	0	0.05	0.01	–	0
된장	51.5	128	12.0	4.1	10.7	3.8	17.9	122	141	5.1	0	0	0.04	0.20	–	0
왜된장	50.0	156	14.0	5.0	14.3	1.9	14.8	115	190	4.0	0	0	0.03	0.10	1.5	0
고추장	47.7	176	8.9	4.1	25.9	3.5	19.9	126	72	13.6	350	210	0.35	0.35	1.5	10
청국장	58.5	191	16.5	10.0	10.1	2.3	2.6	92	190	3.3	0	0	0.07	0.56	1.1	0
말린콩	13.4	335	21.7	1.0	55.7	6.0	2.2	58	360	5.0	100	60	0.72	0.15	2.5	0
잠두	13.3	331	26.0	1.2	50.9	5.8	2.8	100	440	5.7	150	90	0.50	0.20	2.5	0
붉은팥	14.5	317	21.4	0.6	56.6	3.7	3.2	124	413	5.2	10	6	0.56	0.13	1.8	0
동부	13.5	299	20.1	0.7	53.0	9.6	3.1	85	425	11.7	20	12	0.50	0.17	2.3	0
계피팥	15.0	305	20.5	0.7	45.2	6.4	3.2	104	430	8.6	–	0	0.40	0.10	2.0	0
검정팥	14.5	303	25.4	0.7	53.7	7.6	3.1	75	425	5.2	–	–	0.50	0.15	2.1	0
종실류																
호콩	2.6	559	26.6	44.2	23.6	2.4	2.7	74	393	1.9	0	0	0.30	0.13	16.2	0
호콩버터	1.7	589	25.2	50.6	18.8	1.8	3.7	59	380	1.9	–	–	0.12	0.12	14.7	0
밤류																
생밤	59.8	159	3.5	0.8	34.5	1.1	1.2	35	93	2.1	74	44.4	0.45	0.23	0.7	28
황율	8.4	377	6.7	1.1	78.6	2.5	2.2	52	162	3.3	–	–	0.32	0.38	1.2	–
은행	55.2	189	5.1	1.7	38.3	0.5	1.2	2	12.4	1.0	55	33	0.22	0.09	6.0	15
잣	5.5	669	18.6	64.2	4.3	0.9	1.5	13	165	4.7	53	32	0.33	0.10	7.0	0
호도	4.1	669	23.1	60.3	8.4	1.8	2.3	93	290	2.4	0	0	0.50	0.08	3.0	5
아몬드	4.7	640	18.6	54.1	19.6	2.7	3.0	254	475	4.4	0	0	0.25	0.67	4.6	–
종자류																
깨																
참깨	7.0	594	19.7	56.9	14.2	2.9	5.3	630	650	15.0	0	0	0.50	0.10	4.5	0
깨소금	6.9	656	18.1	56.7	18.2	5.0	4.6	1223	640	19.0	–	–	0.51	0.14	4.5	–
검정깨	3.8	567	19.4	49.3	11.5	11.7	4.3	1100	570	16.0	35	21	0.50	0.10	4.8	0
들깨	17.8	–	18.5	–	–	28.0	–	–	–	–	–	–	–	0.11	3.1	0
수박씨말린것	6.0	489	18.9	17.4	41.6	3.3	2.8	56	940	7.1	0	0	0.08	0.10	3.4	0
연근씨	67.7	119	8.1	0.2	21.1	1.4	1.5	96	220	1.8	0	0	0.19	0.08	1.6	0
해바라기씨	11.4	429	7.9	21.0	52.3	4.7	2.8	140	920	7.5	0	0	–	0.07	2.4	0
호박씨	5.8	494	27.2	44.2	7.3	10.3	5.2	7	1311	8.0	–	–	–	–	3.3	0
호박씨말린것	4.4	596	29.0	46.7	15.0	1.9	4.9	51	1144	11.2	70	42	0.24	0.19	2.4	–

부록 6. 식품성분 분석표(5)

식품명	수분	열량	단백질	지방질	탄수화물		회분	칼슘	인	철	비타민					
					당질	섬유					A	β-카로틴	티아민	리보플라빈	니아신	아스코르브산
	%	cal	g	g	g	g	g	mg	mg	mg	I.U.	μg	mg	mg	mg	mg
채소류																
녹황색 채소																
갓	83.5	58	3.6	0.5	9.8	2.2	1.4	259	76	2.5	5,994	3,589	0.14	0.25	13.0	16
깻잎	88.6	34	2.8	0.6	4.7	1.5	1.8	197	76	10.1	20,000	12,000	0.10	0.40	0.5	85
고구마잎	84.1	48	3.1	0.6	8.0	2.5	1.7	70	45	2.2	5,000	3,000	0.08	0.15	0.7	30
말린통고추	20.5	291	9.3	13.9	32.1	18.1	6.1	120	130	10.0	7,014	4,200	0.20	0.15	1.5	200
풋고추	83.2	20	2.4	0.5	1.4	12.7	0.8	15	57	1.1	290	174	0.20	0.34	1.2	103
고추잎	79.4	58	4.1	1.0	8.2	3.8	3.5	364	62	-	15,030	9,000	0.53	0.34	-	230
근대	90.3	20	2.0	0.7	1.5	1.2	1.6	75	81	5.2	2,600	1,560	0.16	0.24	-	26
냉이	81.5	56	7.3	0.9	4.6	2.0	2.7	116	104	2.2	2,320	1,389	0.51	0.06	0.5	36
달래	87.9	36	3.3	0.4	4.9	1.6	0.9	169	61	2.2	812	486	0.06	0.10	5.6	11
당근	88.7	41	2.0	0.5	7.2	0.6	0.18	43	34	1.6	12,000	7,200	0.09	0.09	1.7	12
무청(조선무)	83.7	51	3.0	0.5	8.7	0.9	1.3	229	59	5.8	8,727	5,226	0.06	0.30	0.5	50
시래기	33.1	168	10.3	0.3	30.9	14.2	8.2	368	210	6.1	18	10.8	0.09	0.30	3.7	0
우거지	90.1	21	1.3	0.2	3.6	4.0	0.8	115	65	6.8	0	0	0.04	0.03	1.5	0
왜무무청	91.9	24	2.3	0.7	2.0	0.8	2.2	329	28	7.3	8,358	5,005	0.07	0.25	0.5	45
미나리	84.9	20	2.1	0.9	0.8	0.7	0.6	32	18	4.1	2,336	1398.6	0.34	0.07	0	8
배추	94.9	18	1.3	0.2	2.7	0.7	0.5	70	63	0.3	255	153	0.06	0.09	0.4	28
부추	89.8	36	4.3	0.4	3.9	1.2	0.6	34	27	2.9	4,066	2,435	0.04	0.06	0	40
상추	94.1	22	1.8	0.4	2.9	0.8	0.7	49	27	0.5	1,628	975	0.08	0.08	0.8	18
숙주	94.1	26	3.4	0.4	2.2	0.4	0.5	4	46	1.4	518	310.8	0.04	0.45	0.6	14
쑥	81.4	44	5.2	0.8	4.0	3.7	2.0	93	55	0.09	7,955	4,764	0.44	0.16	4.5	75
쑥갓	93.5	26	2.5	0.4	3.1	0.6	4.9	74	29	4.2	4,960	2,970	0.15	0.30	-	45
시금치	93.7	34	2.6	0.7	4.2	0.7	1.1	36	32	4.2	8,336	4,992	0.12	0.38	0.7	65
아욱	90.1	43	4.8	2.4	0.5	0.8	1.4	67	18	4.5	5,537	3,316	0.14	0.35	0.6	30
케일	82.7	68	6.0	0.8	9.0	-	1.5	249	93	2.7	10,000	6,000	0.16	0.26	2.1	186
파슬리	93.9	53	3.7	1.0	7.2	1.8	2.4	200	65	7.5	5,611	3,360	0.20	0.24	1.4	200
피망	91.9	25	1.3	0.4	4.0	2.0	0.4	10	28	0.5	1,000	600	0.10	0.07	1.5	100
호박	95.0	27	2.0	0.6	3.5	0.4	0.5	15	23	0.7	932	558	0.06	0.15	1.0	8
단호박생것	82.7	60	1.2	0.2	13.3	0.8	0.9	44	23	0.5	1,000	600	0.02	0.07	0.6	20
호박꼬지	15.6	308	11.5	1.3	62.6	4.4	4.6	193	105	4.0	-	-	-	-	0.2	-
호박잎	89.2	41	3.8	0.7	4.9	1.3	1.4	159	99	1.6	2,439	1,461	0.12	0.18	1.1	19
길은녹색	90	28	3.0	0.4	-	-	-	166		2.9	6,000	3,600	0.09	0.19	0.8	70
엷은녹색	91.3	25	2.1	0.1	-	-	-	56	-	1.1	910	546	0.06	0.08	0.4	43
기타채소																
가지	93.3	32	1.2	0.4	5.9	0.9	0.3	26	45	0.4	30	18	0.04	0.03	0.2	-
고구마줄기	93.4	21	0.8	0.3	3.8	0.9	0.8	88	7	2.1	-	-	0.04	0.17	-	0
강낭콩	88.7	36	2.0	0.2	6.9	1.3	0.9	57	53	0.9	300	180	0.10	0.05	1.0	20

부록 6. 식품성분 분석표(6)

식품명	수분	열량	단백질	지방질	탄수화물		회분	칼슘	인	철	비타민					
					당질	섬유					A	β-카로틴	티아민	리보플라빈	니아신	아스코브르산
	%	cal	g	g	g	g	g	mg	mg	mg	I.U.	μg	mg	mg	mg	mg
완두콩	85.7	51	3.6	0.2	8.6	1.2	0.7	46	56	1.0	500	300	0.18	0.13	1.0	20
고비삶은것	92.1	13	2.5	0.2	0.2	2.9	1.2	12	46	1.2	0	0	0	0.29	–	0
고비말린것	19.9	276	17.6	2.7	45.3	8.4	6.1	65	100	6.0	0	0	0	0.40	1.2	0
고사리삶은것	90.3	22	2.1	0.4	2.6	3.3	1.0	11	53	1.2	185	11	0	0.30	3.5	0
고사리말린것	13.0	266	26.8	1.2	37.0	12.6	9.4	75	100	8.0	2,004	1,200	0	0.30	4.2	0
고수	80.2	61	3.5	1.3	8.7	3.8	2.5	151	37	1.7	–	–	0.30	0.08	–	–
더덕	82.2	59	2.3	3.5	4.5	6.4	1.1	90	121	2.1	0	0	0.12	0.22	0.8	0
도라지	24.2	263	2.4	0.9	61.2	8.9	1.5	232	189	6.2	0	0	0.10	0.36	7.8	0
돌나물	93.9	19	0.8	1.0	1.6	1.8	0.9	233	54	2.5	6	4	0.15	0.12	–	30
두릅	84.9	48	5.5	0.9	4.5	2.2	2.0	81	139	7.4	–	–	0.10	0.05	1.0	10
마늘	60.4	145	3.0	0.5	32.0	0.8	1.3	32	50	1.6	–	–	0.33	0.53	0.1	7
마늘쫑	81.3	84	2.1	0.8	17.0	1.7	0.5	15	48	0.9	540	324	0.27	0.33	1.0	22
무(조선무)	90.3	31	2.0	0.1	5.6	0.9	1.6	62	29	0.9	0	0	0.01	0.03	3.9	44
무말랭이	33.1	180	10.3	0.3	30.9	14.2	8.2	368	210	6.1	18	–	0.09	0.30	3.7	0
왜무	91.9	24	2.3	0.7	2.0	0.8	2.2	329	28	703	0	5004.6	0.07	0.26	7.6	45
호배추	95.9	17	1.3	0.1	2.6	0.7	0.4	55	41	0.3	34	20	0.05	0.05	0.6	32
양배추	94.3	29	1.5	0.6	4.4	0.7	0.5	18	31	0.7	468	280	0.12	0.43	0.2	27
생강	81.7	68	2.2	0.8	12.9	1.9	1.0	20	14	1.1	30	18	0.01	0.03	4.3	–
샐러리	87.4	40	0.8	0.2	8.8	1.5	1.3	39	34	2.0	63.5	38	0.08	0.08	0.2	5
아스파라가스	89.7	34	4.3	0.3	3.6	0.8	1.3	29	80	1.0	1,000	600	0.16	0.36	2.0	90
양파	84.9	54	1.9	0.4	10.8	0.3	0.7	20	61	0.2	20	12	0.09	0.01	0.2	9
연근	88.2	41	2.0	0.1	7.9	1.1	0.8	22	66	0.4	0	0	0.05	0.03	–	45
오이	95.5	19	0.9	0.2	3.4	0.5	0.5	18	17	0.3	57	33.6	0.06	0.05	0.8	30
백옥	69.6	126	3.8	2.1	22.9	0.9	0.7	5	130	0.8	0	0	0.05	0.08	1.5	5
황옥	72.7	111	3.5	1.0	22.1	0.7	0.7	3	111	0.7	400	240	0.15	0.12	1.7	12
우엉	76.0	87	2.6	0.3	18.4	1.7	0.8	78	78	1.6	0	0	0.40	0.15	4.8	–
죽순	90.8	25	3.6	0.5	1.6	2.3	1.2	14	87	1.2	50	30	0.15	0.08	0.8	10
취삶은것	89.0	11	0.4	0.1	2.0	7.7	0.8	35	20	4.9	0	0	0.03	0.01	0.8	0
콩나물	90.2	27	4.2	1.0	2.9	0.5	0.8	32	49	0.8	175	105	0.15	0.13	0.8	16
파	86.8	50	2.6	0.4	9.0	1.3	0.8	73	46	1.0	409	245	0.09	0.15	0.5	16
홍무	87.3	47	1.6	0.1	9.9	0.8	1.1	16	33	0.7	20	12	0.03	0.05	0.4	10
김치																
깍두기	87.0	31	2.7	0.8	3.2	–	0.7	5	–	–	949	568	0.03	0.06	5.8	10
나라스게	87.8	24	1.4	0.2	4.7	0.7	5.2	38	14	2.1	0	0	0.03	0.02	–	0
단무지	90.3	17	1.3	0.2	3.0	0.4	4.8	37	18	0.7		0	0.02	0.01	0.3	0
동치미	93.6	9	0.7	0.2	1.1	–	0.2	1	–	–	0	0	0.01	0.03	1.0	7
무청김치	85.9	27	2.7	0.7	2.4	–	0.5	3	–	–	1,705	1,021	0.04	0.07	3.3	19
열무김치	94.5	21	2.4	0.6	1.5	–	–	24	–	–	1,854	1,110	0.04	0.06	0.4	24

부록 6. 식품성분 분석표(7)

식품명	수분	열량	단백질	지방질	탄수화물		회분	칼슘	인	철	비타민					
					당질	섬유					A	β-카로틴	티아민	리보플라빈	니아신	아스코르브산
	%	cal	g	g	g	g	g	mg	mg	mg	I.U.	μg	mg	mg	mg	mg
오이지	78.0	20	1.1	0.9	1.8	1.4	7.3	58	55	0.4	–	–	0.04	0.04	0.4	0
무짠지	89.7	14	0.9	0.1	2.2	0.9	6.2	43	24	10	0	0	–	0.02	0.2	0
통김치	88.4	19	2.0	0.6	1.3	–	0.5	28	–	–	492	295	0.03	0.06	2.1	12
마늘짱아지	73.8	79	3.4	1.8	12.2	2.8	6.4	52	160	3.0	–	–	0.96	0.66	0.5	0
버섯류																
느타리버섯	14.3	322	12.8	2.0	63.3	5.3	4.0	16	220	3.7	0	0	0.50	0.80	10.0	0
목이버섯	8.7	294	11.3	0.9	60.1	12.9	6.2	83	434	12.0	0	0	0.30	0.60	0.5	0
밤버섯	91.7	25	2.9	0.9	1.2	2.3	1.0	41	40	5.6	0	–	0.40	0.06	38.4	2.0
석이버섯	13.3	99	8.1	3.0	59.8	9.6	6.2	32	360	0.6	0	0	0.10	–	–	0
송이생것	88.3	38	2.0	0.3	6.7	1.8	0.9	0	40	1.3	0	0	0.05	0.05	8.0	5
송이통조림	92.5	23	1.2	0.1	4.3	1.4	0.5	12	25	2.6	0	0	0.04	0.27	–	0
싸리버섯	90.1	34	2.8	0.6	4.3	1.4	0.8	41	44	6.2	0	–	0.90	0.43	46.39	1.3
양송이생것	91.5	18	3.5	0.2	3.0	0.8	0.8	9	110	0.6	0	0	0.10	0.35	4.9	3
양송이통조림	88.3	34	1.9	0.2	6.1	0.7	2.8	10	62	2.9	0	0	0.08	0.04	–	0
표고버섯	9.0	331	18.7	1.7	60.1	5.7	4.8	19	250	4.0	0	0	0.64	0.12	10.5	0
과실류																
감																
단감	82.6	60	0.6	0.1	14.1	1.0	0.5	13	36	0.1	1,002	600	0.03	0.03	0.4	28
연시	85.9	55	1.3	0.1	12.1	0.2	0.4	8	16	0.2	802	480	0.03	0.03	0.5	20
곶감	32.0	260	6.3	0.4	57.8	1.5	2.0	15	50	1.3	2,004	1,200	0.04	0.01	0.8	0
귤	87.4	48	1.0	0.5	9.8	0.3	0.4	16	14	0.1	2,004	1,200	0.10	0.03	0.6	40
내블	85.4	57	1.3	0.1	12.7	0.5	0.5	40	22	0.4	200	120	0.10	0.04	0.4	61
여름귤	88.9	42	0.8	0.3	9.1	0.3	0.6	22	17	0.2	120	72	0.08	0.03	0.5	30
주스	88.3	46	0.7	0.2	10.4	0.1	0.4	11	17	0.2	200	120	0.09	0.03	0.4	50
통조림	87.4	50	0.8	0.2	11.2	0.01	0.4	10	18	0.4	200	120	0.07	0.02	0.3	40
농축주스	42.0	231	4.1	1.3	50.7	0.5	1.9	51	86	1.3	962	576	0.39	0.12	1.7	229
오렌지넥타	87.2	51	0.7	0.1	11.8	0.02	0.2	9	0	0.6	295	–	0.02	0.02	23.2	0.3
대추	70.2	117	1.2	0.2	27.6	1.4	0.8	29	37	0.7	40	24	0.02	0.04	0.9	69
말린것	19.7	319	3.7	1.1	73.6	3.0	1.9	79	100	1.8	–	–	–	–	–	–
딸기	91.1	36	0.2	0.7	7.2	1.5	0.4	49	49	0.9	0	0	0.07	0.05	0.5	52
딸기넥타	86.7	54	1.0	0.2	12	0.02	0.1	41	42	0.8	0	–	0.03	0.06	8.3	0.1
토마토	90.5	36	1.3	0.3	6.9	0.4	0.6	3	18	0.2	400	240	0.08	0.03	0.8	20
주스	92.8	24	1.0	0.2	4.5	0.3	1.2	10	20	0.4	350	210	0.08	0.01	0.6	7
케첩	68.6	113	2.0	0.4	25.4	0.5	3.6	22	50	0.8	1,403	840	0.09	0.07	1.6	15
머루	80.5	63	1.0	0.6	13.4	3.5	1.0	73	10	1.7	0	0	0.05	0.03	0.5	8
바나나	75.5	94	1.3	0.4	21.4	0.5	0.9	5	23	0.4	200	120	0.03	0.05	0.5	10
배	85.8	51	0.5	0.2	11.7	0.8	0.4	4	35	0.2	0	0	0.04	0.03	0.3	2
배넥타	86.9	52	0.7	0.1	12.1	0.06	0.1	3	0	1.2	0	–	0.03	0.02	1.0	0.1

부록 6. 식품성분 분석표(8)

식품명	수분	열량	단백질	지방질	탄수화물		회분	칼슘	인	철	비타민					
					당질	섬유					A	β-카로틴	티아민	리보플라빈	니아신	아스코브르산
	%	cal	g	g	g	g	g	mg	mg	mg	I.U.	μg	mg	mg	mg	mg
버찌	78.9	84	1.0	0.7	18.5	0.1	0.8	24	56	1.4	120	72	0.04	0.03	0.2	15
복숭아																
백도	89.4	39	0.6	0.1	8.9	0.5	0.5	3	13	0.3	100	60	0.03	0.04	0.5	10
백도통조림	80.2	77	0.3	0.1	18.8	0.4	0.2	8	9	1.6		96	0.02	0.02	–	2
황도	89.1	42	0.6	0.1	9.7	0.6	0.5	9	19	0.5	1,333	798	0.02	0.05	1.0	7
황도통조림	81.0	75	0.4	0.1	18.6	0.4	0.1	12	8	0.8		138	0.02	0.03	–	1
신도복숭아	92.1	27	0.9	0.2	5.3	2.2	0.3	16	21	0.1	0	0	0.03	0.03	–	19
신도통조림	76.1	93	0.5	0.1	22.5	0.6	0.2	14	11	1.2	20	12	0.03	0.04	0.5	2
복숭이넥타	86.5	51	0.2	0.1	12.4	0.2	0.6	5	14	0.4	80	–	0.01	0.02	–	2
사과																
국광	86.8	52	0.3	0.5	11.5	0.6	0.3	13	14	1.2	10	–	0.02	0.04	0.20	6
홍옥	86.8	52	0.3	0.5	11.5	0.6	0.3	4	14	0.5	10	6	0.02	0.04	0.2	6
인도	84.2	64	0.4	0.7	13.9	0.5	0.3	7	7	0.2	50	30	0.02	0.01	0.1	5
축사과	87.7	40	0.6	0.3	8.8	2.3	0.3	14	12	0.7	0	–	0.02	0.03	5.0	0
사과넥타	86.9	52	1.0	0.2	11.6	0.12	0.2	3	5	2.4	0	–	0.04	0.03	3.5	0.1
말린사과	21.5	303	1.0	1.6	71.2	3.1	1.6	31	52	1.6	–	–	0.06	0.12	0.5	10
기타과실																
살구	85.1	56	0.6	0.3	12.6	0.9	17	17	21	0.4	3,300	1,980	0.020.	0.03	0.8	5
석류	81.1	71	0.6	0.2	16.7	0.8	9	9	15	0.2	0	0	06	0.01	0.4	10
앵두	88.1	43	0.6	0.8	8.3	1.7	22	22	17	0.9	110	66	0.02	0.03	–	19
수박	94.0	23	0.4	0.1	5.2	0.1	14	14	11	0.2	80	48	0.02	0.02	0	5
자두	81.8	69	0.7	0.2	16.2	0.7	6	6	11	0.2	200	120	0.02	0.02	0.3	3
파인애플생것	86.7	50	0.5	0.2	11.5	0.7	15	15	4	0.3	100	60	0.01	0.020.	0.7	60
파인애플통조림	79.6	80	0.3	0.1	19.4	0.3	11	11	5	0.3	50	30	0.08	02	0.2	7
포도	81.5	71	0.5	0.1	17.1	0.3	5	5	14	0.3	15	9	0.06	0.02	0.2	5
포도넥타	87.2	51	0.4	0.1	12.0	0.1	11	11	19	1.9	0	–	0.04	0.02	4.1	0.1
깐포도통조림	79.3	83	0.4	0.1	20.0	0.1	7	7	3	0.4	80	–	0.04	0.01	–	2
건포도	18.1	321	2.5	0.2	77.4	0.9	62	62	101	3.5	20	12	0.11	0.08	0.5	1
참외	89.8	36	0.9	0.3	7.3	0.9	14	14	12	0.3	100	60	0.05	0.05	0.6	10
서양참외캔디톱	91.2	34	0.7	0.1	7.5	0.3	14	14	16	0.4	400	2,040	0.04	0.03	0.6	33
육류및그제품																
가금류																
꿩고기	70.4	126	25.3	2.7	0	0	1.6	6	310	–	11	2	0.10	0.13	5.0	0
닭고기	73.5	126	20.7	4.8	–	–	1.3	4	302	–	40	7	0.09	0.15	5.0	0
닭고기내장	78.4	98	17.5	3.1	0.1	0	0.9	14	220	4.5	4,530	815	0.16	1.36	4.9	–
메추리고기	76.3	112	18.5	4.2	0	0	1.0	9	–	–	0	0	0.90	0.39	5.0	0
오리고기	71.6	146	19.8	7.4	0	0	1.2	14	300	3.0	0	0	0.26	0.26	4.0	0
참새고기	72.5	119	19.4	4.6	0	0	3.5	470	590	–	60	11	0.30	0.25	5.0	0

부록 6. 식품성분 분석표(9)

식품명	수분	열량	단백질	지방질	탄수화물		회분	칼슘	인	철	비타민					
					당질	섬유					A	β-카로틴	티아민	리보플라빈	니아신	아스코브르산
	%	cal	g	g	g	g	g	mg	mg	mg	I.U.	μg	mg	mg	mg	mg
칠면조고기	64.0	192	24.4	10.5	0	0	1.1	2	230	–	0	0	0.20	0.15	8.0	0
육류																
개고기	76.2	113	18.5	4.1	0.4	0	0.8	10	164	3.8		0	0.27	0.10	4.2	0
고래고기	70.9	150	20.6	7.5	0	0	1.0	12	144	–	1,860	132	0.09	0.08	–	6
고래비계	85.2	71	11.9	2.6	0	0	0.3	3	104	1.3	–	–	–	0.07	–	0
돼지																
살코기	69.3	166	17.8	10.5	0	0	2.4	10	204	2.7	0	0	0.87	0.21	4.6	0
소장	63.9	251	13.0	22.1	1.2	–	0.9	5	212	4.8		2	0.20	0.20	6.1	5
지방육	33.4	549	9.1	57.0	0	0	0.5	5	88	1.4	0	0	0.44	0.10	2.4	–
간	71.6	126	20.6	3.7	2.6	0	1.5	10	356	19.2	10,900	654	0.30	3.03	16.4	23
심장	77.4	108	16.8	4.4	0.4	0	1.0	3	131	3.3	30	2	0.43	1.24	6.6	3
신장	77.8	102	16.3	3.6	1.1	0	1.2	11	218	6.7	130	8	0.58	1.73	9.8	12
햄	65.0	188	18.3	12.3	0.9	0	3.5	11	156	2.7	0	0	0.53	0.19	3.8	–
대장	81.8	81	9.6	2.2	5.6	0	0.8	12	89	1.1	–	–	0.08	0.24	1.7	–
소시지	55.6	306	12.5	27.6	1.8	–	2.5	7	133	1.9	–	–	0.16	0.20	2.7	–
베이콘	19.3	661	8.4	69.3	1.0	0	2.0	13	108	1.2	0	0	0.36	0.11	1.8	–
멧돼지고기	74.1	142	16.8	8.3	0	0	0.8	12	120	–	10	1	0.39	0.11	4.0	0
쇠고기																
살코기	62.5	236	18.6	18.0	0	0	0.9	11	172	2.8	40	2	0.08	0.17	4.5	–
중등육	60.1	261	18.0	21.0	0	0	0.9	10	166	2.7	40	2	0.08	0.16	4.3	–
지방육	49.4	375	14.9	35.0	0	0	0.7	9	136	2.2	70	4	0.06	0.13	3.6	–
간	69.7	145	19.9	3.8	5.3	0	1.3	8	352	6.5	43,900	2,634	0.25	3.26	13.6	31
콩팥	75.9	137	15.4	6.7	0.9	0	1.1	11	219	7.4	690	41	0.36	2.55	6.4	15
골(뇌)	78.8	123	10.4	8.6	0.8	0	1.4	10	312	2.4	0	0	0.23	0.26	4.4	18
소곱창	69.0	174	18.1	10.8	1.2	–	0.9	5	212	4.8	100	–	0.20	0.20	6.1	5
꼬리	58.7	266	19.1	21.1	0	0	1.1	8	140	4.6	10	1	0.03	0.03	5.4	0
소피	92.7	27	4.0	0.5	1.3	0	1.5	23	–	12.2		0	0.31	0.22	13.4	0
갈비	47.2	396	14.8	37.4	0	0	0.6	9	151	2.2	70	4	0.06	0.13	3.6	–
염통	77.5	103	17.1	3.6	0.7	0	1.1	5	195	4.0	20	1	0.53	0.88	7.5	2
업진	74.5	129	20.1	5.4	–	–	1.0	0	148	2.3	–	–	0.05	0.03	5.5	0
양지머리	75.9	108	22.6	1.9	–	–	1.2	5	169	3.8	–	–	0.05	0.03	6.2	0
허파	78.8	94	17.6	2.6	0	0	1.0	–	216	–	–	–	–	–	6.2	–
혀	67.3	201	16.4	15.0	0.4	0	0.9	8	182	2.1	–	–	0.12	0.29	5.0	–
소천엽	86.2	64	11.4	1.9	0.2	0	0.3	84	17	2.4	0	–	0.12	0.03	–	0
소장	77.3	107	16.4	4.2	1.4	–	0.7	20	173	3.1	30	2	0.07	0.32	1.5	–
대장	38.2	482	5.0	47.0	9.7	–	0.1	13	28	3.6	–	–	0.04	0.08	0.2	–
양	86.8	60	9.3	2.0	1.2	0.4	0.3	112	79	4.2	–	0	–	0.29	22.3	0
육포	25.7	333	25.6	8.7	38.0	0	2.0	21	152	6.8	28	2	0.13	0.19	30.3	0

부록 6. 식품성분 분석표(10)

식품명	수분	열량	단백질	지방질	탄수화물		회분	칼슘	인	철	비타민					
					당질	섬유					A	β-카로틴	티아민	리보플라빈	니아신	아스코브르산
	%	cal	g	g	g	g	g	mg	mg	mg	I.U.	μg	mg	mg	mg	mg
양고기	74.4	138	16.4	8.0	0	0	1.2	7	210	2.0	0	0	0.15	0.20	5.0	0
산양고기	74.4	117	20.6	3.8	0.1	0	1.3	8	–	2.0	0	0	0.15	0.08	4.0	0
집토끼고기	71.9	138	20.4	6.3	–	0	1.4	5	300	7.0	0	0	0.30	0.10	4.0	0
산토끼고기	74.3	138	16.9	7.8	0	0	1.0	7	350	7.0	0	0	0.30	0.10	4.0	0
식용개구리	78.8	82	19.9	0.3	0	0	1.0	3	140	0.3	15	1	0.10	0.06	1.2	0
난류																
계란	74.0	160	12.7	12.1	–	0	1.2	67	267	2.7	920	17	0.10	0.30	0.1	0
계란가루	4.1	575	47.0	41.2	4.1	0	3.6	187	800	8.7	4,290	772	0.33	1.20	0.2	0
난황	49.4	358	16.2	32.6	–	0	1.8	149	612	6.5	2,320	515	0.23	0.40	0	0
난백	88.9	42	10.2	0.1	–	0	0.8	10	12	0.1	0	0	0.02	0.30	0.1	0
메추리알	74.6	153	13.1	11.2	–	0	1.1	59	220	3.8	300	54	0.12	0.85	0.1	0
오리알	71.8	174	12.8	13.6	–	0	1.0	49	224	3.1	–	–	0.12	0.40	0.1	0
식용충류																
메뚜기	30.1	278	64.2	2.4	0	0	3.3	78	630	1.5	920	166	0.24	5.50	7.0	20
번데기	6.8	481	55.2	24.6	9.7	–	3.7	51	1200	45.0	190	34	0.87	8.50	–	0
성충	76.4	119	15.4	6.4	–	–	1.8	29	–	1.0	–	–	0.22	0.54	2.8	0
유충	76.8	107	16.3	4.6	–	–	2.3	32	–	1.7	–	–	0.23	0.46	3.3	0
어패류																
어류																
가물치	78.5	83	19.8	0.4	0	0	1.3	265	100	2.0	40	5	0.03	0.10	10.0	0
가오리	78.8	83	19.4	0.6	–	–	1.2	37	213	2.8	150	9	0.15	0.20	7.5	–
가자미	83.7	77	15.1	1.8	0	–	1.6	111	170	0.6	–	–	0.10	0.10	5.7	–
고등어	76.0	109	18.0	4.0	0.3	0	1.7	7	190	1.5	50	3	0.15	0.20	8.0	3
고등어자반	50.8	176	29.7	6.4	0	0	13.4	12	195	1.9	–	–	0.09	0.24	7.2	0
고등어통조림	66.4	174	21.1	10.0	0	0	2.5	260	288	2.2	30	2	0.03	0.03	8.8	0
공주	51.5	263	20.1	14.6	12.7	0	1.1	216	270	1.7	–	–	0.26	0.18	6.5	0
공치	75.4	105	21.4	2.1	0	0	1.6	13	53	1.1	64	4	0.25	0.04	7.3	0
광어	74.0	109	22.5	2.0	0.3	0	1.2	30	150	0.6	100	6	0.10	0.10	3.5	3
꽁치	66.9	154	24.9	6.0	0	–	1.7	86	260	5.0	–	–	0.13	0.22	7.3	0
꽁치통조림	63.6	192	22.0	11.6	0	–	2.8	277	286	1.7	110	–	0.08	0.20	6.9	0
넙치	74.3	101	20.1	2.3	0	0	1.3	42	81	1.1	114	–	0.12	0.37	13.6	0
농어	74.5	110	21.0	2.7	0.3	0	1.5	30	290	3.0	180	11	0.13	0.11	2.4	0
대구	81.0	77	16.6	0.6	0.1	0	1.7	15	160	0.4	60	4	0.15	0.10	2.5	0
대구포	34.0	258	56.0	2.0	0.3	0	7.7	30	540	1.3	0	0	0.10	0.15	11.0	0
도미	77.8	101	18.0	2.5	0.3	0	1.4	15	150	0.4	100	6	0.20	0.20	2.0	2
석도미	73.2	124	20.4	4.2	1.2	0	1.0	147	123	1.9	85	–	0.31	0.50	5.8	0
참도미	62.8	265	19.8	20.6	0	–	1.2	102	329	0.5	–	–	–	0.30	6.6	0
흑도미	80.1	78	18.0	0.7	0	0	1.2	57	93	1.6	90	5	0.14	0.15	–	0

부록 6. 식품성분 분석표(11)

식품명	수분	열량	단백질	지방질	탄수화물		회분	칼슘	인	철	비타민					
					당질	섬유					A	β-카로틴	티아민	리브플라빈	니아신	아스코브르산
	%	cal	g	g	g	g	g	mg	mg	mg	I.U.	μg	mg	mg	mg	mg
도루묵	80.6	95	14.6	4.3	0	0	1.1	61	184	1.5	50	5	0.10	0.05	–	0
명태(동태)	81.0	72	16.6	0.6	0.6	0	1.7	15	160	0.4	60	4	0.15	0.10	2.5	0
북어	34.0	243	56.0	2.0	2.0	0	7.7	30	540	1.3	0	0	0.10	0.15	11.0	0
이리	81.2	88	6.8	5.4	0	0	3.6	18	315	0.8	–	–	–	0.25	–	0
명란젓	71.5	205	22.0	1.9	0	0	4.6	18	66	1.4	140	8	0.41	0.19	6.1	5
창란젓	80.9	66	11.5	2.2	–	0.2	5.2	8	105	0.7	–	–	0.12	0.02	5.1	0
망둑(망둥이)	78.2	86	18.7	1.1	0.3	0	1.7	15	260	2.0	50	3	0.10	0.05	2.0	0
메기	81.2	78	16.8	1.2	0	0	0.8	39	160	2.7	60	4	0.15	0.06	–	0
생멸치	74.4	122	16.7	6.0	0.3	0	2.6	220	180	2.0	30	2	0.02	0.10	7.0	0
말린멸치(대)	15.9	421	36.0	30.8	–	–	11.1	1431	1271	5.8	–	–	0.07	0.06	–	0
망린멸치(중)	7.9	378	46.9	13.2	0	–	14.0	1860	1980	7.0	90	5	0.15	1.02	8.6	0
말린멸치(소)	8.4	336	67.8	7.2	0	–	16.6	1308	1850	6.2	88	5	0.13	0.09	4.1	0
멸치젓	60.3	165	13.3	11.4	2.3	–	12.7	330	409	3.7	–	–	0.10	0.22	–	0
모래무지	79.5	89	17.7	0.7	0.1	0	2.0	114	348	3.9	–	–	0.40	0.03	2.4	0
미꾸라지	76.0	96	19.3	1.9	0.3	0	2.5	640	890	8.0	100	6	0.03	0.44	–	0
민어	70.0	144	22.3	6.0	0.3	0	1.4	40	280	2.0	30	2	0.10	0.07	2.5	0
암치	17.1	316	38.3	10.7	16.9	0	17.1	322	92	5.7	–	–	0.06	0.28	5.0	0
어포	18.9	367	36.5	12.3	27.5	0	5.4	249	77	4.2	–	–	0.18	0.45	5.0	0
방어	75.0	104	21.4	2.0	0	0	1.6	347	121	3.1	0	0	0.12	0.07	4.6	0
보구치	78.7	82	18.3	1.0	–	0	1.4	49	170	3.8	0	0	0.06	0.13	5.0	0
뱅어	84.0	64	13.3	1.1	0.3	0	1.3	180	280	3.0	50	3	0.14	0.14	–	0
뱅어포	21.4	309	56.2	8.2	2.7	0	11.5	1056	624	7.2	–	–	0.34	0.30	1.8	0
뱀장어	64.1	210	16.2	16.1	0	0	0.8	26	137	2.0	4,222	253	0.20	0.09	29.0	0
바다장어	70.6	173	16.2	11.8	0.5	0	0.9	121	179	2.5	–	–	0.10	0.09	–	0
붕장어	71.5	150	19.0	8.0	0.5	0	1.0	150	180	4.0	500	30	0.06	0.04	5.0	0
병어	73.7	152	18.3	8.7	0	0	1.0	34	114		0	0	0.37	0.08	0.6	0
복어	78.6	88	20.0	0.1	0.3	0	1.0	13	140	0.8	10	1	–	–	–	0
빙어	78.3	101	17.0	3.0	0.3	0	1.4	50	190	2.0	120	7	0.04	0.10	3.0	0
삼치	74.5	107	19.7	3.1	0	0	2.7	499	212	1.3	0	0	0.25	0.09	11.5	0
상어	72.0	161	10.0	16.2	0.3	0	1.5	6	200	1.0	700	42	0.04	0.08	1.0	0
숭어	72.0	133	22.0	4.0	0.8	0	1.2	42	220	4.0	150	9	0.23	0.06	3.7	0
숭어알	23.0	412	40.0	26.0	4.6	0	6.4	56	380	6.0	200	12	0.50	0.70	–	0
양미리	15.8	355	73.6	6.6	0	–	9.1	1091	2933	11.5	–	–	1.73	1.30	4.9	0
연어	71.0	143	22.0	5.3	0.3	0	1.4	13	230	1.1	100	6	0.22	0.07	7.0	0
이면수	72.3	111	17.5	4.6	–	0	6.6	15	240	1.2	–	–	0.07	0.15	–	0
잉어	67.0	178	22.4	9.0	0.3	0	1.3	72	180	2.0	20	1	0.10	0.08	2.0	0
전갱어	75.3	109	20.0	3.0	0.4	0	1.3	12	243	0.7	40	2	0.16	0.08	6.5	3
전어	73.0	126	20.0	5.0	0.3	0	1.7	120	380	4.0	100	6	0.10	0.15	5.0	0

부록 6. 식품성분 분석표(12)

식품명	수분	열량	단백질	지방질	탄수화물		회분	칼슘	인	철	비타민					
					당질	섬유					A	β-카로틴	티아민	리보플라빈	니아신	아스코브르산
	%	cal	g	g	g	g	g	mg	mg	mg	I.U.	μg	mg	mg	mg	mg
정어리	75.0	125	17.5	6.0	0.3	0	1.2	80	240	3.0	60	4	0.02	0.15	10.0	1
조기	81.7	80	18.3	0.8	0	0	1.3	26	200	1.5	99	6	0.02	0.34	7.7	0
굴비	32.5	316	44.4	15.2	0.3	0	8.6	68	950	7.2	0	0	0.19	0.18	13.2	0
조기젓	61.3	77	15.9	0.6	2.0	–	20.2	71	123	4.2	100	6	0.12	0.44	6.7	0
준치	73.2	148	23.6	6.0	0	0	1.3	17	167	1.2	440	26	0.27	0.15	4.0	0
쥐치포	14.5	336	75.9	0.6	1.7	0	7.3	409	780	5.7	0	–	0.32	0.21	8.7	0
참치	71.9	134	21.2	5.3	0.3	0	1.3	235	100	2.0	60	4	0.10	0.20	7.5	0
청어	72.0	150	18.0	8.5	0.3	0	1.2	34	250	1.5	100	6	0.01	0.20	5.0	0
자반청어	64.8	152	17.5	9.0	0.2	0	8.5	62	350	3.0	0	0	0.02	0.30	4.0	–
청어알	69.0	139	25.2	4.1	0.4	0	1.3	50	140	2.0	50	3	0.15	0.22	–	0
청어알말린것	18.0	368	67.5	10.7	0.4	0	3.4	40	60	1.0	2	0	0.17	0.06	2.3	20
갈치	74.0	128	18.2	6.0	0.3	0	1.5	12	150	0.6	50	3	0.14	0.13	3.0	0
자반갈치	60.7	202	20.9	13.1	0	0	5.7	92	126	1.9	–	–	0.18	0.29	1.9	0
홍어	79.7	85	19.2	0.9	0	0	2.0	64	131	1.4	0	0	0.23	0.08	1.3	0
황새기	81.0	77	17.0	1.0	–	–	1.0	102	183	0.9	1,580	95	0.14	0.12	7.2	2
황새기젓	54.5	96	19.9	0.8	2.3	–	22.5	325	370	3.5	0	0	0.15	0.43	0.3	0
곤야꾸	96.1	–	0.9	0.1	1.7	1.1	0.1	43	7	1.0	0	–	0	0	0.9	0
긴다로	64.3	240	7.1	19.5	8.3	0	0.8	65	41	1.4	0	–	0.23	0.01	6.1	0
생선뎀뿌라	63.9	147	13.0	2.6	17.9	–	2.6	85	116	1.1	0	–	0.02	0.03	0.6	0
생선묵	72.7	102	12.1	0.7	11.8	0	2.7	88	100	0.7	0	–	0.04	0.05	0.8	0
생선소시지	68.5	144	15.0	6.0	7.5	0	3.5	100	200	2.0	20	1	0.30	0.80	5.0	0
패류																
게																
큰게	76.0	91	20.0	0.5	1.5	0	2.0	55	160	2.0	10	1	0.01	0.02	2.5	0
꽃게	79.0	75	16.4	9.5	1.3	0	2.8	58	174	3.1	–	–	0	0.03	–	–
게통조림	75.3	109	16.0	3.3	3.8	0	1.6	106	223	13.3	0	0	0.02	0.04	–	0
고막	79.8	81	15.5	0.5	3.5	0	0.7	40	140	5.0	400	24	0.20	0.20	2.5	10
골뱅이통조림	78.5	88	16.2	2.6	0.1	0	2.6	40	88	3.0	2,599	–	3.39	3.0	0	2.7
굴																
석굴	79.6	92	10.0	3.6	5.1	0	1.7	40	140	8.0	160	10	0.30	0.20	1.2	5
토굴	78.7	95	10.9	2.9	6.2	–	1.3	39	231	3.1	100	6	0.38	0.20	1.2	5
굴통조림	81.4	83	14.7	2.7	0	0	1.2	37	108	3.3	586	–	0.65	0.09	0	4.8
어리굴젓	70.8	106	15.9	3.6	2.4	–	7.3	491	211	20.2	200	12	0.06	0.05	1.0	0
대합	84.8	61	10.0	1.2	2.5	0	1.5	70	150	8.0	130	8	0.05	0.15	1.5	5
바지락	85.4	60	10.6	1.3	1.5	0	1.2	80	180	7.0	460	28	0.04	0.15	4.5	10
죽조개	86.8	54	8.4	1.3	2.1	–	0.9	32	110	8.7	100	6	0.05	0.14	1.6	5
모시조개	76.0	99	15.0	1.8	5.6	0	1.6	170	120	12.0	30	2	0.04	0.15	–	10
피조개	76.5	90	15.1	0.6	6.1	0	1.7	148	108	7.3	200	12	0.20	2.12	2.5	100

부록 6. 식품성분 분석표(13)

식품명	수분	열량	단백질	지방질	탄수화물		회분	칼슘	인	철	비타민					
					당질	섬유					A	β-카로틴	티아민	리보플라빈	니아신	아스코르브산
	%	cal	g	g	g	g	g	mg	mg	mg	I.U.	μg	mg	mg	mg	mg
재치조개	80.4	86	11.8	3.2	2.6	–	2.0	173	227	16.5	200	12	0.20	0.25	2.5	10
조개관자	73.1	105	15.6	0.5	9.6	0	1.2	25	181	2.7	110	–	0.14	0.38	2.0	0
조갯살말린것	10.4	318	65.9	1.0	11.3	0	11.5	147	1650	20.3	0	0	–	–	2.0	0
조개젓	67.5	106	14.5	4.3	2.3	0	11.4	378	366	9.5	80	5	0.05	0.09	–	0
맛살	89.9	40	6.7	0.9	1.3	0	1.2	60	282	11.0	11	1	0.09	0.49	1.5	–
건맛살가재	12.3	332	57.9	4.8	14.4	0	10.6	198	718	3.8	–	–	0.10	0.17	7.1	0
가재	80.0	80	16.0	1.1	1.5	0	1.4	70	250	1.0	15	9	0.01	0.10	1.9	3
바다가재	75.8	110	17.7	3.0	1.8	0	1.7	70	223	2.5	–	–	0.09	0.10	2.0	0
새우	80.4	77	17.8	0.6	0	0	0.6	234	63	1.5	152	9	0.02	0.03	2.1	0
말린새우	13.7	344	62.4	3.5	15.6	0	4.8	236	995	4.6	0	0	0.16	0.34	–	0
잔새우	83.5	63	12.9	0.8	1.0	0	1.8	120	150	2.0	40	2	0.01	0.11	2.2	2
잔새우말린것	19.0	366	74.6	2.0	7.6	0	12.0	238	745	8.4	248	–	0.07	0.16	6.6	0
물새우	77.6	76	16.2	1.2	–	–	4.2	23	122	2.5	–	–	0.23	0.27	–	0
새우젓	64.9	47	10.5	0.6	–	–	24.0	681	287	3.2	0	0	0.05	0.04	–	0
성게	71.5	148	15.8	8.5	2.0	0	2.2	20	300	2.0	8,000	480	0.30	0.40	2.5	0
성게젓	56.5	203	18.0	12.5	4.5	–	8.5	50	350	2.0	8,000	480	0.01	0.40	2.5	0
성게통조림	68.4	138	14.0	5.1	8.9	0	3.6	136	287	2.5	0	–	0.01	0.03	–	0
소라																
소라	74.0	103	20.0	0.5	4.7	0	1.4	46	120	9.0	120	7	0.06	0.06	3.0	2
통조림	64.8	125	19.9	0.2	10.9	0	4.2	54	137	3.8	–	–	0.02	0.04	–	0
바다소라	78.6	85	18.3	0.7	1.3	–	1.1	81	79	4.4	120	7	0.06	0.06	3.0	2
우럭	77.4	86	18.2	0.1	3.0	0	1.2	111	251	2.0	–	–	0.12	0.07	3.2	0
우렁이	80.6	70	10.5	1.4	3.8	0	3.7	1202	87	5.8	47	3	0.34	0.34	–	0
바다우렁이	72.0	108	20.5	0.7	5.0	0	1.8	83	175	7.8	35	2	0.28	0.25	–	20
전복	73.4	100	23.4	0.4	0.8	0	2.0	32	190	3.0	35	2	0.20	0.06	2.0	2
말린전복	36.0	241	56.6	0.9	1.7	0	4.8	80	420	7.3	0	0	0.56	0.60	4.5	–
홍합	77.4	76	12.7	0.7	4.8	0	3.4	21	199	7.0	200	12	0.23	0.19	2.7	10
말린홍합	25.2	295	47.7	4.3	16.3	0	6.5	242	759	4.2	0	0	0.28	0.36	5.4	0
기타																
꼴뚜기	82.7	72	14.3	1.4	0.6	0	3.3	75	181	218	0	0	0.31	0.09	10.5	0
말린꼴뚜기	12.0	387	50.3	14.3	14.3	0	9.1	142	150	3.1	0	0	0.18	0.38	0	0
꼴뚜기젓	69.8	84	18.1	1.3	–	–	10.4	373	393	1.4	0	0	0.04	0.15	4.0	0
낙지	82.9	65	14.5	0.6	0.3	0	1.6	13	140	0.3	10	1	0.02	0.12	2.5	0
문어	84.9	63	14.1	0.7	0	0	0.7	25	29	0.5	0	0	0.27	0.10	4.1	0
백문어	8.3	358	69.2	2.7	14.1	0	5.7	82	140	2.1	10	1	0.62	0.12	2.5	0
피문어	13.3	328	61.3	5.7	7.8	0	12.9	116	96	1.1	0	0	0.17	0.10	2.8	0
오징어																
생오징어	80.3	79	17.0	1.0	0.5	0	1.2	12	290	5	5	1	0.03	0.12	3.0	0
건오징어	19.0	320	67.5	4.7	1.9	0	6.9	43	1000	3.5	0	0	0.12	0.25	–	–
오징어젓	76.8	64	13.8	0.8	0.5	0.2	7.9	9	139	6.8	5	1	0.09	0.10	6.0	0

부록 6. 식품성분 분석표(14)

식품명	수분	열량	단백질	지방질	탄수화물		회분	칼슘	인	철	비타민					
					당질	섬유					A	β-카로틴	티아민	리보플라빈	니아신	아스코브르산
	%	cal	g	g	g	g	g	mg	mg	mg	I.U.	μg	mg	mg	mg	mg
해삼	91.6	17	2.5	0.1	1.5	0	4.3	34	11	0.3	10	1	0.01	0.02	0.9	0
해삼젓	52.2	89	14.7	0.6	3.9	0	27.6	680	141	1.9	–	–	0.01	0.02	–	0
해파리	67.0	32	5.5	0	2.5	0	25.0	40	400	5.0	0	0	0	0	0	0
해조류																
조선김	13.1	284	40.0	0.9	29.0	2.1	9.9	111	38	13.2	22,758	13,655	0.28	3.25	1.0	5
왜김	12.9	295	32.7	0.8	39.2	1.7	7.7	196	49	17.6	16,874	10,124	0.40	3.36	5.4	7
맛김	10.2	298	42.6	0.3	31.1	1.3	14.5	220	382	31	9,825	–	2.75	2.19	0	2.4
미역																
생미역	90.1	15	2.0	0.1	0.55	2.3	3.8	457	113	4.1	1,800	1,080	0.15	0.15	2.3	–
건미역	14.7	247	7.3	1.1	1.9	3.0	22.0	800	150	–	1,300	780	0.32	0.32	1.8	11
튀각	7.0	554	3.2	52.2	17.9	8.5	–	792	–	–	462	277	0.09	0.09	3.6	0
다시마	14.7	247	7.3	1.1	51.9	3.0	–	800	–	–	220	132	0.32	0.32	1.8	11
청각	92.6	12	1.0	0.2	1.6	0.2	4.4	119	4	8.7	–	–	0.05	0.05	–	5
톳	9.7	102	1.9	26.4	1.4	–	–	360	–	–	450	270	0.20	0.20	–	–
파래	3.7	332	20.7	0.3	61.5	7.2	6.6	600	220	106	2,900	1,740	0.30	0.30	8.0	10
한천	20.1	309	2.3	0.1	74.6	0	2.9	400	8	5.0	0	0	0	0	0	0
유류																
산양유	87.9	64	3.2	3.7	4.5	–	0.7	182	167	0.1	135	20	0.04	0.14	0.3	1
우유	88.5	59	2.9	3.3	4.5	–	0.8	159	169	0.1	150	20	0.04	0.15	0.2	2
탈지우유	90.5	36	3.6	0.1	5.1	0	0.7	121	95	–	–	–	0.04	0.18	0.1	1
분유	2.0	506	26.4	27.5	38.2	0	5.9	909	708	0.5	1,130	203	0.29	1.46	0.7	6
탈지분유	3.0	360	35.9	0.8	52.3	0	8.0	1308	1016	6.0	30	5	0.35	1.80	0.9	7
전지분유	2.2	502	26.7	20.8	38.4	0	5.9	899	811	0.5	850	–	0.22	1.28	1.3	7
조제분유	2.4	471	19.0	19.3	55.3	0	4.0	617	470	6.8	–	–	0.64	1.09	4.2	45
증류유	73.9	138	6.8	8.0	9.7	0	1.6	270	2102	0.2	190	34	0.06	0.35	0.2	1
연유	25.5	332	7.9	8.4	56.3	0	1.9	300	40	0.3	220	40	0.08	0.40	0.2	2
무당연유	74.1	134	8.0	7.3	9.0	0	1.6	225	189	0.1	283	50	0.08	0.46	0.3	2
치즈	35.3	399	27.9	31.5	0.9	0	4.4	720	610	0.6	1,200	216	0.04	0.50	0.4	0
크림	67.1	254	4.8	25.0	2.4	0	0.7	94	74	–	800	144	0.03	0.14	0.1	0
아이스크림	65.3	166	4.0	6.2	32.6	0	0.9	130	120	0.1	130	23	0.04	0.20	0.1	0
요구르트	77.0	92	3.6	0.8	17.6	0	1.0	140	130	0.1	30	5	0.03	0.15	0.1	0
인유	88.2	62	1.4	3.1	7.1	0	0.2	35	25	0.2	120	22	0.02	0.03	0.2	5
유지류																
돼지기름	0	899	0.2	99.8	0	0	0	–	–	–	0	0	0.02	0.02	0	0
마아가린	15.0	738	0	82.0	0	0	3.0	0	0	0	0	0	0	0	0	0
버터	15.9	734	0.6	81.2	0.20	0	2.1	10	20	0.1	2,400	–	0.01	0.03	0	0
마가린수입품	15.5	733	0.6	81.0	.4	0	2.5	20	16	0	3,300	1,980	–	–	–	0
쇼트닝	0	900	0	100	0	0	0	0	0	0	0	0	0	0	0	0
식물성유	0	900	0	100	0	0	0	–	–	–	0	0	0	0	0	0

부록 6. 식품성분 분석표(15)

식품명	수분	열량	단백질	지방질	탄수화물 당질	탄수화물 섬유	회분	칼슘	인	철	비타민 A	비타민 β-카로틴	비타민 티아민	비타민 리보플라빈	비타민 니아신	비타민 아스코브르산
	%	cal	g	g	g	g	g	mg	mg	mg	I.U.	μg	mg	mg	mg	mg
우지	0	899	0.3	99.7	0	0	0	–	–	–	200	0	0.07	0.05	0	0
참기름	0.1	899	0	99.9	0	0	0	0	0	0	0	–	0	0	0	0
콩기름	0.1	899	0	99.9	0	0	0	0	0	0	0	–	0	0	0	0
기타																
음료																
사이다	90.3	36	–	–	9.1	–	0.1	2	0	0	0	0	0	0	0	0
식혜	74.0	101	2.4	0.1	22.7	0.6	0.2	74	25	0.4	0	0	0.08	0.06	0.08	0
진저애일	92.0	32	0	0	8.0	0	–	–	–	–	0	0	0	0	0	0
커피가루	2.6	140	–	–	35.0	–	9.7	179	386	5.6	0	0	0	0.2[illegible]	30.6	0
커피음료	98.1	0	–	–	–	0	0.1	2	4	0.1	0	0	0	0	0	0
코코아가루	1.9	384	18.6	2.9	70.8	0.5	5.4	589	545	1.8	20	12	0.13	0.73	0.7	3
콜라	90.0	40	0	0	10.0	0	–	–	–	–	0	0	0	0	0	0
홍차	99.7	1	0.1	0	0.1	0	0.1	2	3	0	0	0	0	0	0	0
주류																
맥주	–	20	0.6	0	4.4	–	–	4	30	0.1	0	0	0	0.03	0.6	0.2
생맥주	–	14	0.5	–	3.1	0	0.1	2	16	0.1	0	0	0	0.02	–	0
흑맥주	–	14	0.5	–	3.1	0	0.1	–	34	–	–	–	–	–	–	0–
합성맥주	–	12	0.2	–	2.8	0	0.1	3.3	15	–	0	0	0	0	0.5	0
브랜디	–	0	0	0	0	0	0	0	0	0	0	0	0	0	0	0
샴페인	–	2	0	0	0.5	0	0.2	2	7	–	–	–	–	–	–	–
소주1급	–	0	0	0	0	0	0	0	0	0	0	0	0	0	0	0
소주2급	–	0	0	0	0	0	0	0	0	0	0	0	0	0	0	0
위스키	–	0	0	0	0	0	0	0	0	0	0	0	0	0	0	0
청주	–	18	0.5	0	4.0	0	–	5	6	0.1	0	0	0	0	0	0
탁주	–	22	0.4	0	5.0	–	–	0	–	0	0	0	0	0	0	0
적포도주	–	4	0.3	–	0.7	0	0.2	15	4	0.8	0	0	0	0	0	0
백포도주	–	9	0.2	–	0.2	0	0.2	9	4	0.8	0	0	0	0	0	0
단포도주	–	52	0.1	–	13.0	0	0.1	6	4	0.8	0	0	0	0	0	0
조미료류																
조선간장	71.7	(38)	4.3	0.4	4.4	0	19.2	62	38	5.2	0	0	0.03	0.01	(1.2)	0
왜간장	72.2	41	6.9	0.6	2.0	0	18.3	50	170	4.8	0	0	0.02	0.06	1.2	0
마요네즈	15.1	732	1.1	79.9	2.2	–	1.7	18	28	0.5	280	50	0.02	0.04	0	–
식초	95.3	2	0.2	0	0.2	0	0.1	–	–	–	0	0	0	0.01	0	0
이스트	8.0	351	46.0	2.8	35.4	2.3	5.5	50	1100	80.0	0	0	2.50	2.60	30.0	0
조미소	1.0	396	99.0	0	0	0	0	0	0	0	0	0	0	0	0	0
카레가루	6.8	384	10.2	14.8	52.4	9.8	6.0	90	340	45.0	0	0	0	0	5.5	0
인스턴트커리	2.9	431	8.2	20.7	52.9	0.9	14.4	119	89	5.0	0	–	0.04	0.07	1.6	0
후추가루	10.6	309	8.7	5.5	56.2	2.6	16.4	–	–	–	0	0	0	0	0	0

[Index]

A

B

C

D

F

G

H

I

J

K

[찾 아 보 기]

- 참 고 문 헌 -

1. 채수규, 표준식품분석학, 지구문화사, 1998
2. 조덕제 · 김정숙 · 채수규 · 홍종만, 식품분석, 지구문화사, 1997
3. 주현규 · 조황현 · 박충균 · 조규성 · 채수규 · 마상조, 식품분석법, 학문사, 1996
4. 이영근 · 남상해 · 차인호 · 강정미, 식품분석법, 형설출판사, 1998
5. 신효선, 식품분석, 신광출판사, 1996
6. 한국생화학회, 실험생화학, 탐구당, 1997
7. 한국생화학회교재편찬위원회, 실험생화학, 탐구당, 1981
8. 정동효 · 장현기, 식품분석, 진로연구사, 1984
9. 김창환외 7인, 식품분석, 고문사, 1996
10. 강국희 · 노봉수 · 서정희 · 허우덕, 식품분석학, 성균관대학교 출판부, 1998
11. 남궁석 · 김재웅, 최신식품화학실험, 신광출판사, 1995
12. 이재구, 우유와 유제품 검사, 선진문화사, 1982
13. 양철영 · 고명수, 축산식품가공실험 · 실습, 세진사, 1992
14. AOAC, Association of Official Analytical Chemistry Official Methods of Analysis, 1995
15. Nielsen, S. S., Introduction to the Chemical Analysis of Foods, Jones and Bartlett Pub., 1994
16. Pomeranz, Y., and Meloan, C. E., Food Analysis, Theory and Practice, Chapman and Hall, 1994
17. Aurand, L. W., Woods, A. E., and Wells, M. R., Food Compasition and Analysis, Van Nostrand Reinhold Pub., 1987

■ 저자약력

최병범

- 연세대학교(이학박사)
- 신한대학교 식품영양과 교수

김관우

- 중앙대학교(농학박사)
- 송원대학교 식품영양과 교수

조효현

- 동국대학교(공학박사)
- 연성대학교 호텔조리영양학부 교수

이재학

- University of California at Davis(이학박사)
- 서일대학교 식품영양과 교수

식품분석

2006년 8월 10일 초판발행
2014년 8월 14일 4쇄 발행

저 자 최병범 김관우
조효현 이재학

발행자 임 종 철

발행처 도서출판 진로

서울·동대문구 답십리동 530-11
(의증 B/D 3층)
등록 제 305-2003-28호
TEL (02) 2215-0203
FAX (02) 2216-0208
ISBN : 978-89-86877-28-7(93430)

정가 16,000원